高等学校规划教材

仪器分析及实验

张军丽　李荣强　主编

化学工业出版社

·北京·

内容简介

《仪器分析及实验》共分为 10 章，基于项目化教学模式，将仪器分析理论和分析测定实践相结合，做教学一体化设计。全书构建紫外-可见—荧光—红外光谱法、原子吸收—原子发射光谱法、气相—液相—离子色谱法、热分析法和电分析法五个教学模块；设计 30 个实验分析检测项目，进行项目化教学；建立以综合培养知识、能力和素质为中心的实验教学体系，以提高学生岗位就业的适应能力、动手能力。

《仪器分析及实验》可作为普通高等教育应用化学专业、制药工程专业、化学工程与工艺专业、生物工程专业、食品工程专业、药学专业、材料化学专业、分析化学专业、环境化学专业、高分子化学与物理专业等的本科生教材，以及从事化学分析相关科技工作者的参考书。

图书在版编目（CIP）数据

仪器分析及实验 / 张军丽，李荣强主编 . —北京：
化学工业出版社，2022.10（2024.2 重印）
高等学校规划教材
ISBN 978-7-122-41493-9

Ⅰ.①仪…　Ⅱ.①张…　②李…　Ⅲ.①仪器分析-实验-高等学校-教材　Ⅳ.①O657-33

中国版本图书馆 CIP 数据核字（2022）第 084610 号

责任编辑：褚红喜　宋林青
责任校对：王　静　　　　　　　　　装帧设计：刘丽华

出版发行：化学工业出版社（北京市东城区青年湖南街 13 号　邮政编码 100011）
印　　装：北京七彩京通数码快印有限公司
787mm×1092mm　1/16　印张 16½　字数 376 千字　2024 年 2 月北京第 1 版第 3 次印刷

购书咨询：010-64518888　　　　　　　售后服务：010-64518899
网　　址：http://www.cip.com.cn

定　　价：49.80 元

《仪器分析及实验》
编写组

主　　编：张军丽　　　李荣强

编　　者：张军丽　　　张　燕　　　胡　鹏

　　　　　张敬华　　　郭　芳　　　徐启杰

　　　　　李荣强

　　仪器分析及实验是借助先进的现代分析仪器，对物质进行定性分析、定量分析、形态分析等测试的实验性学科，在化工、食品、环境、医学检验等领域有着广泛的应用。围绕建设特色鲜明的应用型本科高校的发展目标，培养理想信念坚定、专业知识扎实、实践能力突出、具有创新精神和国际化视野的应用型人才，结合项目化教学方法，编者们整理编写成本教材。本教材可作为普通高等教育应用化学、制药工程、化学工程与工艺、生物工程、食品工程、药学、材料化学、分析化学、环境化学、高分子化学与物理等的专业本科生教材，以及从事化学分析相关科技工作者的参考书。

　　本教材共分为十章，基于项目化教学模式，采用模块化组建仪器分析及实验课程内容，按仪器分析方法的不同，分别进行样品检验及测定。全书将仪器分析理论和分析测定实践相结合，做教学一体化设计；构建紫外-可见—荧光—红外光谱法、原子吸收—原子发射光谱法、气相—液相—离子色谱法、热分析法和电分析法五个教学模块，共设计 30 个实验分析检测项目，进行项目化教学；构建以综合培养知识、能力和素质为中心的实验教学体系，以提高学生岗位就业的适应能力、动手能力。

　　本教材编写分工如下：张军丽编写第 1 章和第 2 章，张燕编写第 3 章和第 8 章，张敬华编写第 4 章和第 6 章，郭芳编写第 5 章，胡鹏编写第 7 章和第 10 章，徐启杰编写第 9 章，李荣强整理定稿。

　　本教材在编写的过程中，参考了国内外已出版的相关教材和著作，在此向有关作者表示衷心的感谢！感谢黄淮学院的立项资助！由于涉及的知识较多，编者本身水平和能力所限，书中难免存在一些疏漏，诚恳地希望读者予以批评指正。

编　者

2022 年 6 月

模块一
紫外-可见—荧光—红外光谱法

第1章

紫外-可见吸收光谱法

紫外-可见吸收光谱是分子吸收紫外-可见光区的电磁波而产生的吸收光谱。紫外吸收光谱和可见吸收光谱都属于分子光谱，它们都是由价电子的跃迁而产生的。这个数量级能量的吸收，可以导致分子的价电子由基态（S_0）跃迁到高能量的激发态（S_1，S_2，…）。利用物质的分子或离子对紫外光和可见光吸收所产生的紫外-可见吸收光谱及吸收程度，可以对物质的组成、含量和结构进行分析、测定。由于技术上的困难，人们对远紫外区光谱的研究较少，主要集中在近紫外区和可见光区，特别是近紫外区的光谱，涉及绝大多数共轭有机分子中价电子跃迁能量范围，对分子结构鉴定有十分重要的意义。

1.1 基本原理

紫外-可见吸收光谱属于分子光谱，分子和原子一样具有特征的分子能级。分子吸收光谱的产生过程为：运动的分子外层电子吸收外来辐射，产生电子能级跃迁，进而产生分子吸收光谱。分子总能级组成为：

$$E = E_内 + E_平 + E_振 + E_转 + E_{电子}$$

式中，$E_内$是分子固有的内能，不随运动而改变；$E_平$是分子在空间做自由运动所需要的能量，它是连续变化的，仅是温度的函数；$E_{电子}$是分子中电子相对于原子核运动所具有的能量；$E_振$是分子内原子在平衡位置附近振动的能量；$E_转$是分子绕着重心转动的能量。$E_{电子}$、$E_振$、$E_转$这些能量的变化是不连续的，是量子化的。

当分子吸收外界辐射能后，总能量变化 ΔE 是电子运动能量变化 $\Delta E_{电子}$、振动能量变化 $\Delta E_振$ 和转动能量变化 $\Delta E_转$ 的总和：$\Delta E = \Delta E_{电子} + \Delta E_振 + \Delta E_转$，且 $\Delta E_{电子} > \Delta E_振 > \Delta E_转$。

根据量子理论，若分子从外界吸收的辐射能（$h\nu$）等于该分子的较高能级与低能级的能量之差时，即 $\Delta E = h\nu = hc/\lambda$，其中 h 为普朗克常数，$h = 6.626 \times 10^{-34} \text{J·s}$；$c$ 为光在真空中的速度，$2.998 \times 10^8 \text{m·s}^{-1}$；$\nu$ 为光的频率。

分子将从较低能级跃迁至较高能级。由于发生三种能级跃迁需要的能量 $\Delta E_{电子}$、$\Delta E_振$ 和 $\Delta E_转$ 不同，所以分别在紫外-可见光区、红外光区和远红外光区产生吸收带。

其中，$\Delta E_{电子}$ 最大：1～20eV（紫外-可见光区）；

$\Delta E_{振}$ 次之：$0.05 \sim 1 \text{eV}$（红外光区）；

$\Delta E_{转}$ 最小：$< 0.05 \text{eV}$（远红外光区）。

可见，电子能级间隔比振动能级和转动能级间隔大 $1 \sim 2$ 个数量级，且分子内在发生电子能级跃迁时，伴有振动-转动能级的跃迁，形成所谓的带状光谱，如图 1-1 所示。

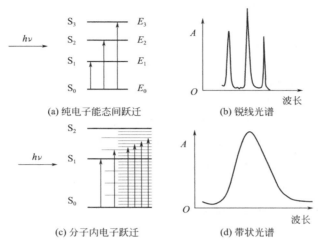

图 1-1　电子能级跃迁及光谱

1.1.1　分子的电子跃迁

分子轨道理论认为有机化合物分子中价电子有三种：形成单键的 σ 电子；形成双键的 π 电子；未成键的孤对电子（n 电子）。有机化合物的紫外吸收光谱是这三种电子跃迁的结果。

当外层电子吸收紫外光辐射后，就从基态向激发态（反键轨道）跃迁。如图 1-2 所示，主要有四种类型跃迁，所需能量 ΔE 大小顺序为：$n \rightarrow \pi^* < \pi \rightarrow \pi^* < n \rightarrow \sigma^* < \sigma \rightarrow \sigma^*$。

① $\sigma \rightarrow \sigma^*$ 跃迁　电子从 σ 轨道向反键 σ 轨道（σ^*）的跃迁，发生此种跃迁的主要是烷烃。

② $n \rightarrow \sigma^*$ 跃迁　杂原子（O、N、S 等）上未共用的 n 电子跃迁到反键 σ 轨道（σ^*）上，当醇、胺、醚类分子吸收光子时，可发生此种跃迁。

③ $\pi \rightarrow \pi^*$ 跃迁　电子从成键的 π 轨道跃迁到反键的 π 轨道（π^*），当烯烃、醛类、酯类、取代苯类等分子吸收光子时，发生此种电子跃迁。

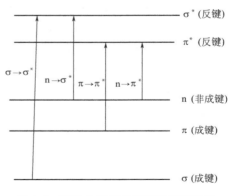

图 1-2　有机分子的电子能级跃迁类型

④ $n \rightarrow \pi^*$ 跃迁　杂原子上未共用的 n 电子跃迁到反键的 π 轨道（π^*），常见于醛类、酮类、酯类等分子的电子跃迁。

1.1.2　吸收带及其与分子结构关系

吸收带指由同一类型电子跃迁所产生的吸收峰的总称。常见的吸收带有以下几种。

① R 吸收带　由与双键相连接的杂原子（如 C=O、C=N、S=O 等）上未成键孤对电子向 π^* 反键轨道跃迁引起的，可简单表示为 $n\rightarrow\pi^*$。其是由 $n\rightarrow\pi^*$ 跃迁引起的吸收带。如 C=O、—NO、—NO$_2$、—N=N— 等发色团产生的吸收峰。特点：a. 吸收峰在 200~400nm；b. 吸收强度 $10<\varepsilon<100$；c. 溶剂极性增加，R 带发生蓝移。

② K 吸收带　两个或两个以上 π 键共轭时，π 电子向 π^* 反键轨道跃迁，可简单表示为 $\pi\rightarrow\pi^*$，这种由共轭双键跃迁所产生的吸收峰被称为 K 吸收带。K 带由德文 konjugation（共轭作用）得名。该吸收峰波长短，强度大（摩尔吸光系数一般大于 10000），随着溶液极性的增加，K 带发生红移。特点：吸收峰在 217~280nm 之间。

③ B 吸收带　芳香族（包括杂芳香族）化合物的特征吸收带，又称苯环带。它是苯蒸气在 230~270nm 处出现的具有精细结构的吸收，又称苯的多重吸收带（多重峰）。苯在 256nm 的吸收峰为 B 带，ε 为 200 左右。

④ E 吸收带　它也是芳香族化合物特征吸收带，是由苯环结构中三个乙烯的环状共轭系统的 $\pi\rightarrow\pi^*$ 跃迁所产生，分为 E$_1$ 带和 E$_2$ 带。E$_1$ 带为苯环上孤立乙烯基的 $\pi\rightarrow\pi^*$ 跃迁，其吸收峰约在 180nm，吸收强度 ε 为 47000；E$_2$ 带为苯环上共轭二烯基的 $\pi\rightarrow\pi^*$ 跃迁，其吸收峰约在 200nm，吸收强度 ε 为 7000 左右。两者都属于强吸收带。

⑤ 电荷转移吸收带　许多无机物（如碱金属卤化物）和某些有机化合物混合而得的分子配合物，在外来的辐射激发下强烈地吸收紫外光或可见光，从而获得的可见或紫外吸收带。

⑥ 配位体场吸收带　过渡金属水合离子与显色剂（通常是有机化合物）所形成的配合物，吸收适当波长的可见光或紫外光，从而获得的吸收带。

1.1.3　吸收带的影响因素

一般来说，分子的共轭程度越强，分子的吸收峰越向长波方向移动，这是一个比较带有共性的规律。通常将吸收峰向长波移动的现象称为红移，向短波移动的现象称为蓝移。

（1）位阻影响

化合物中若有两个发色团产生共轭效应，则可使吸收带红移。但若两个发色团处于同一平面上，由于立体位阻，就会影响共轭效应，使吸收峰向短波长方向移动，如顺式二苯乙烯两个苯环在同一平面上，影响了共轭体系的延长，使得顺式二苯乙烯的 λ_{max} 小于反式二苯乙烯的 λ_{max}（图 1-3）。

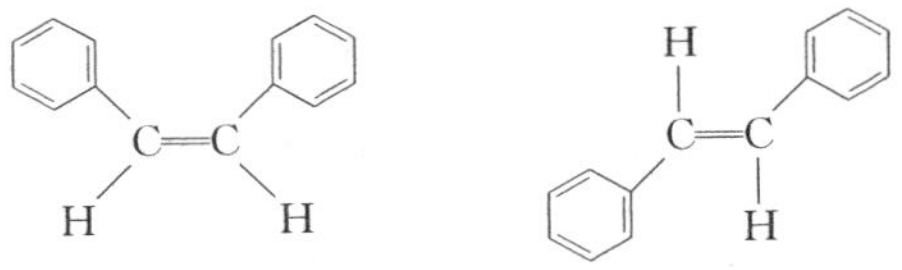

$$\lambda_{max}=280nm \qquad \lambda_{max}=295.5nm$$

图 1-3 顺式二苯乙烯和反式二苯乙烯

（2）溶剂效应

溶剂极性影响吸收峰位置、吸收强度及光谱形状。一般情况下，溶剂极性增加，会使 $\pi \rightarrow \pi^*$ 跃迁吸收峰向长波方向移动；使 $n \rightarrow \pi^*$ 跃迁吸收峰向短波方向移动（表 1-1）。

表 1-1 溶剂极性对 4-甲基-3-戊烯-2-酮两种跃迁吸收峰的影响

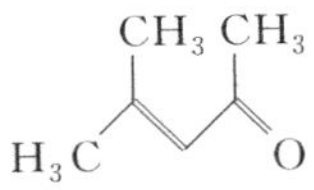

跃迁类型	正己烷	氯仿	甲醇	水	迁移
$\pi \rightarrow \pi^*$	230nm	238nm	238nm	243nm	红移
$n \rightarrow \pi^*$	329nm	315nm	309nm	305nm	蓝移

（3）共轭 π 键

如果分子具有共轭 π 键，就是说分子具有两个成键的 π 轨道，两个反键的 π^* 轨道，这种双键与双键相互作用，形成一套新的共轭体系的分子轨道，即大 π 键。形成大 π 键以后的分子轨道中能级最高的成键 π 轨道和能级最低的 π^* 轨道之间的能量差比单烯的 π 轨道和 π^* 轨道之间的能量差要小，电子容易激发，所以共轭双烯的吸收带在近紫外区，例如丁二烯 $\lambda_{max}=217nm$。共轭双键数目增多，π 电子共轭体系增大，λ_{max} 红移，ε_{max} 增大。多烯的 $\pi \rightarrow \pi^*$ 跃迁如表 1-2 所示。

表 1-2 多烯 $[H-(CH=CH)_n-H]$ 的 $\pi \rightarrow \pi^*$ 跃迁

n	λ_{max}/nm	ε_{max}
1	180	10000
2	217	21000
3	268	34000
4	304	64000
5	334	121000
6	364	138000

（4）发色团

电子激发所需要的光能基本上只与发生激发的两个分子轨道的性质有关系。所以，某些官能团，如 C=O，在不同的分子中几乎总是吸收同一波长的光，也就是说，在紫外-可见光谱中的同一位置出峰，通常将这样的孤立官能团称为发色团（chromophore）。常见的发色团有—C=O、—N=N—、—NO$_2$ 等，有些发色团吸收的光在远紫外区，如

C =C、C≡C、—Cl、—OH 等。常见发色团的吸收峰见表 1-3。

表 1-3　常见发色团的吸收峰

发色团	物质	溶剂	λ_{max}/nm	ε_{max}
$H_2C =CH_2$	乙烯	气态(庚烷)	171(180)	15530(12500)
$HC≡CH$	乙炔	气态	173	6000
$H_2C =O$	乙醛	蒸气	289182	12.510000
$(CH_3)_2C =O$	丙酮	环己烷	190279	100022
—COOH	乙酸	水	204	40
—COCl	乙酰氯	庚烷	240	34
$—COOC_2H_5$	乙酸乙酯	水	204	60
$—CONH_2$	乙酰胺	甲醇	295	160
$—NO_2$	硝基甲烷	水	270	14
$CH_2 =N^+ =N^-$	重氮甲烷	乙醚	417	7
C_6H_6	苯	水	254203.50	2057400
$CH_3—C_6H_5$	甲苯	水	261206.50	2257000
$H_2C =CH—CH =CH_2$	1,3-丁二烯	正己烷	217	21000

（5）助色团

有些官能团，当它们被引入某化合物的共轭体系中时，可以使原体系的 π 电子吸收带向长波方向移动，并使吸收程度增加，这种官能团叫助色团（auxochrome），如—Cl、—OH、$—NH_2$ 等。

助色效应强弱次序：—O—>—NR_2>—NHR>—NH_2>—OCH_3>—SH>—OH>—Br>—Cl>—CH_3>—F。助色团的助色效应见表 1-4。

表 1-4　助色团的助色效应

效应	现象	实例	原因
红移	吸收波长向长波方向移动	向红基团（—OH、—OR、—NH_2、—SH、—Cl、—Br、—SR、—NR_2）	化合物结构的改变（共轭、引入助色团、取代基）、溶剂的改变
蓝移	吸收波长向短波方向移动	向蓝（紫）基团（如—CH_2—、—CH_2CH_3、—$OCOCH_3$）	
增色效应	使吸收带的吸收强度增加		
减色效应	使吸收带的吸收强度降低		

1.1.4 紫外-可见吸收光谱法的特点

（1）灵敏度高

紫外-可见吸收光谱常用于共轭体系的定量分析，检出限低；适于微量组分的测定，

一般可测定 10^{-6} g 级的物质。

（2）准确度较高

其相对误差一般在 $1\%\sim5\%$ 之内。

（3）方法简便

操作容易、仪器设备简单、分析快速。

（4）应用广泛

紫外-可见吸收光谱所对应的电磁波长较短，能量大，反映了分子中电子能级跃迁情况。其主要应用于共轭体系（共轭烯烃和不饱和羰基化合物）及芳香族化合物的分析。例如医院的常规化验中，95%的定量分析都用紫外-可见分光光度法。在化学研究中，如平衡常数的测定、主-客体结合常数的测定等，都离不开紫外-可见吸收光谱。

物质的紫外吸收光谱是其分子中生色团及助色团的特征，而不是整个分子的特征。如果物质组成的变化不影响生色团和助色团，就不会显著地影响吸收光谱的峰形和位置，如甲苯和乙苯具有相同的紫外吸收光谱。另外，外界因素，如溶剂的改变，也会影响吸收光谱，在极性溶剂中，某些化合物吸收光谱的精细结构会消失，成为一个宽带。所以，只根据紫外吸收光谱不能完全确定物质的分子结构，还需要与红外光谱、核磁共振谱、质谱以及其他化学或物理方法配合才能得出可靠的结论。

1.2　朗伯-比尔定律

光是一种电磁辐射或电磁波，具有波粒二象性。分子所能吸收的光子能量是固定的，只有与分子两个能级之间能量差完全一致的光子能量，才能够被分子吸收。当光与物质接触时，某些频率的光被选择性吸收并使其强度减弱，这种现象称为物质对光的吸收。常用吸光度 A 表示物质对光的吸收程度。

物质对不同波长范围可见光的选择性吸收可以用吸收曲线准确地进行描述。以不同波长的单色光依次照射某一吸光物质，并测量该物质在每一波长处对光吸收程度的大小（吸光度），以波长（λ）为横坐标、吸光度（A）为纵坐标作图，即可得到一条吸光度随波长变化的曲线，称为吸收曲线或吸收光谱。

1.2.1　朗伯-比尔定律的数学表达

吸光度与吸收介质厚度（称为光程）b、溶液浓度 c 及入射光波长有关。对于固定波长的入射光，溶液的吸光度只与吸收介质厚度和溶液浓度有关。1760 年朗伯（Lambert）指出溶液的吸光度与吸收介质厚度成正比，称为朗伯定律；1852 年比尔（Beer）指出吸光度与溶液浓度成正比，称为比尔定律。这两个定律合并起来就是光的吸收定律——朗伯-比尔定律，简称比尔定律，其数学表达式为：

$$A = \lg \frac{I_0}{I} = \varepsilon bc \tag{1-1}$$

式中，A 为吸光度；I_0 为波长为 λ 的入射光的强度；I 为波长为 λ 的透射光的强度；ε 为物质对波长为 λ 的光的摩尔吸光系数；c 为浓度；b 为光程（光通过的距离）。

式（1-1）是分光光度法定量分析的基础。朗伯-比尔定律的物理意义是：当一束平行单色光垂直通过某一均匀非散射的吸光物质时，其吸光度 A 与吸光物质的浓度 c 及吸收介质厚度 b 成正比。它也是吸光光度法进行定量分析的理论基础。朗伯-比尔定律是光吸收的基本定律，不仅适用于可见光，也适用于紫外光。

T 为透光率，与吸光度的关系为：

$$A = \lg \frac{1}{T} = \lg \frac{I_0}{I} \tag{1-2}$$

物质的吸收光谱反映了它在不同的光谱区域内吸收能力的分布情况，不同的物质，由于分子结构不同，吸收光谱也不同，可以从波形、波峰的强度、位置及其数目反映出来，见图 1-4。因此，吸收光谱带有分子结构与组成的信息。

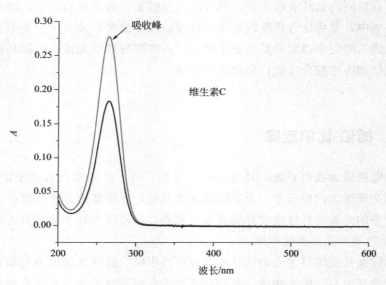

图 1-4　维生素 C 的紫外吸收光谱图

1.2.2　偏离比尔定律的因素

根据朗伯-比尔定律，吸光度与吸光物质浓度不变时，以吸光度 A 对浓度 c 作图应得到一条通过原点的直线，称为校准曲线。但在实际测定中，校准曲线经常出现弯曲的现象（图 1-5），即偏离比尔定律。若在曲线弯曲部分进行定量分析，就会产生测定误差。造成偏离的原因是多方面的，其主要原因是测定时的实际情况不完全符合使朗伯-比尔定律成立的前提条件。

朗伯-比尔定律为紫外-可见吸收光谱法定量的基本公式，适用的前提条件是：①入射光为单色平行光；②吸收发生在均匀介质中；③吸收物质及溶剂互不作用。

1.2.2.1　化学因素

溶液中溶质因浓度改变而产生因解离、缔合、与溶剂间的作用等发生偏离比尔定律的现象。有时可用控制溶液条件减免。

例如：①亚甲蓝在稀溶液中为单体，在浓溶液中为二聚体。②重铬酸钾在水溶液中解离成铬酸钾。

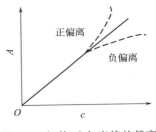

图 1-5　朗伯-比尔定律的偏离

1.2.2.2　光学因素

（1）非单色光

朗伯-比尔定律只适用于单色光，但目前用各种方法所得到的入射光实际上都是复合光。由于物质对不同波长光的吸收程度不同，所以会引起对朗伯-比尔定律的偏离。减免方法：尽量使入射光的波长范围窄。单色光越纯越好；使用最大吸收波长作为测定波长可以减小测定误差。

（2）杂散光

杂散光会使吸光度在测定时产生负偏移，且在吸光度越大时越明显。另外，对仪器输出的边缘波长来说，单色器的透射率、光源光强和接收器的灵敏度都是比较低的，这时杂散光影响就更为明显，所以在紫外分光光度计中，应首先检查 $200 \sim 220nm$ 处的杂散光。由于杂散光强度在边缘波段较大，在波长小于 $220nm$ 时进行紫外分光光度测定时，常出现一种假峰。其原因主要是样品随波长变短而吸收增大，但是由于杂散光在短波时急剧增大，而使原来逐渐增大的吸收反而变小，就会出现不应有的"假峰"。

（3）散射光和反射光

浑浊溶液产生散射和反射，不能用空白消除影响，仅 I 变小，但 I_0 不变，故 A 变大，产生正误差。

（4）非平行光

通过吸收池的非平行光增加了光通过的距离，是测定吸光度值增大的主要原因。

1.3　紫外-可见分光光度计

紫外-可见分光光度计主要由光源、单色器、样品池（吸光池）、检测器、记录装置组成（图 1-6）。为得到全波长范围（$200 \sim 800nm$）的光，使用独立的双光源，其中氘灯的波长为 $185 \sim 395nm$，钨灯的波长为 $350 \sim 800nm$。绝大多数仪器通过一个动镜实现光源之间的切换，以平滑地在全光谱范围扫描。光源发出的光通过光孔调制成光束，然后进入单色器；单色器由色散棱镜或衍射光栅组成，光束从单色器的色散原件发出后成为多组分不同波长的单色光，通过光栅的转动分别将不同波长的单色光经狭缝送入样品池，然后进入检测器（检测器通常为光电管或光电倍增管），最后由电子放大电路放大，从微安表或数字电压表读取吸光度，驱动记录设备，得到光谱图。

1.3.1 基本组成部件

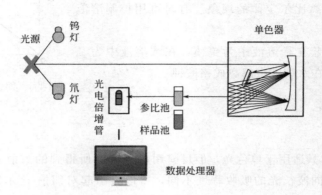

图 1-6　紫外-可见分光光度计的基本结构

（1）光源

可见光区的光源有钨灯，卤钨灯；紫外光区的光源有氢灯，氘灯。

（2）单色器

单色器是将光源发射的复合光分解成单色光并可从中选出任一波长单色光的光学系统。单色器由以下几种装置组成。

① 入射狭缝　光源的光由此进入单色器。

② 准光装置　透镜或反射镜使入射光成为平行光束。

③ 色散元件　将复合光分解成单色光，一般是棱镜或光栅。

④ 聚焦装置　透镜或凹面反射镜，将分光后所得单色光聚焦至出射狭缝。

⑤ 出射狭缝。

（3）样品室

样品室放置各种类型的吸收池（比色皿）和相应的池架附件。吸收池主要有石英池和玻璃池两种。在紫外光区须采用石英池，可见光区一般用玻璃池。

（4）检测器

检测器利用光电效应将透过吸收池的光信号变成可测的电信号。常用的检测器有光电池、光电管或光电倍增管。

（5）结果显示和记录系统

检流计、数字显示、微机进行仪器自动控制和结果处理。

1.3.2 分光光度计的类型

（1）单光束分光光度计

单光束分光光度计结构简单，价廉，适于在给定波长处测量吸光度或透光率，一般不能进行全波段光谱扫描，光源和检测器具有很高的稳定性。如我国普遍使用的 721 型或

729 型分光光度计等，适合于固定测定波长的定量分析。

（2）双光束分光光度计

双光束分光光度计自动记录，快速全波段扫描；可消除光源不稳定、检测器灵敏度变化等因素的影响，特别适合于结构分析；仪器复杂，价格较高。

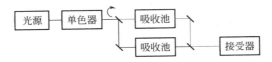

图 1-7 双光速分光光度计的构造示意图

双光束分光光度计的构造如图 1-7 所示，可消除光源不稳定、检测器灵敏度变化等因素的影响，因而具有较高的测量精密度和准确度。双光束仪器可以连续地变更入射光波长，测量在不同波长下试液的吸光度，因而可实现吸收光谱的自动扫描。但其光路设计要求严格，价格也比较昂贵。

（3）双波长分光光度计

双波长分光光度计将不同波长的两束单色光（λ_1、λ_2）快速交替通过同一吸收池后到达检测器，产生交流信号，无需参比池。$\Delta\lambda=1\sim2nm$。两波长同时扫描即可获得导数光谱。

1.3.3 紫外-可见吸收光谱的应用

目前，紫外-可见分光光度计已成为全世界历史最悠久、使用最多、覆盖面最广的常规分析仪器。几乎所有的无机元素，以及在紫外及可见光区有特征吸收的有机化合物，都能用紫外-可见分光光度法进行测定。

紫外-可见分光光度法的应用范围涉及化学化工、医疗卫生、冶金地质、食品饮料、农业化肥、畜牧水产、机械制造、计量科学、环境保护、制药、生物、材料、石油等领域中的教学、科研、生产中的质量控制，及原材料和产品检验等各个方面，可用于进行定性分析、定量测定、纯度检查、动力学研究等。紫外吸收光谱对于判断有机化合物中发色团和助色团的种类、位置、数目，区别饱和或不饱和化合物，测定分子共轭程度进而确定未知物的结构骨架等有独到的优点。

（1）定性分析

紫外-可见吸收光谱法可计算吸收峰波长，确定共轭体系等；反映结构中生色团和助色团的特性，不完全反映分子特性。目前，标准谱图库中已有 46000 种化合物的紫外吸收光谱标准谱图。

（2）有机化合物结构辅助解析

通过紫外-可见吸收光谱法，可获得的结构信息如下。

① 200～400nm 无吸收峰，为饱和化合物，单烯。

② 270～350nm 有吸收峰（$\varepsilon=10\sim100$），为醛酮 $n\rightarrow\pi^*$ 跃迁产生的 R 带。

③ 250～300nm 有中等强度的吸收峰（$\varepsilon=200\sim2000$），为芳环的特征吸收（具有精

细结构的 B 带）。

④ 210～250nm 有强吸收峰（$\varepsilon \geqslant 10^4$）表明含有一个共轭体系（K）带。

⑤ 270～350nm 有低强度或中等强度的吸收带（R 带），且 200nm 以上没有其他吸收，说明分子中含有醛、酮羰基。

⑥ 若紫外吸收谱带对酸、碱性敏感，碱性溶液中 λ_{max} 红移，加酸恢复至中性介质中的 λ_{max}（如 210nm），表明存在酚羟基。酸性溶液中 λ_{max} 蓝移，加碱可恢复至中性介质中的 λ_{max}（如 230nm），表明分子中存在芳氨基。

（3）构型、构象及互变异构研究

紫外-可见吸收光谱法可用于顺、反异构的判断（一般反式异构体电子离域范围较大，键的张力较小，$\pi \rightarrow \pi^*$ 跃迁位于长波端，吸收强度也较大）；构象异构的判别；互变异构的测定。

（4）定量分析

① 单组分定量：依据朗伯-比尔定律 $A = \varepsilon b c$，测量误差与吸光度读数有关，在吸光度 $A = 0.434$ 时，读数相对误差最小。可采用标准曲线法测定样品的含量及检查化合物中的杂质。

② 双组分定量——计算分光光度法

a 和 b 两组分互相干扰。选定 λ_1 与 λ_2 两个测定波长，并在两波长处测得混合溶液吸光度 A，当通过的距离 l 为 1 时，则

$$A_1^{a+b} = A_1^a + A_1^b = E_1^a c_a + E_1^b c_b$$

$$A_2^{a+b} = A_2^a + A_2^b = E_2^a c_a + E_2^b c_b$$

解此线性方程组，可求出两组分的浓度。

1.4　实验部分

实验 1-1　紫外-可见分光光度法测定药片中维生素 C 的含量

维生素 C 是人体重要的维生素之一，影响胶原蛋白的形成，参与人体多种氧化还原反应，并且有解毒作用。人体自身不能制造维生素 C，所以人体必须不断地从食物中摄入维生素 C。维生素 C 缺乏时会产生坏血病，故又称抗坏血酸。因此人们应每天补充足量维生素 C。维生素 C 的成人推荐摄入量为 100mg/d。

西红柿、樱桃、柑橘等中都含有丰富的维生素 C。绿茶中含有丰富的维生素，其中以维生素 C 的含量最高，一般 100g 绿茶中维生素 C 含量可达 100～250mg，100g 高级龙井茶中的维生素 C 含量可达 360mg。

【实验目的】

1. 掌握紫外-可见分光光度计的工作原理及使用方法；

2. 掌握药片中维生素 C 含量的测定方法。

【实验原理】

维生素 C 属于水溶性维生素，分子式 $C_6H_8O_6$，分子中具有二烯醇结构。它易溶于水，微溶于乙醇，不溶于氯仿或乙醚。分子中的二烯醇基具有极强的还原性，性质活泼，易被氧化为二酮基而成为脱氢抗坏血酸。因维生素 C 分子结构中有共轭双键，故在紫外光区有较强的吸收。

维生素 C

在稀盐酸溶液中，维生素 C 的吸收曲线比较稳定，在最大吸收波长处，其吸光度 A 与维生素 C 的浓度 c 成正比，符合朗伯-比尔定律。在最大吸收波长下，首先绘制出维生素 C 在最大吸收波长下的标准曲线，然后在相同条件下测定出吸光度 A，根据测得的吸光度 A 在标准曲线上查得浓度，换算为药品中维生素 C 含量（mg/片）。

【仪器与试剂】

1. 仪器

实验采用 Cary100 紫外-可见分光光度计，双光束，（双）单色器，所有光学元件均采用石英涂层，光学系统严格密封，保护光学元件的同时减少仪器杂散光。波长范围 190～900nm，带宽 0.2～4nm，Cary100 吸光度线性范围达到 3.7Abs。氘灯产生紫外光，钨灯产生可见光。

2. 试剂

标准维生素 C 溶液；药片（含维生素 C）。

【实验步骤】

1. 维生素 C 标准溶液的配制

维生素 C 标准溶液浓度表如表 1-5 所示。

表 1-5　维生素 C 标准溶液浓度表

标准溶液编号	1	2	3	4	5	6
标准维生素 C 溶液加入体积/mL	2	3	4	5	6	7
总体积/mL	50	50	50	50	50	50
维生素 C 溶液浓度/(μg/mL)	2.4	3.6	4.8	6.0	7.2	8.4

2. 药片中维生素 C 含量的测定

准确称量 1 片试样，用研钵碾碎研细后，称 0.5g 加入约 50mL 蒸馏水中，当药片崩解时，维生素 C 溶解，药片中除维生素 C 之外的附合剂将作为细小的固体物留在溶液中，离心取上清液，测定药片中维生素 C 的含量（以 mg/片计）。

（1）打开电脑进入 Windows 系统。

（2）打开 Cary100 主机（注：保证样品室内是空的）。将仪器电源开关打开，仪器开始自检，自检完毕后，预热 20min 左右再进行测定（仪器预热完成后，有明显的响声提醒，否则无法进行测试）。

（3）双击 Cary WinUV 图标。相关程序如图 1-8 所示。

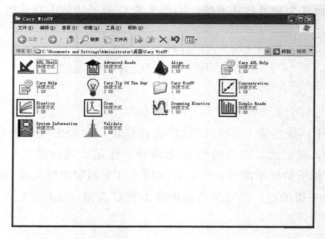

图 1-8　Cary WinUV 主显示窗

3. 测定标准曲线

（1）在 Cary WinUV 主显示窗下，双击所选图标 Concentration（图 1-9），进入浓度主菜单。

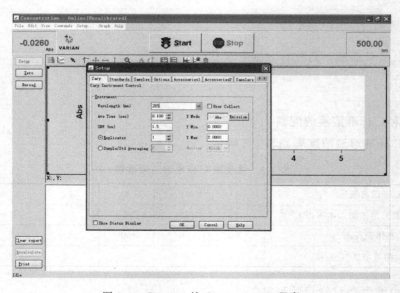

图 1-9　Cary100 的 Concentration 程序

（2）新编一个方法步骤。

① 单击 Setup 功能键，进入参数设置页面（图 1-10）。

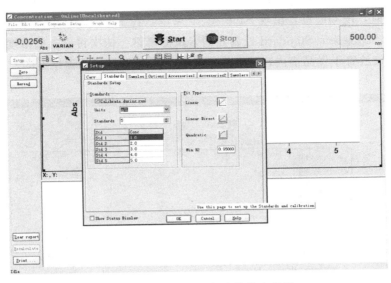

图 1-10　Cary100 的标准品设定程序

　　② 按 Cary→Standards→Samples→Reports 顺序，设置好每页的参数。根据实验要求，对测定波长、测定量程方式、曲线建立方法、标准品数量、标准品浓度、样品数量、测量值单位、打印参数等逐项进行设定或改变，参数设定完毕，按 OK 键回到浓度主菜单。

　　③ 单击 View 菜单，选择好需要显示的内容。基本选项为 Toolber、Buttons、Graphics、Report。

　　④ 放空白样品到样品室内，关紧样品室门。在控制界面上按 Zero 键调零（图 1-11）。提示：Load blank. Press OK to read（放空白按 OK 读）。

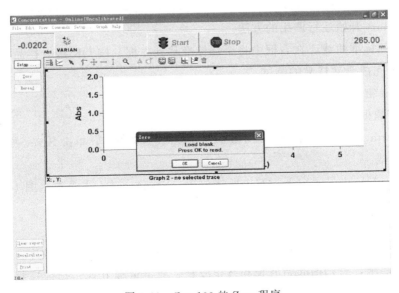

图 1-11　Cary100 的 Zero 程序

⑤ 调零完毕后，在 Concentration 控制界面上按 Start 键，进入 Standard/Sample Selection 控制界面，按 OK 键，出现 Save As 子菜单，在 File Name 目录里输入标准品名，按 Save 键，出现 Present Standard 控制界面，按 OK 键。依次将盛有低浓度至高浓度标准品溶液的比色皿放置于样品槽内，然后按 OK 键进行读数。相关程序见图 1-12。

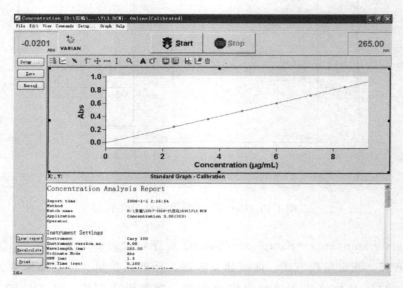

图 1-12 Cary100 的 Standard 程序

⑥ 放样品 1 按 OK 开始读样品（Present Sample 1 press OK to read），直到样品测完。

⑦ 为了将标准曲线保存在方法中，可在测完标准后，不选择样品而由 File 文件菜单中存此编好的方法。以后调用此方法，标准曲线可一起调出。

（3）运行一个已存的方法（方法中包含标准曲线）。

① 单击 File ——→ 单击 Open Method ——→ 选调用方法名 ——→ 单击 Open。

② 单击 Start 开始运行调用的方法。

如用已存的标准曲线，在右框中将全部标准移到左框。按 OK 进入样品测试。

③ 按提示完成全部样品的测试。

④ 按 Print 键打印报告和标准曲线。

⑤ 如要存数据和结果，单击 File 文件。

选 Save Data As…，在下面 File Name 中输入数据文件名，单击 Save。全部操作完成。

4. 波长扫描

（1）在 WinUV 主显示窗下，双击所选象标（Scan），进入主菜单（图 1-13）。

（2）设置参数。

① 单击 Setup 功能键，进入参数设置页面（图 1-14）。

② 按 Cary ——→ Options ——→ Baseline ——→ Reports ——→ Auto Store 顺序，设置每页的参数。根据实验要求，对扫描起始波长和终止波长、测定量程方式、扫描控制参数、基线控制参数、是否参照扫描、是否打印参数等逐项进行设定或改变，待所需参数均设定好后应检

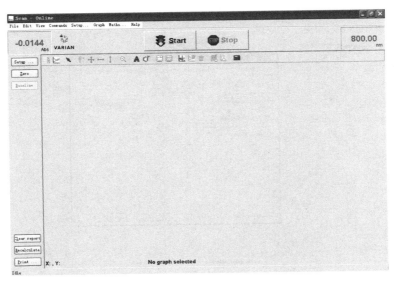

图 1-13　Cary100 的 Scan 程序

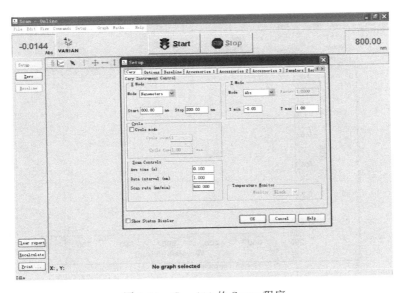

图 1-14　Cary100 的 Setup 程序

查 1 次，以确认所有参数均已正确设定，选择 "Baseline corrention"，按 OK 键（图 1-15）。

③ 开始做基线（Baseline）（图 1-16）。

④ 放空白样品到样品室内，关紧样品室门。在控制界面上按 Zero 键调零。提示：Load blank. Press OK to read（放空白按 OK 读数）。

⑤ 调零完毕后，在 Scan 控制界面上按 Start 键进行样品扫描（图 1-17）。标出最大吸收峰波长。

（3）关机。取出比色皿洗净，依次关掉电脑主机、显示器、打印机及仪器电源开关，拔掉电源插头。

图 1-15　Cary100 Baseline 的设置

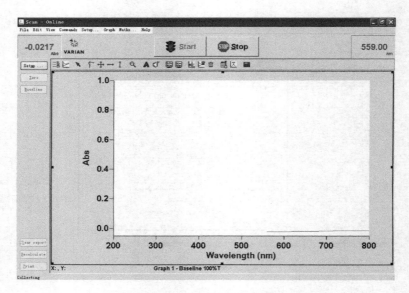

图 1-16　Cary100 Baseline 的测定

【注意事项】

1. 比色皿一定要干净，使用完毕后，立即用蒸馏水或有机溶液冲洗干净，并用柔软清洁的纱布把水渍擦净，以防表面受损，影响正常使用。

2. 供试品溶液的吸光度以在 0.3~0.7 之间为宜，在此范围误差较小。

3. 设定的参数不恰当时易得到不良的结果或谱图，如狭缝太宽使吸收值降低，分辨率下降；狭缝太窄则出现过大的噪声，读数不准确。

4. 测定时样品室门应关紧，否则会引入过多的杂散光，使吸收值下降。

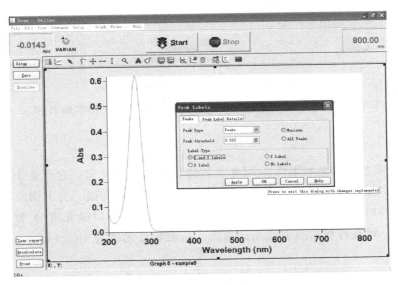

图 1-17　样品扫描

5. 标准样品系列浓度配制要准确。

6. 标准曲线一定要做好。

7. 实验中选择同一比色皿。

【数据处理】

1. 维生素 C 的最大吸收峰为＿＿＿nm。

2. 测定系列标准浓度的吸光度值，绘成吸光度-浓度标准曲线。

3. 列出未知样品的吸光度值，在曲线上找出对应浓度值。

【思考题】

1. 本实验是采用紫外吸收光谱中最大吸收波长进行测定的，是否可以在波长较短的吸收峰下进行定量测定？为什么？

2. 被测物浓度过大或过小对测量有何影响？应如何调整？进行调整的依据是什么？

3. 除了本实验中的方法外，还有哪些抗坏血酸测定方法？

实验 1-2　紫外-可见分光光度法测定阿司匹林中水杨酸的含量

水杨酸，分子式为 $C_7H_6O_3$，是植物柳树皮的提取物，是一种天然的消炎药。常用的感冒药阿司匹林就是水杨酸的衍生物乙酰水杨酸钠，而对氨基水杨酸钠（PAS）则是一种常用的抗结核药物。水杨酸在皮肤科常用于治疗各种慢性皮肤病如痤疮（青春痘）、癣等。水杨酸还可以祛角质、杀菌、消炎，因而非常适合治疗由毛孔堵塞引起的青春痘。目前国际主流祛痘产品都是含水杨酸的，浓度通常是 0.5%～2%，如伊美莱、玫琳凯的粉刺控制调理液都是含水杨酸的祛痘产品。

【实验目的】

1. 了解紫外-可见分光光度计的性能、结构及其使用方法；
2. 掌握紫外-可见分光光度法定性、定量分析的基本原理和实验技术。

【实验原理】

紫外-可见吸收光谱是利用紫外-可见光测得物质的电子光谱，它产生于价电子在电子能级间的跃迁，用于研究物质在紫外-可见光区的分子吸收光谱。当不同波长的单色光通过被分析的物质时，能测得不同波长下的吸光度或透光率，以吸光度 A 为纵坐标对横坐标波长 λ 作图，可获得物质的吸收光谱曲线。一般紫外光区为 190～400nm，可见光区为 400～800nm。

紫外吸收光谱的定性分析为化合物的定性分析提供了信息依据。虽然分子结构不同，但只要具有相同的生色团，它们的最大吸收波长值就相同。因此，在相同溶剂和测量条件下，通过将未知化合物的扫描光谱、最大吸收波长值与已知化合物的标准光谱图进行比较，就可进行基础鉴定。

利用紫外吸收光谱进行定量分析时，必须选择合适的测定波长。水杨酸在波长 300nm 处有吸收峰，而苯甲酸在此处无吸收，在波长 230nm 处有两组吸收峰重叠。为了避开苯甲酸的干扰，选用 300nm 波长作为测定水杨酸的工作波长。由于乙醇在 250～350nm 无吸收干扰，故可使用 60%乙醇为参比溶液。

【仪器与试剂】

1. 仪器

Cary100 紫外-可见分光光度计；容量瓶（100mL，1 个）、容量瓶（50mL，5 个）；刻度吸量管（1mL、2mL、5mL，各 1 支）。

2. 试剂

水杨酸对照品（分析纯）；60%乙醇溶液（自制）。

【实验步骤】

(1) 准确称取 0.0500g 水杨酸置于 100mL 烧杯中，用 60%乙醇溶解后，转移到 100mL 容量瓶中，以 60%乙醇稀释至刻度线，摇匀。此溶液浓度为 0.5mg/mL。

(2) 将 5 个 50mL 容量瓶按 1～5 依次编号。分别移取水杨酸标准溶液 0.50mL、1.00mL、2.00mL、3.00mL、4.00mL 于相应编号容量瓶中，各加入 60%乙醇溶液，稀释至刻度线，摇匀。

(3) 用 1cm 石英吸收池，以 60%乙醇作为参比溶液，在 200～350nm 波长范围内测定一份水杨酸标准溶液的紫外吸收光谱，确定最大吸收波长。

(4) 在选定波长下，以 60%乙醇为参比溶液，由低浓度到高浓度测定系列水杨酸标准溶液及未知试样的吸光度。以水杨酸标准溶液的吸光度为纵坐标，浓度为横坐标绘制标准曲线。根据水杨酸试液的吸光度，通过标准曲线计算试样中水杨酸的含量。

标准曲线制定及未知试样浓度检测见表 1-6。

表 1-6　标准曲线制定及未知试样浓度检测

标准溶液(0.5mg/mL)			
编号	移取标准溶液体积/mL	溶液浓度/(μg/mL)	吸光度 A
空白	0	0	0
标 1	0.5	5	
标 2	1	10	
标 3	2	20	
标 4	3	30	
标 5	4	40	
未知浓度溶液			
编号	未知溶液的吸光度 A		溶液浓度/(μg/mL)
未知液			

【数据处理】

1. 根据某一浓度下水杨酸标准溶液的全波长扫描图，确定最佳吸收波长。
2. 绘制标准曲线，计算工作曲线方程及 R^2 值。
3. 计算未知样中水杨酸的浓度。

【注意事项】

1. 配制样品前要将所使用的玻璃仪器清洗干净。
2. 移取标准溶液之前要润洗移液管。
3. 测量前用待测液润洗比色皿，测量由低浓度到高浓度依次进行。

【思考题】

1. 归纳影响紫外吸收光谱定性、定量检测时各种误差的因素。
2. 为什么选用 300nm 而不选用 230nm 波长进行水杨酸的定量分析？
3. 本实验为什么用 60％乙醇作参比溶液？

实验 1-3　紫外-可见分光光度法测定饮料中咖啡因的含量

咖啡因是一种黄嘌呤生物碱化合物，作为一种中枢神经兴奋剂，能够暂时驱走睡意并恢复精力。因此，咖啡因也是目前世界上使用最普遍的精神药品。现今含咖啡因成分的咖啡、茶、软饮料及能量饮料十分畅销，随着可口可乐、百事可乐等碳酸饮料在全世界的风

咖啡因

靡，各种可乐型饮料已成为人们在日常饮食中摄取咖啡因的主要来源之一。虽然咖啡因具有提神醒脑、刺激中枢神经的作用，但长期饮用含大量咖啡因的饮料，易上瘾，为此，各国制定了咖啡因在饮料中添加的食品卫生标准。美国、加拿大、阿根廷、日本、菲律宾规定，饮料中咖啡因的含量不得超过 200mg/L，目前我国虽允许饮料中加入咖啡因，但规定其含量不得超过 150mg/kg。

【实验目的】

1. 了解紫外-可见吸收光谱产生的原理。
2. 学会使用紫外-可见分光光度计。
3. 能绘制出咖啡因的紫外-可见吸收光谱图，能测定未知样品的浓度。

【实验原理】

咖啡因属甲基黄嘌呤化合物，化学名为 1,3,7-三甲基黄嘌呤。白色，无臭味，一般成发亮针丝状或粉末状的结晶。熔点为 234～238℃，178℃升华，能溶于乙醚、丙酮、氯仿、水，微溶于石油醚。通常紫外-可见分光光度法是可乐型饮料、咖啡和茶叶及其制成品中咖啡因含量测定的简便方法，该方法快速、准确。其最低检出限度分别为：可乐型饮料为 3mg/L，咖啡、茶叶以及其固体制品为 5mg/100g，咖啡和茶叶的液体制品为 5mg/L。

【仪器与试剂】

1. 仪器

Cary100 紫外-可见分光光度计。

2. 试剂

本实验所用试剂均为分析纯试剂，实验用水为蒸馏水。

无水硫酸钠；三氯甲烷（使用前重新蒸馏）；1.5％高锰酸钾溶液（称取 1.5g 高锰酸钾，用水溶解并稀释至 100mL）；亚硫酸钠和硫氰酸钾混合溶液（称取 10g 无水亚硫酸钠，用水溶解并稀释至 100mL；另取 10g 硫氰酸钾，用水溶解并稀释至 100mL，然后两者混合均匀）；15％磷酸溶液（吸取 15mL 磷酸置于 100mL 容量瓶中，用水稀释至刻度线，混匀）；20％氢氧化钠溶液（称取 20g 氢氧化钠，用水溶解，冷却后稀释至 100mL）；20％醋酸锌溶液（称取 20g 醋酸锌 $[(CH_3COO)_2Zn \cdot 2H_2O]$，加入 3mL 冰乙酸，加水溶解并稀释至 100mL）；10％亚铁氰化钾溶液（称取 10g 亚铁氰化钾 $[K_4Fe(CN)_6 \cdot 3H_2O]$，用水溶解并稀释至 100mL）；咖啡因标准品（含量 98.0％以上）；咖啡因标准储备液（0.5mg/mL）。

【实验步骤】

1. 样品的处理

在 250mL 分液漏斗中，准确移入 10.0mL 经超声脱气后的均匀可乐型饮料试样，加入 1.5% 高锰酸钾溶液 5mL，摇匀，静置 5min，加入混合溶液 10mL，摇匀，再加入 30mL 重蒸三氯甲烷。振摇 100 次，静止分层，收集三氯甲烷。水层再加入 10mL 重蒸三氯甲烷，振摇 100 次，静置分层。合并二次三氯甲烷萃取液，并用重蒸三氯甲烷定容至 100mL，摇匀，备用。

2. 标准曲线的绘制

从 0.5mg/mL 的咖啡因标准储备液中，用重蒸三氯甲烷配制成浓度分别为 2.00μg/mL、4.00μg/mL、6.00μg/mL、8.00μg/mL、10.0μg/mL、12.00μg/mL、14.00μg/mL 的标准系列，以 0μg/mL 溶液作对比，调节零点，用 1cm 比色杯于 276.5nm 下测量吸光度 A，得出吸光度-咖啡因浓度的标准曲线。

3. 样品的测定

在 25mL 具塞试管中，加入 5g 无水硫酸钠，倒入 20mL 样品的三氯甲烷制备液，摇匀，静置。将澄清的三氯甲烷用 1cm 比色杯于 276.5nm 处测其吸光度，根据标准曲线求出样品的吸光度所对应咖啡因的浓度。测定时用重蒸三氯甲烷作试剂空白。

【注意事项】

1. 查阅文献，咖啡因在 276nm 处有最大吸收峰。

2. pH 的影响：pH 在 1～10 范围内，萃取效果没有明显的差异，其吸光度稳定。这说明 pH 在 1～10 范围内时，对咖啡因没有影响，但萃取咖啡因的最佳 pH 范围为 6.0～10.0；pH 在 6.0 以下时，剧烈摇动，易乳化，分层慢，pH 在 6.0～10.0 时没有以上现象。

3. 萃取时间的长短对吸光度值无明显的影响，故选定摇荡时间为 1min。

4. 提取溶剂的使用量：提取溶剂三氯甲烷使用量在 18mL 以上均可提取完全，但为适应各种可乐型饮料，将提取溶剂的量定为 50mL。

5. 绘制标准曲线时，作为标准溶液，咖啡因溶液浓度要准确配制。

6. 测量吸光度时，比色皿要保持洁净，切勿用手玷污其光面。

7. 石英比色皿比较贵重，使用时要小心。

【数据处理】

1. 标准曲线

观察咖啡因的标准曲线可知，随咖啡因含量的增加，其在最大吸收波长处的吸光度值也随之增加，呈现良好的线性关系。

2. 溶剂的选择

准确移取三份 1.0mL 200mg/L 咖啡因水溶液于三只 10mL 试管中，分别加入 8.0mL 二氯甲烷、三氯甲烷、乙酸乙酯，充分振荡，萃取后离心分离，取清液在 250～300nm 波长范围内扫描。比较咖啡因在不同溶剂中的紫外吸收光谱，可看出三氯甲烷作溶剂时，吸光度最大，最大吸收峰位于 276nm 处。由此可知，三氯甲烷作萃取剂最好。

通过实验得出：用紫外吸收光谱分析法测定市售饮料中咖啡因的含量，具有快速、准确、溶剂消耗少等特点。

【思考题】

1. 利用紫外-可见分光光度法测定咖啡因含量有何优缺点？
2. 紫外吸收光谱法受哪些因素的影响和限制？
3. 综述紫外吸收光谱分析法的基本原理。

第 2 章
荧光光谱法

基态分子吸收一定能量后，跃迁至激发态，当激发态分子以辐射跃迁形式将其能量释放返回基态时，通过测量辐射光的强度，得到分子发射光谱，从而对被测物质进行定量测定。依据激发模式的不同，分子发光分为光致发光、热致发光、场致发光和化学发光等。光致发光是指分子、原子吸收光辐射时被激发，然后再发射出与吸收波长相同或更长光的现象。荧光和磷光是两种最常见的光致发光。分子荧光光谱法的灵敏度比紫外-可见吸收光谱法高 2~4 个数量级。近些年来，荧光分析法在超高灵敏度的生物大分子分析方面受到广泛关注。

由于有些物质本身不发射荧光，就需要把不发射荧光的物质转化成能发射荧光的物质。例如用某些试剂（如荧光染料），使其与不发射荧光的物质生成络合物，这种络合物能发射荧光，可进行测定。因此荧光试剂的使用，为一些原来不发荧光的无机物质和有机物质进行荧光分析打开了大门，扩展了分析的范围。

2.1 基本原理

物体经过较短波长光的照射，把能量储存起来，然后缓慢放出较长波长的光，放出的这种光就叫荧光。如果把荧光的能量-波长关系图作出来，就可以得到荧光光谱。第一个发现荧光现象的是 16 世纪西班牙的内科医生和植物学家莫纳德斯（N. Monardes），在一种木头切片的水溶液中，他看到了极为可爱的天蓝色，以此开始了荧光研究。

1852 年斯托克斯（Stokes）在考察奎宁和叶绿素的荧光时，用分光计观察到其荧光的波长比入射光的波长稍长些，经过判明，这种现象是由于这些物质在吸收光能后重新发射不同波长的光，而不是由光的漫射作用所引起的，这时人们才确立了荧光是光发射的概念。到 19 世纪末，人们已经知道了包括荧光素、曙红、多环芳烃等 600 种以上的荧光物质。20 世纪以来，荧光现象被研究得更多了，人们发现了共振荧光、增感荧光，不仅能够进行荧光产率的绝对测定，还进行了荧光寿命的直接测定等。荧光光谱法具有灵敏度高、选择性强、用量少、方法简便、工作曲线线性范围宽等优点，可以广泛应用于生命科学、医学、药学、有机和无机化学等领域。

2.1.1 荧光的产生

2.1.1.1 荧光产生的机理

当一些物质被光照射后，物质的分子吸收光，之后便以基态跃迁到激发态，成为激发分子，然后通过相互碰撞或和其他溶剂分子碰撞等去活化的过程而消耗能量，回到第一激发态的最低振动能级，这种跃迁称为无辐射跃迁，不会发光。而当电子由第一激发态的最低振动能级跃迁回基态的不同振动能级时，会以荧光的形态发出能量（图 2-1）。

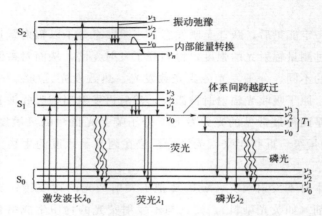

图 2-1 吸收光谱和荧光光谱能级跃迁示意图

（1）激发

在室温下物质分子通常大部分处于基态的最低振动能级（$\lambda = 0$）。当电子吸收一定频率的电磁辐射发生能级跃迁时，可上升至不同激发态的各振动能级，其中大部分分子上升至第一激发单重态（S_1），这一过程称为激发。

（2）去活化过程

处于激发态的分子是不稳定的，它可以通过不同的途径回到基态，这一过程称为去活化。去活化过程有以下几种。

① 振动弛豫　溶液中分子间碰撞机会很多，通过碰撞，溶质分子将过剩的能量转移给溶剂分子，通过无辐射跃迁而降至同一能态的最低振动能级，这一过程称为振动弛豫。

② 内部能量转换　同一多重态的不同电子能级间可能发生内部转换。当 S_2 较低振动能级与 S_1 较高振动能级的能量相当且发生重叠时，分子才有可能发生内部能量转换。

③ 荧光发射　处于第一激发态最低振动能级的电子，跃迁回基态的各振动能级，这一过程称为荧光发射。

④ 体系间跨越跃迁　分子从激发单重态转至能量较低的激发三重态的过程，称为体系间跨越跃迁。从第一激发三重态的最低振动能级下降至基态的各振动能级，所发出的辐射即磷光。

2.1.1.2　激发光谱和发射光谱

任何荧光化合物都有两个特征性光谱：激发光谱和发射光谱。

① 激发光谱　与吸收光谱类似，是由不同激发波长的辐射引起物质发射某一波长的荧光强度所得的光谱。通常固定发射光波长 λ_{em}，依次改变激发波长 λ_{ex}，测定荧光强度 F，以 F-λ_{ex} 作图得荧光物质的激发光谱。

② 发射光谱　发射光谱又称荧光光谱。通常固定激发光波长 λ_{ex}，依次改变发射波长 λ_{em}，测定荧光强度 F，以 F-λ_{em} 作图得荧光发射光谱。

2.1.1.3　同步荧光光谱

在通常的荧光分析中所获得的光谱分别为荧光的激发光谱和发射光谱。若同时扫描激发和发射两个波长，由所得到的荧光强度信号与对应的激发波长（或发射波长）构成光谱图，称为同步荧光光谱。

2.1.1.4　3D 荧光光谱

3D 荧光光谱是 20 世纪 80 年代发展起来的，由激发波长（y 轴）-发射波长（x 轴）-荧光强度（z 轴）三维坐标所表征的矩阵光谱，也叫总发光光谱。通常的荧光光谱是荧光强度对发射波长扫描所得的平面图。很显然，3D 荧光光谱技术不仅能够获得激发波长与发射波长，也能够获得荧光强度。可用于环境检测和司法样本的取证。

2.1.2　荧光光谱的特性

（1）斯托克斯位移

斯托克斯（Stokes）位移是指荧光光谱较相应吸收光谱的红移。由于斯托克斯位移的产生，分子的荧光发射波长总是比其相应的吸收或激发光谱的波长长些，因斯托克斯在 1852 年首次观察到而称为斯托克斯位移。处于激发态的分子一方面由于振动弛豫等损失了部分能量，另一方面溶剂分子的弛豫作用使其能量进一步损失，因而产生了发射光谱波长的位移，这种位移表明在荧光激发和发射之间所产生的能量损失。

（2）荧光（发射）光谱形状与激发波长无关

分子中电子跃迁到不同激发态能级，无论被激发到高于 S_1 哪一个激发态，都经过无辐射的振动弛豫或内部能量转换等过程，最终回到第一激发单重态的最低振动能级，然后跃迁回基态，产生波长一定的荧光。

（3）通常荧光发射光谱与吸收光谱（与激发光谱形状一样）呈镜像对称关系

由于分子的 S_0 态和 S_1 态中各振动能级的能量分布情况相似，故吸收光谱和发射光谱的形状相似。

荧光量子效率，也称为量子产率，是发荧光的分子数与总激发态分子数之比，也可以定义为物质吸光后发射的荧光的光子数与吸收的激发光的光子数之比。由荧光去活化过程可以看出，物质吸收光被激发后，既有发射荧光返回基态的可能，也有经无辐射跃迁回到基态的可能。强的荧光物质，如荧光素分子，荧光发射将是主要的；而对弱荧光物质而言，则无辐射过程占主导。

2.1.3　影响荧光强度的因素

荧光是由具有荧光结构的物质吸收光后产生的，其发光强度与该物质分子的吸光作用及荧光效率有关，因此荧光与物质分子的化学结构密切相关。影响物质荧光强度的因素主要有以下几种。

（1）共轭效应

发光分子中要具有共轭 π 键体系，共轭的程度越大，π 电子越容易激发，分子放光越容易产生。

（2）具有刚性平面结构

多数具有刚性平面结构的有机分子具有强烈的荧光。因为这种结构可以减少分子的振动，使分子与溶剂或其他溶质分子之间的相互作用减少，也就减少了碰撞去活化的可能性。如荧光素和酚酞结构十分相似，荧光素有很强的荧光，而酚酞没有，这是由于荧光素有刚性平面结构，减少了分子振动，从而减小了去活化的概率。

（3）取代基效应

取代基的性质对荧光体的荧光特性和强度均有强烈影响。苯环上的取代基会引起最大吸收波长的位移及相应荧光峰的改变。

通常给电子基团，如—OH、—NH_2、—NHR、—NR_2、—OCH_3 和—$N(CH_3)_2$ 等，使荧光增强。这是因为产生了 p-π 共轭作用，增强了π电子共轭程度，使最低激发单重态与基态之间的跃迁概率增大。

吸电子基团，如—Br、—Cl、—I、—$NHCOCH_3$、—NO_2 和—COOH，使荧光减弱。

（4）荧光猝灭剂的影响

荧光猝灭是指由荧光物质分子与溶剂分子或周围溶质分子相互作用引起荧光强度降低的现象。

引起荧光猝灭的物质称为荧光猝灭剂。常见的荧光猝灭剂有卤素离子、重金属离子、氧分子、硝基化合物、重氮化合物、羰基化合物、羧基化合物。荧光物质经紫外线长时间照射及空气的氧化作用，荧光会逐渐减退。

① 碰撞猝灭　在浓度较高的荧光物质溶液中，单重激发态的分子在发生荧光之前和未激发的荧光物质分子碰撞而引起的自熄灭现象。

② 静态猝灭　有些荧光物质分子在溶液浓度较高时会形成二聚体或多聚体，使它们的吸收光谱发生变化，引起溶液荧光强度的降低或消失。

（5）溶液浓度的影响

在稀溶液中，荧光强度与溶液浓度具有一定比例关系：$F=Kc$，其中 F 为荧光强度，K 为检测效率（由仪器决定），c 为溶液的浓度。高浓度时，荧光物质发生猝灭和自吸收现象，使 F 与 c 不呈线性关系。

（6）温度的影响

荧光强度对温度较敏感。溶液温度下降时，介质的黏度增大，荧光物质与分子的碰撞也随之减少，去活化过程发生概率也减少，则荧光强度增加。相反，随着温度上升，荧光物质与分子的碰撞频率增加，使去活化概率增加，则荧光强度下降。

（7）pH 的影响

带有酸性或碱性官能团的大多数芳香族化合物的荧光一般都与溶液 pH 有关。例如：在 pH＝7～12 的溶液中，苯胺以分子形式存在，会发出蓝色荧光；而在 pH＜2 或 pH＞13 的溶液中，苯胺以离子形式存在，不会发出荧光。同时，所用酸的种类也影响荧光的强度，如奎宁在硫酸溶液中的荧光比在盐酸中的要强。

（8）溶剂的影响

许多有机物及金属的有机络合物，在乙醇溶液中的荧光比在水溶液中的强。乙醇、甘油、丙酮、氯仿及苯都是常用的有机溶剂，其中大多具有荧光，应设法避免；一般避免的办法是稀释或加入一部分水。

溶剂黏度减小，荧光强度减弱。溶剂黏度减小时，可以增加分子间碰撞机会，使无辐射跃迁增加而荧光减弱。故荧光强度随溶剂黏度的减小而减弱。由于温度对溶剂的黏度有影响，一般是温度上升，溶剂黏度变小，因此温度上升，荧光强度下降。

（9）散射光的干扰

小部分光子和物质分子相碰撞，光子的运动方向发生改变而向不同角度散射，从而形成散射光。常见的散射光有瑞利光、拉曼光。对瑞利光，光子和物质发生弹性碰撞，但不发生能量交换，只是光子运动方向发生改变，其波长与入射光波长相同。对拉曼光，光子和物质发生非弹性碰撞，且发生能量交换，光子把部分能量转移给物质分子或从物质分子获得部分能量，从而发射出比入射光稍长或稍短的光。

散射光对荧光测定有干扰，必须采取措施消除。拉曼光的干扰主要来自溶剂，当溶剂的拉曼光光谱与被测物质的荧光光谱相重叠时，应更换溶剂或改变激发光波长。

2.2　荧光分光光度计

荧光分光光度计的发展经历了手控式荧光分光光度计、自动记录式荧光分光光度计、计算机控制式荧光分光光度计三个阶段。荧光分光光度计还可分为单光束式荧光分光光度计和双光束式荧光分光光度计两大系列。

2.2.1　仪器基本组成部件

荧光分光光度计的基本组成部件包括激发光源、单色器、样品池、检测器和记录显示装置五个部分，见图 2-2。

（1）激发光源

激发光源应具有强度足够、适用波长范围宽、稳定性强等特点。常用的激发光源为高

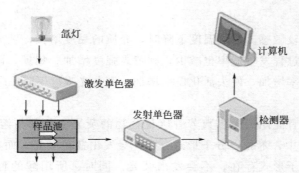

图 2-2　荧光分光光度计工作原理示意

压汞蒸气灯或氙弧灯，后者能发射出强度较大的连续光谱，且在 300～400nm 范围内强度几乎相等。氙弧灯又称氙灯，是目前荧光分光分度计中应用最广泛的一种光源，它是一种短弧气体放电灯，外套为石英，内充氙气，光强度大，启动时的电压高达 2040kV，因此使用时一定要注意安全。

（2）单色器

荧光分光光度计中应用最多的单色器为光栅单色器。单色器有两块：置于光源和样品室之间的为激发单色器或第一单色器，筛选出特定的激发光谱，用于选择激发光的波长；置于样品室和检测器之间的为发射单色器或第二单色器，常采用光栅单色器，筛选出特定的发射光谱，用于选择荧光发射波长。一般后者的光栅闪耀波长比前者的长一些。第一滤光片用以分离出所需用的激发光，第二滤光片用以滤去杂散光、拉曼光和杂质所发射的荧光。

（3）样品池

通常由石英池（液体样品用）或固体样品架（粉末或片状样品用）组成。荧光分析的比色皿通常用石英材料制成，荧光比色皿四面均为磨光透明面，同时一般仅有一种厚度为 1cm 的液池。

（4）检测器

一般用光电管或光电倍增管作检测器。其可将光信号放大并转为电信号。荧光计多采用光电倍增管进行检测。检测器的方向应与激发光的方向成直角，以消除样品池中透射光和杂散光的干扰。

（5）记录显示装置

荧光分光光度计的读出装置有数字电压表或记录仪。现代仪器都配有计算机，进行自动控制和显示荧光光谱及各种参数。

由高压汞蒸气灯或氙灯发出的紫外光和蓝紫光经滤光片照射到样品池中，激发样品中的荧光物质发出荧光，荧光经过滤和反射后，被光电倍增管所接收，然后以图谱或数字的形式显示出来。

2.2.2　荧光的测定方法

（1）标准曲线法

将已知量的标准物质经过与试样相同的处理后，配成一定浓度的标准溶液，并测定它们的荧光强度，绘制一条荧光强度-标准溶液浓度标准曲线，然后测定未知样的浓度。

（2）荧光猝灭法

在一般荧光分析中，荧光的猝灭现象是不可避免的，但是人们可以利用猝灭现象，进行荧光分析。例如某一物质本身不会发光，也不会与其他物质形成荧光物质，但它会使另外一种会发射荧光的物质的荧光强度降低，荧光强度的下降程度与该物质的浓度成比例关系，此法称为荧光猝灭法。

2.2.3　荧光分析法的特点及应用

（1）荧光分析法的特点

荧光分析法是一种先进的分析方法，比电子探针法、质谱法、光谱法、极谱法等都应用得较广泛和普及。这同荧光分析具有很多优点是分不开的。荧光分析所用的设备较简单，如目测荧光仪和荧光分光光度计构造非常简单。相比质谱仪、极谱仪和电子探针仪，它在造价上要便宜很多，而且荧光分析的分析灵敏度高、选择性强和使用简便。

荧光分析法的最大特点是灵敏度高，测定下限 $0.001 \sim 0.1 \mu g/mL$，对某些物质的微量分析可以检测到 10^{-10} g 数量级，如污水中的银含量用荧光分析法可以检测到 10^{-10} g，汞可以检测到 10^{-10} g；对一些激素亦可检测到 10^{-10} g。荧光分析法的灵敏度比分光光度法的灵敏度高 2～3 个数量级，这是由于荧光分析的荧光和入射光之间成直角，而不在一条直线上，所以荧光分析法是在黑背景下检测荧光；而分光光度法的接收器与入射光在一条直线上，所以它是在亮背景下检测。分光光度法的灵敏度一般只能检测到 10^{-8} g，仪器设备相对简单、体积小；操作较简便；反应也较快。当然荧光分析法比起带电子显微镜的电子探针法灵敏度又低一些，但电子探针仪器价格昂贵，使用不方便。

荧光分析法的第二个特点是选择性强，特别是对有机化合物而言。因为荧光光谱既包括激发光谱又包括发射光谱。凡是能发射荧光的物质，必须首先吸收一定波长的紫外线，然而吸收了紫外线后不一定能发射荧光；而能发射荧光的物质，其荧光波长也不尽相同，即使荧光光谱相同，它的激光光谱也不一定相同；反之，如果它们的激发光谱相同，则可用发射光谱把它们区分开来，所以荧光分析的选择性很强。例如有两种物质，它们的荧光光谱很相似，不易把它们区分开；但它们的激发光谱不会相同，因此就可利用扫描激发光谱把它们区分开。如果用分光光谱法就难以办到，分光光谱法只能得到待测物质的特征吸收光谱，所以分光光谱法的选择性就没有荧光分析法强。

（2）荧光分析法的应用

① 直接测定能产生荧光的物质，如带苯环的氨基酸（色氨酸、酪氨酸、苯丙氨酸）。在有机化合物中，脂肪族化合物的分子结构较简单，能产生荧光的为数不多。芳香族化合物因有共轭的不饱和体系，容易吸收光能，其中结构庞大而复杂的化合物，在光照射下大多能产生荧光。此外，采用某些有机试剂与弱荧光的芳香族化合物作用，可得到强荧光物质。

② 测定能与荧光试剂反应生成荧光化合物的物质。如用荧光生色团标记蛋白质，研究蛋白质的结构；致癌物同核酸结合常引起显著的荧光，从而可以研究致癌物质。对于胺类、甾族化合物、抗生素、维生素、氨基酸、蛋白质和酶等许多具有荧光性质的物质，都

可进行分子荧光分析。荧光分析法尤其适于生物体组分的分析。荧光分析法具有很高的灵敏度和选择性，因此有可能在生物组织中不经分离而直接测定。它还可用于酶的动力学和机制研究。

③ 无机元素的荧光分析。在紫外线照射下能直接发射荧光的化学元素并不很多，所以对一些元素进行荧光分析时大部分采用间接测定法，即用有机试剂与被测定的元素组成络合物，这些络合物在紫外线照射下能发射出不同波长的荧光，然后由荧光强度测定出该元素的含量。有机荧光试剂的品种繁多，利用荧光分析法可测定的元素有六十多种。

2.3　磷光和化学发光

2.3.1　磷光

在原理、仪器和应用等方面，分子磷光与分子荧光光谱相似，区别在于：磷光是由第一激发单重态的最低能级，以体系间跨越跃迁方式转至第一激发三重态（T_1），再经过振动弛豫到达其最低振动能级，最后跃迁回到基态的不同振动能级所产生的，因此磷光发光速率较慢。荧光则来自短寿命的单重态，因此磷光的平均寿命比荧光长，在光照停止后还可保持。

（1）低温磷光

在有机溶剂中溶解试样，在液氮（温度 77K）条件下使试样形成刚性玻璃状物，测定磷光。这种刚性玻璃状物可减少分子间碰撞的概率，以减少无辐射跃迁。选择的溶剂一般具有低的磷光背景，能使试样溶解形成刚性玻璃状物。最常用的溶剂是 EPA（由乙醇、异戊烷和二乙醚按体积比 2∶5∶5 混合而成），其他溶剂有乙醇，或混合溶剂如乙醇-甲醇、异丙醇-异戊烷和水-甲醇等。实验时应提纯溶剂，以除去芳香族和杂环化合物等杂质。使用含有重原子的混合溶剂，可增加磷光效率。

（2）室温磷光

将试样固定在固体基体上，也可溶解在胶束溶液或环糊精溶液中，在室温下就能测量磷光。常见的固体基体有纤维载体（如滤纸）、无机载体（如硅胶、氧化铝）以及有机载体（如纤维素、蔗糖、淀粉等）。固体基体将被测物质束缚在固体上以增加其刚性，减小三重态的碰撞猝灭，增强磷光强度。

室温时许多有机分子在含有表面活性剂的溶液中，形成胶束缔合物，使其刚性增强而发生磷光。测定时，用超声波将小量试样与胶束溶液混合均匀［如果掺入含有重原子离子 Tl（Ⅰ）、Pb（Ⅱ）的盐类可增强量子效率］，然后将试液通 N_2 除 O_2，转入样品池中，测量磷光。也可使用环糊精溶液于室温下进行磷光测定。

2.3.2　化学发光

化学反应所释放的化学能激发了体系中某种化学物质分子，当受激发的分子跃迁回到基态时而产生的光发射是化学发光。利用化学发光测定体系中化学物质浓度的方法称为化学发光分析法。当化学发光发生于生物体系时，这种发光则称为生物发光。化学发光的类型有直接化学发光、间接化学发光、液相化学发光、气相化学发光等。

化学发光包括化学激发和发光两个关键步骤。产生化学发光的反应，必须具备的条件如下。

① 提供足够的能量激发某种分子。这种能量主要来自反应焓。许多氧化还原反应所提供的能量能满足此条件，因此大多数化学发光反应为氧化还原反应。

② 具有有利的化学反应历程，使反应释放的能量有利于激发生成大量的激发态分子。

③ 发光效率高。化学发光效率取决于生成激发态分子的化学激发效率和激发态分子的发射效率。

当被测物质的浓度很低时，化学发光反应的发光强度与被测物质的浓度呈线性关系。化学发光反应的发光强度与化学发光效率、化学反应速率等因素有关。发光强度既可以用峰高表示，也可以用总发光强度即发光强度的积分值表示。

2.4　实验部分

实验 2-1　荧光分析法测定医用药片中核黄素的含量

核黄素，又称维生素 B_2，分子式 $C_{17}H_{20}N_4O_6$，它是人体必需的 13 种维生素之一，维生素 B 族的成员之一。轻微缺乏核黄素时，人体不会有任何感觉，但缺乏达到一定程度时就会出现明显的症状。首先，在人体最薄弱的地方，通常是消化道的首尾两端，出现充血、肿胀，随后皮肤或黏膜出现溃疡，然后开始出血，即口腔溃疡和痔疮。如果长期缺乏核黄素，那么人体其他部位也会出现同样的症状。

核黄素在正常的肾功能状况下几乎不产生毒性，但当过量服用核黄素时，大部分以原形从尿中排出，使尿呈现为黄色。核黄素过量的不良反应也有报道，如大剂量注射核黄素能使肾脏的肾小管发生堵塞，产生少尿等肾功能障碍。

此外，核黄素促进发育和细胞的再生；促使皮肤、指甲、毛发的正常生长；帮助消除口腔内、唇、舌的炎症；增进视力，减轻眼睛的疲劳；和其他物质相互作用来帮助碳水化合物、脂肪、蛋白质的代谢。长期食用核黄素含量不足的食品，易患口角炎；易造成婴幼儿的免疫力下降。

体内核黄素的储存是很有限的，因此每天都要由饮食提供。

【实验目的】

1. 学习和掌握荧光分析法的基本原理和方法；
2. 掌握荧光分析法测定药片中核黄素的含量；
3. 学会使用荧光分光光度计。

【实验原理】

核黄素易溶于水而不溶于乙醚等有机溶剂，在中性或酸性溶液中稳定存在，光照易分解，对热稳定。核黄素在碱性溶液中经光线照射会发生分解而转化为光黄素，光黄素的荧光比核黄素的荧光强得多，故测核黄素时溶液要控制在酸性范围内，且在避光条件下进行。

【实验仪器】

1. 仪器

F-2700 荧光分光光度计（图 2-3）。

图 2-3 F-2700 荧光分光光度计

2. 试剂

核黄素标准品；医用维生素 B_2 片剂；蒸馏水等。

【实验步骤】

1. 荧光分光光度计的使用

（1）开启计算机和仪器主机电源。按下仪器主机的 POWER 按钮。同时，观察主机正面面板右侧的 Xe LAMP 和 RUN 指示灯依次亮起来（都显示绿色）。

（2）计算机进入 Windows XP 视窗后，打开运行软件（图 2-4）。

① 双击桌面图标，主机自行初始化，自动进入扫描界面。

② 初始化结束后，须预热 15～20min，按界面提示选择操作方式。

（3）选择测试模式：波长扫描（Wavelength scan）。

① 点击扫描界面右侧 "Method"。

② 在 "General" 选项中选择 "Wavelength scan" 测量模式，如图 2-5 所示。

③ 在 "Instrument" 选项中设置仪器参数和扫描参数，如图 2-6 所示。

参数选择步骤如下：选择扫描模式 "Scan Mode" 为 Emission/Excitation/Synchronous（发射光谱、激发光谱和同步荧光）；选择数据模式 "Data Mode" 为 Fluorescence/Luminescence（荧光/化学发光）；设定波长扫描范围；扫描激发光谱（Excitation）需设

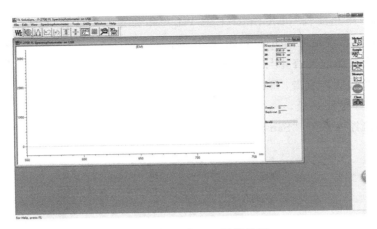

图 2-4　FL Solution 扫描界面

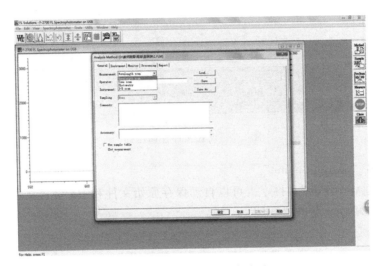

图 2-5　General 选项的界面

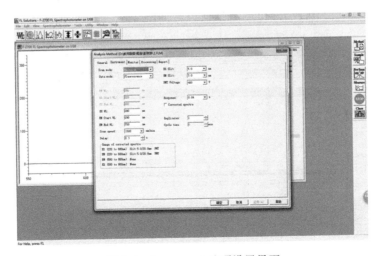

图 2-6　Instrument 选项设置界面

定激发光的起始/终止波长（EX Start/End WL）和荧光发射波长（EM WL）；扫描发射光谱（Emission）需设定发射光的起始/终止波长（EM Start/End WL）和荧光激发波长（EX WL）。注意：激发光终止与起始波长差不小于 10nm。

④ 设置好参数后，点击"确定"。

（4）设置文件存储路径。

① 点击扫描界面右侧"Sample"，出现如图 2-7 所示页面。

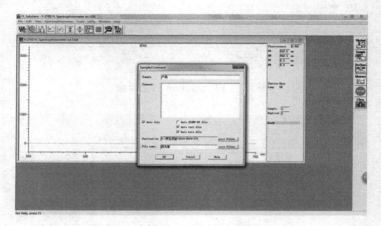

图 2-7   设置文件存储路径

② 样品命名"Sample name"。

③ 选中"□Auto File"，打√。可以自动保存原始文件和 txt 格式文本文档数据。

④ 参数设置好后，点击"OK"。

（5）扫描测试。

① 打开盖子，放入待测样品后，盖上盖子（请勿用力）。

② 点击扫描界面右侧"Measure"或快捷键 F4，窗口在线出现扫描谱图。

（6）处理数据：选中自动弹出的数据窗口，如图 2-8、图 2-9 所示。

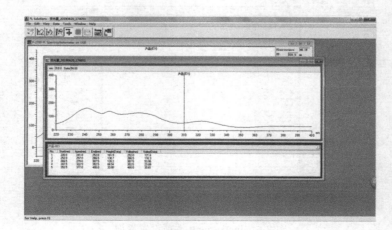

图 2-8   激发光谱扫描窗口

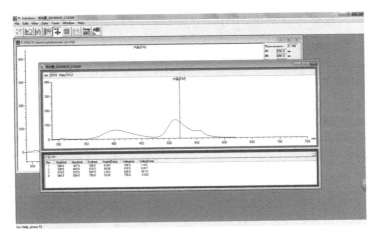

图 2-9　荧光光谱扫描窗口

（7）3D 扫描程序：选择 Analysis Method→General→Measurement-3D Scan 程序，在 Instrument 程序中设置激发光波长范围、荧光波长范围，如图 2-10、图 2-11 所示。

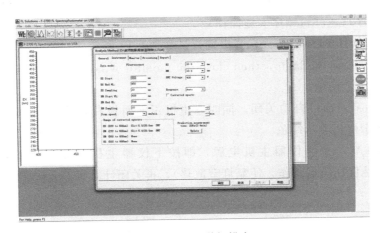

图 2-10　3D 光谱扫描窗口

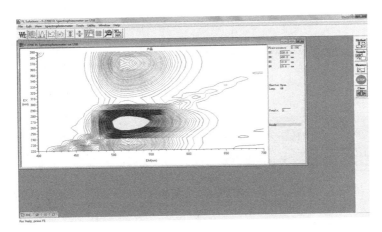

图 2-11　3D 光谱图

（8）定量分析：选择 Analysis Method→General→Photometry 程序（图 2-12），设置各类参数。

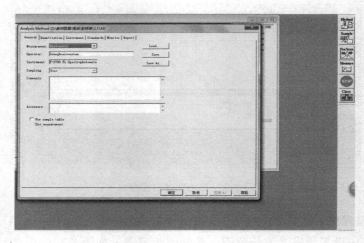

图 2-12　选择 Photometry 程序

（9）关机顺序（逆开机顺序实施操作）。

① 关闭运行软件 FL Solution，弹出窗口，如图 2-13 所示。

② 选中"○Close the lamp, then close the monitor windows?"，打"⊙"。如果继续操作，请选择第 1 个选项。

③ 点击"Yes"。窗口自动关闭。同时，主机正面面板右侧的 Xe LAMP 指示灯暗下来，而 RUN 指示灯仍显示绿色。

④ 约 10min 后，关闭仪器主机电源，即按下仪器主机左侧面板下方的黑色按钮 POWER（目的是仅让风扇工作，使氙灯室散热），再关闭计算机。

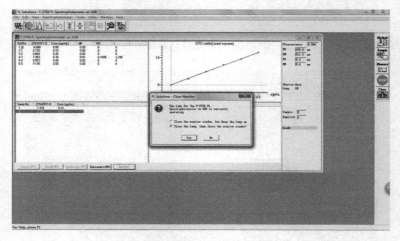

图 2-13　关闭软件

（10）寻找激发波长的方法。

测试前，激发波长未知，可以按照以下步骤寻找激发波长：

① 首先在发射光谱设置中输入一个激发光波长数值，如 300nm，设置发射光谱范围，通常起始值大于激发波长，同时小于激发波长的二倍，得到一个发射光谱，及一个或几个发射波长的峰值。

② 重新在激发光谱中设置，输入步骤①中得到的发射波长，设置激发光谱范围，通常起始值大于发射波长的一半，同时小于发射波长，得到激发波长的峰值。

③ 按照步骤②的过程，将几个发射波长都输入，得到几个激发波长。

④ 重复步骤①的过程，输入步骤②、③中得到的激发波长，观察发射光谱的峰形，确定发射光谱。

2. 医用药片中核黄素的含量测定

（1）配制 10.0μg/mL 核黄素标准溶液

称取 0.001g 核黄素置于 50mL 烧杯中，以蒸馏水溶解后，定容于 100mL 容量瓶中，摇匀，备用。

（2）配制系列标准溶液

取 6 个 50mL 容量瓶，分别加入 1.00mL、2.00mL、3.00mL、4.00mL、5.00mL、6.00mL 核黄素标准溶液，用水稀释至刻度线，摇匀。

（3）扫描核黄素的最大激发波长和最大发射波长

对系列核黄素标准溶液进行荧光扫描，根据激发光谱曲线和发射光谱曲线，确定最大激发波长和最大发射波长。

（4）绘制标准曲线

根据上述核黄素标准溶液的荧光强度，绘制标准曲线。

（5）测定未知试样

取医用维生素 B_2 片剂 1 片，置于 50mL 烧杯中，加少量蒸馏水溶解，定容于 1000mL 容量瓶中，摇匀、备用。取适量试样于比色皿中，放入样品室中，单击测定程序中的 "Sample"，测定荧光强度，若有多个试样，可依次测定完毕，荧光分光光度计直接给出浓度值。记录数据或打印。

【数据处理】

1. 记录核黄素的最大激发波长和最大发射波长。

$\lambda_{ex} =$ ＿＿＿＿＿＿＿＿＿＿ ; $\lambda_{em} =$ ＿＿＿＿＿＿＿＿＿＿＿。

2. 记录核黄素标准溶液浓度及其荧光强度（表 2-1）。

表 2-1　核黄素的荧光强度

编号	1	2	3	4	5	6
c						
F						

3. 绘制核黄素的标准曲线。

4. 计算药片中核黄素的含量。

【注意事项】

1. 在实验中，拿比色皿时要拿 4 个棱角，切勿拿光滑的透光面，以免影响检测效果。
2. 比色皿用后，应用醇或其他有机溶剂浸泡。
3. 氙灯长时间使用（1000h 以上）后可能会发生爆炸，所以保证期（500h）以后，应及时更换。
4. 在安装或更换氙灯时，应确认电源开关为 OFF，并切断电源。

【思考题】

1. 荧光分光光度计与紫外分光光度计的主要区别是什么？
2. 荧光产生的机理是什么？
3. 为什么荧光分光光度计的比色皿要四面透光？
4. 为什么不能在碱性环境下检测核黄素？

实验 2-2　荧光分析法测定荧光素的含量

荧光素，橙色粉末，不溶于水和稀酸，溶于醇及稀碱，可用作吸附指示剂。以 $AgNO_3$ 滴定 Cl^- 时，滴定终点由黄绿色变为淡红色。

【实验目的】

1. 学习和掌握荧光分析法的基本原理和方法；
2. 学习激发光谱和荧光光谱的绘制及定量测定方法；
3. 学习使用荧光分光光度计。

【实验原理】

荧光素，中文名 4,5-二氯荧光素，别名 4,5-二氯荧光黄、4,5-二氯-3,6-荧烷二醇。橙色粉末，溶于乙醇和稀碱液呈橙色并有黄绿色荧光，微溶于甘油和二醇类，几乎不溶于油、脂肪和蜡，不溶于水和稀酸；其强碱性溶液加热后产生紫色。荧光素分子中 π 电子的共轭程度大，且有较大共平面的结构，这种刚性平面结构，减少了分子振动，减少了去活化的概率，从而使荧光素具有很强的荧光。

荧光素

【仪器与试剂】

1. 仪器

F-2700 荧光分光光度计等。

2. 试剂

荧光素标准品；乙醇；未知试样（含荧光素）等。

【实验步骤】

1. 配制系列标准溶液

（1）准确称取荧光素 0.0125g，用乙醇作溶剂配成 100mL 溶液（0.125g/L 荧光素标准溶液）。

（2）取步骤（1）溶液 2mL，用乙醇作溶剂稀释到 50mL，得 5mg/L 荧光素标准溶液。

（3）分别取步骤（2）溶液 1mL（0.1mg/L）、2mL、3mL、4mL、5mL 稀释到 50mL，并编号。

2. 扫描荧光素标准溶液得最大激发波长和最大发射波长

对荧光素标准溶液进行荧光扫描，根据激发光谱曲线和发射光谱曲线，确定最大激发波长和最大发射波长。

3. 绘制标准曲线

根据上述荧光素标准溶液的荧光强度，绘制标准曲线。

4. 试样的测定

取适量试样于比色皿中，放入样品室中，单击测定程序中的"Sample"，测定荧光强度，若有多个试样可依次测定完毕，荧光分光光度计直接给出浓度值。记录数据或打印。

【数据处理】

1. 记录荧光素的最大激发波长和最大发射波长。

$\lambda_{ex}=$ ＿＿＿＿＿＿＿＿；$\lambda_{em}=$ ＿＿＿＿＿＿＿＿。

2. 记录荧光素标准溶液浓度及其荧光强度。

3. 绘制荧光素的标准曲线。

4. 计算未知试样中荧光素的含量。

【注意事项】

本实验注意事项参见本章实验 2-1。

【思考题】

1. 如何区别荧光、磷光、瑞利光和拉曼光？什么条件下可观察到磷光？

2. 如何测定激发光谱和荧光光谱？

3. 何谓荧光效率？具有哪些分子结构的物质具有较高的荧光效率？哪些因素会影响荧光波长和荧光强度？

实验 2-3　荧光分析法测定样品中色氨酸的含量

色氨酸是人体自身不能合成的必需的 8 种氨基酸之一，大多数肉类食品中都含有，严重缺乏时可在医院开专门的色氨酸制剂补充。在所有的色氨酸食物中，以小米中所含有的色氨酸含量最为丰富。色氨酸是能提高情绪的食物，对预防糙皮病、抑郁症，改善睡眠和调节情绪，有着很重要的作用。

【实验目的】

1. 学会操作 F-2700 型荧光分光光度计；
2. 掌握完成荧光激发光谱和发射光谱的制作；
3. 熟练使用工作曲线法测定样品中色氨酸含量。

【实验原理】

色氨酸，L-色氨酸，白色至黄白色晶体或结晶性粉末，无臭或微臭，稍有苦味。熔点 289℃，长时间光照则着色。略溶于水（1.1g/100mL，25℃），与水共热产生少量吲哚；如在氢氧化钠、硫酸铜存在下加热，则产生大量吲哚。色氨酸与酸在暗处加热，较稳定。与其他氨基酸、糖类、醛类共存时极易分解。如无烃类共存，与 5mol/L 氢氧化钠共热至 125℃仍稳定。用酸分解蛋白质时，色氨酸完全分解，生成腐黑物。

色氨酸

【仪器与试剂】

1. 仪器

F-2700 型荧光分光光度计及其附件；容量瓶（50mL）等。

2. 试剂

1mg/mL 色氨酸标准液 100mL（称取色氨酸标准品，用 0.005mol/L 氢氧化钠溶液溶解，贮存于冰箱保存）；色氨酸标准品；蒸馏水等。

【实验步骤】

1. 绘制标准曲线

取色氨酸标准液 2mL 稀释至 50mL，然后再分别取 0.2mL、0.4mL、0.6mL、0.8mL、1.0mL 稀释至 50mL 配制色氨酸标准系列溶液。以色氨酸标准溶液浓度为横坐标，荧光强度为纵坐标绘制标准曲线。

2. 样品的准备

准确称取粉碎后的色氨酸样品 0.1～0.2g，使其溶解完全，然后用蒸馏水定容至 100mL。由于样品中存在添加剂，如淀粉等，使溶液浑浊，不利于荧光测定，所以需要对其进行离心过滤。过滤后，准确移取滤液 0.50mL 于 50mL 容量瓶中，用蒸馏水定容至刻度线。

3. 发射光谱的制作

固定荧光的激发波长，扫描发射单色器，然后记录发射荧光强度，以所测得的各波长荧光强度对发射波长作图，即可得发射光谱，从光谱中可以得到最大发射波长。

4. 标准系列溶液与样品溶液的测定

以 λ_{ex} 为激发波长，以 λ_{em} 为荧光发射波长，分别测定标准系列溶液和样品溶液的荧光强度。

【数据处理】

1. 记录色氨酸的最大激发波长和最大发射波长。
2. 记录色氨酸标准溶液浓度及其荧光强度。
3. 绘制色氨酸的标准曲线。
4. 计算样品中色氨酸的含量。

【注意事项】

紫外-可见分光光度计的吸收池与荧光分光光度计的样品池的区别：

① 样品池的材料：与紫外-可见分光光度计的吸收池一样。

② 吸收池的形状：紫外-可见分光光度计的吸收池两面透光，而荧光分光光度计的样品池四面透光。

【思考题】

1. 激发波长与荧光波长有何关系？为什么？
2. 测定过程中应注意哪些问题？
3. 可通过哪些技术提高荧光分析法的灵敏度和选择性？

第 3 章

红外吸收光谱法

红外吸收光谱法（infrared spectroscopy，IR）是根据物质对红外辐射的选择性吸收特性而建立起来的一种光谱分析方法。所以，红外光谱实质上是根据分子内部原子间的相对振动和分子转动等信息来鉴别化合物和确定物质分子结构的。当样品受到频率连续变化的红外光照射时，分子吸收某些频率的辐射，并由其振动或转动运动引起偶极矩的净变化，产生分子振动和转动能级从基态到激发态的跃迁，使相应于这些吸收区域的透射光强度减弱，记录红外光的透射比与波数或波长关系的曲线，就得到红外光谱。

3.1 红外吸收光谱法概述

3.1.1 红外光谱发展历程

1800 年，英国物理学家赫谢尔（Herschel）发现了红外线，这是红外光谱的萌芽阶段。但红外线的检测比较困难，直到 1892 年朱利叶斯（Julius）用岩盐棱镜及测热辐射计（电阻温度计），测得了二十几种有机化合物的红外光谱，这是一个具有开拓意义的研究工作，立即引起了人们的注意。1905 年库柏伦茨（Coblentz）测得了 128 种有机和无机化合物的红外光谱，引起了光谱界的极大轰动。这是红外光谱的开拓发展的阶段。到了 20 世纪 30 年代，光的二象性、量子力学及相关科学技术的发展，为红外光谱的理论及技术的发展提供了重要的基础。不少学者对大多数化合物的红外光谱进行理论上研究和归纳、总结，用振动理论进行一系列键长、键力、能级的计算，使红外光谱理论日臻完善和成熟。尽管当时的检测手段还比较简单，仪器仅是单光束的、手动和非商化的，但红外光谱作为光谱学的一个重要分支已被光谱学家和物理学家、化学家所公认。这个阶段是红外光谱理论及实践逐步完善和成熟的阶段。

20 世纪中期以后，红外光谱在理论上更加完善，而其发展主要表现在仪器及实验技术上：1947 年世界上第一台双光束自动记录式红外分光光度计在美国投入使用。这是第一代红外光谱的商品化仪器；1960 年出现了光栅代替棱镜作色散元件的第二代红外吸收光谱仪，但它仍是色散型的仪器，分辨率、灵敏度还不够高，扫描速度慢；随着计算机科学的发展，1970 年以后出现了第三代光谱仪。基于光相干性原理而设计的干涉型傅里叶变换红外吸收光谱仪，解决了光栅型仪器固有的弱点，使仪器的性能得到了极大提高；20 世纪 70 年代后期到 80 年代，用可调激光作为红外光源代替单色器，具有更高的分辨率和更高灵敏度，也扩大了应用范围，这是第四代仪器激光红外吸收光谱仪。现在红外吸收光谱仪还与其他仪器（如气相色谱、高效液相色谱）联用，更加扩大了其应用范围。利用计算机存储及检索光谱，使分析更为方便、快捷。因此，红外光谱法已成为有机结构分析中成熟和主要的手段之一。

3.1.2 红外光谱的特点和应用

（1）红外光谱的特点

红外吸收光谱现已成为鉴定有机化合物结构最成熟的方法，它具有以下特点。

① 特征性好 红外吸收光谱对有机或无机化合物的定性分析具有鲜明的特征性。因每一种官能团和化合物都具有特异的吸收光谱，其特征吸收谱带的数目、频率、形状和强度都随化合物及其聚集状态的不同而不同。因此化合物的吸收光谱，就像人的指纹一样，可依据它们找出该化合物或所具有的官能团。红外吸收光谱在 $4000 \sim 650 cm^{-1}$ 范围通常有 $10 \sim 20$ 个吸收谱带，特别在 $1600 \sim 650 cm^{-1}$（指纹区），每个官能团、每个化合物的吸收光谱均不相同，特征性好，很容易区分同分异构体和互变异构体。

② 分析时间短 对熟悉各种官能团特征频率的工作者，通过检索、与标准红外吸收谱图对照，一般可在 $10 \sim 30 min$ 内完成分析。若用计算机检索标准谱图，则可在几分钟内完成分析。

③ 所用试样量少 对固体和液体试样，常量定性分析只需 20mg，半微量分析约需 5mg，微量分析约需 $20 \mu g$。对气体试样，约需 200mL，使用多重反射长光程样品槽可减至数毫升。

④ 操作简便、不破坏试样 绘制红外吸收谱图前的制样技术比较简单，制样后不改变试样组成，试样用后可回收再从事其他研究。

红外吸收光谱的局限性表现为：第一，某些物质，如线型 CO_2 分子，做对称的伸缩振动时，无偶极矩的变化，因而不能产生红外吸收光谱；第二，对具有同核的双原子分子，如 H_2、N_2，也不显示红外吸收活性；第三，对另一些物质，如具有不同分子量的同一种高分子聚合物或同一化合物的旋光异构体，也不能用红外吸收光谱进行鉴别。此外，使用红外吸收光谱法进行定量分析的灵敏度和准确度均低于紫外、可见吸收光谱法。

进行红外吸收光谱分析时，为获取准确的定性鉴定和结构测定的结果，对欲分析样品应尽量采用多种分离方法进行提纯，如分馏、萃取、重结晶、升华、柱色谱、薄层色谱等。分离过程应尽可能避免引入其他杂质。尤其对使用的溶剂和产生的吸附效应要特别注意，否则样品不纯会给谱图解析带来困难。

（2）红外光谱的应用

红外光谱最突出的特点是具有高度的特征性。因为除光学异构体及长链烷烃同系物外，凡是具有不同结构的两个化合物，一定不会有相同的红外光谱。它作为"分子指纹"被广泛地用于分子结构的基础研究和化学组成分析。通常，红外吸收带的波长位置与吸收谱带的强度和形状，反映了分子结构的特点，可以用来鉴定未知物的结构或确定化学基团以及求算化学键的力常数（键长和键角等）；而吸收谱带的吸收强度与分子组成或其化学基团的含量有关，可用于进行定量分析和纯度鉴定。

红外吸收光谱分析法对气体、液体、固体试样都适用，与紫外吸收光谱分析法、质谱法、核磁共振波谱法一起，被称为四大谱学方法，已成为有机化合物结构分析的重要手段。

3.2　红外吸收光谱法的原理

红外吸收光谱是一种分子吸收光谱。分子吸收光谱是由分子内电子和原子的运动产生的，当分子内的电子相对于原子核运动（电子运动）时会产生电子能级跃迁，其能量较大，在 200～750nm 波长范围内产生近紫外和可见吸收光谱；当分子内原子在其平衡位置产生振动（分子振动）或分子围绕其重心转动（分子转动）时，会产生分子振动能级和转动能级的跃迁，此类跃迁所需能量较小，在 0.75～1000μm 波长范围内产生红外吸收光谱。

因此，红外光辐射的能量远小于紫外光辐射的能量。当红外光照射到样品时，其辐射能量不能引起分子中电子能级的跃迁，而只能被样品分子吸收，引起分子振动能级和转动能级的跃迁。这种由分子振动和转动能级跃迁产生的连续吸收光谱称为红外吸收光谱。

红外光谱在可见光和微波区之间，其波长范围为 0.75～1000μm。根据实验技术和应用的不同，通常将红外光谱划分为三个区域，如表 3-1 所示。

表 3-1　红外光谱区域的划分

区域	波长 λ/μm	波数 $\tilde{\nu}/cm^{-1}$	能级跃迁类型
近红外区	0.75～2.5	13300～4000	化学键振动的倍频和组合频
中红外区	2.5～25	4000～400	化学键振动的基频
远红外区	25～1000	400～10	分子骨架的振动、转动

通常波长 λ 和波数 $\tilde{\nu}$ 之间存在下述关系：

$$\tilde{\nu} = \frac{1}{\lambda} = \frac{\nu}{c}$$

式中，$\tilde{\nu}$ 为波数，cm^{-1}；λ 为波长，cm；ν 为频率，s^{-1}；c 为光速（$c = 2.997 \times 10^{10}$ cm/s）。

在红外吸收光谱的三个区域中，远红外光谱是由分子转动能级跃迁产生的转动光谱；中红外光谱和近红外光谱是由分子振动能级跃迁产生的振动光谱。仅简单的气体或气态分子才能产生纯转动光谱，大多数有机化合物的气、液、固态分子产生的是振动光谱，主要集中在中红外光区，这就是红外吸收光谱研究的中心内容。

和紫外吸收光谱一样，红外吸收光谱呈现带状光谱，可在不同波长范围内，表征出有机化合物分子中各种不同官能团的特征吸收峰，从而作为鉴别分子中各种官能团的依据，进而推断分子的整体结构。

现在红外吸收光谱法不仅用于有机化合物的定性鉴别，还用于化学反应过程的优化控制和化学反应机理的研究，并由中红外区扩展到近红外区和远红外区，此外还发展了气相色谱-傅里叶变换红外吸收光谱（GC-FTIR）等联用技术。

3.2.1　分子的振动能级和转动能级

分子的能级由分子内的电子能级、分子内原子间的振动能级和整个分子的转动能级所组成。电子能级跃迁所吸收的辐射能为 1～20eV，位于电磁波谱的可见光区和紫外光区，所产生的光谱称电子光谱。分子内原子间的振动能级跃迁所吸收的辐射能为 0.05～1.0eV，位于电磁波谱的中红外区；整个分子转动能级跃迁所吸收的辐射能为 0.001～0.05eV，位于电磁波谱的远红外区和微波区。由分子的振动和转动产生的吸收光谱称为分子的振动和转动光谱。

分子中存在着许多不同类型的振动，其振动自由度与原子的个数有关。若分子由 n 个原子组成，每个原子在空间都有 3 个自由度，原子在空间的位置可用直角坐标系中的 3 个坐标 x、y、z 表示，则 n 个原子组成的分子总共有 $3n$ 个自由度。这 $3n$ 个运动状态包括 3 个整个分子沿 x、y、z 轴方向的平移运动和 3 个整个分子绕 x、y、z 轴的转动运动，这 6 种运动都不是分子的振动，所以分子的振动应为 $3n-6$ 个自由度。对直线型分子，在 x 方向绕分子轴线的运动不会引起分子在空间的位置变化，则整个分子只能绕 y、z 轴转动，因此其分子振动只有 $3n-5$ 个自由度。

分子振动时，分子中的原子以平衡点为中心，以非常小的振幅做周期性的振动（简谐振动）。对双原子分子，可把两个原子看成质量分别为 m_1 和 m_2 的两个刚性小球，两球之间的化学键好似一个无质量的弹簧，如图 3-1 所示。按此模型双原子分子的简谐振动应符合经典力学的虎克定律（Hooke's Law），其振动频率可表示为：

$$\nu = \frac{1}{2\pi}\sqrt{\frac{K}{\mu}}$$

振动波数表示为：

$$\tilde{\nu} = \frac{1}{2\pi c}\sqrt{\frac{K}{\mu}}$$

式中，K 为化学键力常数，单位为 N/cm；μ 为折合质量，单位为 g，$\mu = \dfrac{m_1 m_2}{m_1 + m_2}$；$m_1$、$m_2$ 为两个原子的原子量；c 为光速。

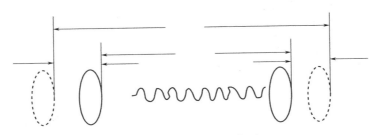

图 3-1　双原子分子的振动

分子的振动能与振动频率成正比，不同分子的振动频率不同，频率与原子间的化学键力常数成正比，与折合质量成反比。在室温时大部分分子都处于最低的振动能级（$v=0$），当吸收红外辐射后，振动能级的跃迁主要从 $v=0$ 状态跃迁到 $v=1$ 状态，两个振动能级的能量差为：

$$\Delta E_{折} = \frac{h}{2\pi} \sqrt{\frac{K}{\mu}}$$

式中，h 为普朗克常数，6.626×10^{-34}J·s。

分子的基本振动形式可分为伸缩振动和弯曲（变形）振动。分子的基本振动形式如表3-2所示。

表 3-2 分子的基本振动形式

伸缩振动（键长发生变化，用 ν 表示）		弯曲（变形）振动（键角发生变化，用 δ 表示）			
		面内弯曲振动用 β 或 δ 表示		面外弯曲振动用 γ 表示	
对称伸缩振动用 ν_s 表示	不对称伸缩振动用 ν_{as} 表示	剪式振动，对称：δ_s；不对称：δ_{as}	面内摇摆振动用 ρ 表示	扭曲变形振动用 τ 表示	面外摇摆振动用 ω 表示

分子振动运动的各种形式可以甲基为例说明，如图3-2所示。

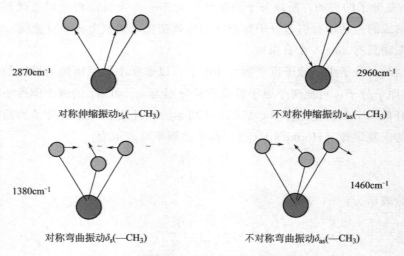

图 3-2 甲基的基本振动形式及红外吸收

当分子处于气态时，它能够自由转动，因而在振动能级改变的同时，伴随有转动能级的改变。振动能级之间能级差较大，转动能级之间能级差要小得多。当分子吸收红外辐射时，在振动能级升高的同时，有可能发生转动能级的升高和降低。因此，在气体分子的红外吸收光谱中包含由振动能级改变所产生的吸收带，同时也伴有因转动能级改变产生的吸收带，所以其红外光谱吸收带由一组较长的和较短的波长谱线所组成。

在液态和固态条件下，由于分子间存在相互作用，分子的转动受到限制，人们观察不到能够区分开的振动与转动能级改变所对应谱线的精细结构，而只能观察到波长变宽的振动吸收峰。

3.2.2　红外吸收光谱的产生条件

当分子吸收红外辐射后，必须满足以下两个条件才会产生红外吸收光谱。

① 由于振动能级是量子化的，当分子发生振动能级跃迁时，仅在分子吸收的红外辐射能量达到能级跃迁的差值时，才会吸收红外辐射。

② 分子有多种振动形式，但并不是每种振动都会吸收红外辐射而产生红外吸收光谱，只有能引起分子偶极矩瞬间变化的振动（红外活性振动）才会产生红外吸收光谱，并且影响红外吸收峰的强度。红外吸收峰的强度与分子振动时偶极矩变化的平方成正比，振动时偶极矩变化越大，其吸收强度也越强。根据吸收峰位置和强度的变化，人们观测到的红外吸收峰有宽峰、尖峰、肩峰和双峰等类型。

3.2.3　红外特征峰及谱带分区

（1）基频峰和泛频峰

当分子吸收红外辐射后，振动能级从基态（v_0）跃迁到第一激发态（v_1）时所产生的吸收峰称为基频峰。在红外吸收光谱中绝大部分吸收峰都属于此类。如果振动能级从基态（v_0）跃迁到第二激发态（v_2）、第三激发态（v_3）……所产生的吸收峰称倍频峰。通常基频峰强度大于倍频峰，倍频峰的波数不是基频峰波数的倍数，而是稍低一些。

在红外吸收光谱中还可观察到合频吸收带，这是由于多原子分子中各种振动形式的能级之间存在可能的相互作用，此时，若吸收的红外辐射能量为两个相互作用基频之和，就会产生合频峰。若吸收的红外辐射为两个相互作用的基频之差，则产生差频峰。合频峰和差频峰的强度比倍频峰更弱。倍频峰、合频峰和差频峰总称为泛频峰。

（2）特征峰和相关峰

红外吸收光谱具有明显的特征性，这是对有机化合物进行结构剖析的重要依据。由含多种不同原子的官能团构成的复杂分子，在其各官能团吸收红外辐射被激发后，都会产生特征的振动。分子振动实质上是化学键的振动，因此红外吸收光谱的特征性都与化学键的振动特性相关。通过对大量红外吸收光谱的研究、观测，人们发现同样官能团的振动频率十分接近，总是在一定的波数范围内出现。如含—NH_2 官能团的化合物，总在 $3500\sim3100cm^{-1}$ 范围内出现吸收峰。因此能用于鉴定官能团存在并具有较高强度的吸收峰，称为特征峰。特征峰的频率就叫作特征频率。一个官能团除了有特征峰外，还有很多其他振动形式的吸收峰，人们通常把这些相互依存而又可相互佐证的吸收峰，称为相关峰。例如，甲基（—CH_3）有下列相关峰：$\nu_{C-H(as)}$ $2960cm^{-1}$、$\nu_{C-H(s)}$ $2870cm^{-1}$、$\delta_{C-H(as)}$ $1460cm^{-1}$、$\delta_{C-H(s)}$ $1380cm^{-1}$、$\gamma_{C-H}720cm^{-1}$。

利用一组相关峰的是否存在作为鉴别官能团的依据，是红外吸收光谱解析有机化合物分子结构的一个重要原则。

（3）谱带分区

通常把红外吸收光谱中波数 $4000\sim1330cm^{-1}$ 区域叫作特征频率区或特征区。在特征区内吸收峰数目较少,易于区分。各类有机化合物中共有官能团的特征频率峰皆位于该区,原则上每个吸收峰都可找到它的归属。特征区可作为定性分辨官能团的主要依据。

红外吸收光谱中波数 $1330\sim670cm^{-1}$ 区域称为指纹区。在此区域内各官能团吸收峰的波数不具有明显的特征性,由于吸收峰密集,如人的指纹一样,故称为指纹区。有机化合物分子结构上的微小变化都会引起指纹区吸收峰的明显改变。将未知物红外光谱的指纹区与标准红外吸收谱图比较,可得知未知物与已知物是否相同。因此指纹区在辨别有机化合物的结构时也有很大的价值。

在有机化合物中,不同基团具有特征的红外吸收峰。根据官能团特征吸收峰所处频区的不同,将红外光谱划分为四个谱带区。

① X—H 伸缩振动区($4000\sim2500cm^{-1}$) 所有位于 $4000\sim2500cm^{-1}$ 的吸收峰都可以被指认为 X—H 伸缩振动的基频峰。游离态醇和酚的 O—H 伸缩振动带出现在 $3650\sim3600cm^{-1}$;含有 N—H 键的胺和酰胺的 N—H 伸缩振动出现在 $3500\sim3100cm^{-1}$;烃类化合物的 C—H 伸缩振动频率为 $3300\sim2700cm^{-1}$,高于 $3000cm^{-1}$ 的为不饱和键中 C—H 吸收峰,低于 $3000cm^{-1}$ 的为饱和键中 C—H 吸收峰。表 3-3 为 X—H 伸缩振动区的谱带归属。

表 3-3 X—H 伸缩振动区的谱带归属

官能团		吸收频率/cm^{-1}
O—H	醇、酚	$3650\sim3600$(自由)
		$3500\sim3200$(分子间氢键)
	羧酸	$3400\sim2500$(缔合)
N—H	胺、酰胺	$3500\sim3100$
C—H	炔烃(—C≡C—H)	约 3300
	烯烃、芳烃(—C=C—H,C_6H_5—H)	$3100\sim3010$
	饱和烷烃(C—H)	$3000\sim2850$
	醛(—CHO)	$2900\sim2700$

② 叁键和累积双键区($2500\sim2000cm^{-1}$) 对于 C≡C 伸缩振动和 C≡N 伸缩振动,前者位于 $2250\sim2100cm^{-1}$,后者位于 $2260\sim2240cm^{-1}$,相互有重叠,可以通过强度对它们加以区别。C≡C 几乎没有电偶极矩,相应吸收强度非常弱;而 C≡N 具有很大的电偶极矩,相应吸收强度为中等。如丙二烯类(—C=C=C—)、烯酮类(—C=C=O)、异氰酸酯类(—N=C=O)等累积双键,其反对称伸缩振动偶合带出现在 $2300\sim2100cm^{-1}$,而二氧化碳(O=C=O)在 $2350cm^{-1}$ 附近出现吸收带。对于某些 X—H 伸缩振动带,当 X 具有较大的原子量时,比如 X 为 B、P 或 Si 等,也会出现在这个区域。

③ 双键区($2000\sim1500cm^{-1}$) C=C 和 C=O 伸缩振动是该区域最主要的谱带。羰基中的 C=O 伸缩振动带为强吸收带,通常出现在 $1830\sim1600cm^{-1}$。C=C 伸缩振动非常弱,出现在大约 $1600cm^{-1}$ 处;对于苯环,则可以在 $1600\sim1450cm^{-1}$ 探测到多个 C=C 伸缩振动吸收弱带。胺中的 N—H 弯曲振动吸收频率也在该区域($1630\sim1500cm^{-1}$),并且吸收强度大,为了避免混淆,在归属吸收带前一般先要检查 N—H 伸缩振动区域。非饱和

键伸缩振动区的谱带归属见表 3-4。

表 3-4　非饱和键伸缩振动区的谱带归属

官能团		吸收频率/cm^{-1}
C≡N		2260～2240
C≡C		2250～2100
C=O	酮、酸	1725～1700
	醛、酯	1750～1700
	酰胺	1680～1630
	酰氯	1815～1785
	酸酐	1850～1800 和 1780～1740(振动偶合)
C=C	烯	1650～1640
	芳环	1600～1450(多个峰)

④ 指纹区（1500～600cm^{-1}）　C—X（X 为 C、N、O）单键伸缩振动峰和各种弯曲振动峰通常处在这个区域。含氧化合物（醇、酚、醚、酸酐、酯等）中 C—O 键的伸缩振动位于 1300～1000cm^{-1}，这对于鉴别 C—O 键的存在非常有用。如果没有强的吸收带出现在指纹区，一般可认为不存在 C—O 键。—CH$_3$ 的对称和非对称弯曲振动频率分别为 1380cm^{-1} 和 1460cm^{-1}；亚甲基（—CH$_2$—）的面内摇摆振动频率为 780～720cm^{-1}；4 个以上的亚甲基连成直线，在 722cm^{-1} 处有吸收，且随着相连甲基数目的减少，吸收峰会向高波数移动，以此可以推测分子链的长短。烯烃的 C—H 面外弯曲振动位于 1000～650cm^{-1} 区域，谱带的位置与取代基有关，而苯环的 C—H 面外弯曲振动则位于 900～650cm^{-1} 区域，谱带的位置和数目与苯环的取代情况有关；通常在指纹区不太容易指认每一个吸收带，因为一些非常相似的分子在这个区域会有不同的吸收模式，并且大部分的单键具有相似的吸收频率，这使得它们会发生振动偶合。指纹区的谱带归属如表 3-5 所示。

表 3-5　指纹区的谱带归属

官能团	吸收频率/cm^{-1}
—NO$_2$(伸缩)	1565～1545 和 1385～1360
C—O(伸缩)	1300～1000(醇、酚、醚、酸酐、酯)
C—N(伸缩)	1350～1000(胺)、1420～1400(酰胺)
C—H(弯曲)	1460 和 1380(—CH$_3$)、1465(—CH$_2$—)和 1340(—C—H)
烯烃 C—H(面外弯曲)	1000～900(R—CH=CH$_2$)、730～675(顺式 RCH=CHR)和 970～960(反式 RCH=CHR)、880(R$_2$C=CH$_2$)、840～800(R$_2$C=CHR)
苯环 C—H(面外弯曲)	770 和 710～690(⬡—R)、770～735(⬡ R)、810 和 725～680(⬡—R)、860～800(R—⬡—R)

3.2.4 红外吸收光谱的图示方法

通常将由一种有机化合物测得的红外吸收曲线称为红外吸收光谱。它以透光率 T（%）为纵坐标，以红外光吸收波长 λ（μm）或波数 $\tilde{\nu}$ 为横坐标，绘出具有峰尖和峰谷的连续带状光吸收曲线。聚苯乙烯的红外吸收光谱图如图 3-3 所示。

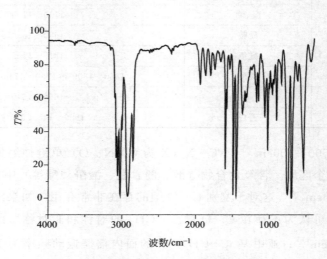

图 3-3　聚苯乙烯的红外吸收光谱图

在红外吸收光谱中，波长 λ 单位为微米（μm），$\tilde{\nu}$ 波数单位为 cm^{-1}，二者的关系为：

$$\tilde{\nu} = \frac{10^4}{\lambda}$$

3.2.5 红外光谱解析的一般步骤

在获得某化合物的分子式后，其红外光谱解析可按如下步骤进行。

（1）计算不饱和度

$$\Omega = 1 + n_4 + \frac{1}{2}(n_3 - n_1)$$

式中，Ω 代表不饱和度；n_1、n_3、n_4 分别代表分子式中一价、三价和四价原子的数目。化学结构与不饱和度的关系见表 3-6。

表 3-6　化学结构与不饱和度的关系

化学结构	苯环	三键	脂环	双键	饱和链状
不饱和度	4	2	1	1	0

（2）确定碳链骨架

确定碳链骨架一般由高波数到低波数区，从碳-氢伸缩振动到不饱和碳-碳伸缩振动再到碳-氢面外弯曲振动。

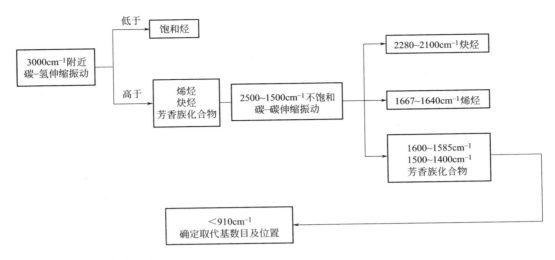

（3）确定其他官能团

根据各官能团的特征吸收峰，确定其他各官能团，如 C═O、—OH、C≡N等。

3.3　红外吸收光谱仪

自 1947 年世界上第一台双光束自动记录式红外分光光度计在美国商业化使用，至今已发展到第四代傅里叶变换红外光谱仪。下面将对其进行简要介绍。

3.3.1　傅里叶变换红外光谱仪基本组成部件

傅里叶变换红外光谱仪（fourier transform infrared spectroscopy，FTIR）主要由红外光源、分束器、干涉仪、样品室、检测器、计算机数据处理系统、记录系统等组成，是干涉型红外光谱仪的典型代表，不同于色散型红外仪的工作原理，它没有单色器和狭缝，利用迈克尔逊干涉仪获得入射光的干涉图，然后通过傅里叶数学变换，把时间域函数干涉图变换为频率域函数图（即普通的红外光谱图）。

（1）红外光源

红外光源应是能够发射高强度连续红外光的物体，为测定不同范围的光谱，傅里叶变换红外光谱仪设置有多个光源。中红外常用光源有能斯特灯和硅-碳棒。能斯特灯是由氧化锆、氧化钇和氧化钍等稀土元素氧化物和混合物加压烧结而成的，工作温度 1750℃，使用波数范围为 $5000 \sim 400 cm^{-1}$，它具有发光强度大、稳定性较好的优点，缺点是使用寿命短，仅有 6～12 个月，且机械强度较差，价格昂贵，使用时要预热。硅-碳棒由碳化硅烧结而成，为一实心棒，中间为发光部分，工作温度 1200～1400℃，波数范围 $5000 \sim 400 cm^{-1}$，机械强度好，坚固，寿命长，发光面积大，工作前不需要预热。

（2）分束器

分束器是迈克尔逊干涉仪的关键元件。其作用是将入射光束分成反射和透射两部分，然后再使之复合，如果动镜使两束光形成一定的光程差，则复合光束即可造成相长或相消干涉。

对分束器的要求是：应在波数（$\tilde{\nu}$）处使入射光束透射和反射各半，此时被调制的光束振幅最大。根据使用波数范围不同，在不同介质材料上加相应的表面涂层，即构成分束器。

（3）检测器

常用的检测器主要有真空热电偶、测热辐射计和气体检测计。此外还有可在常温下工作的硫酸三甘肽（TGS）热电检测器和只能在液氮温度下工作的碲镉汞（MCT）光电导检测器等。

（4）计算机数据处理系统

傅里叶变换红外光谱仪数据处理系统的核心是计算机，功能是控制仪器的操作、收集数据和处理数据。

3.3.2　傅里叶变换红外光谱仪的优点

傅里叶变换红外光谱仪的产生是一次革命性的飞跃。与传统的分光光谱仪相比，傅里叶变换红外光谱仪具有以下优势。

（1）测试时间短，扫描速度快

傅里叶变换红外光谱仪的扫描速度比色散型仪器快数百倍，而且在任何测量时间内都能获得辐射源所有频率的全部信息，即"多路传输"。扫描速度的快慢主要由动镜的移动速度决定，动镜移动一次即可采集所有信息。这一优点使它特别适合与气相色谱、高压液相色谱仪器联机使用，也可用于快速化学反应过程的跟踪及化学反应动力学的研究等。对于稳定的样品，在一次测量中一般采用多次扫描、累加求平均法得到干涉图，这就改善了信噪比。在相同的总测量时间和相同的分辨率条件下，FTIR 的信噪比比色散型的要提高数十倍以上，这也是快速扫描带来的优点。

（2）具有很高的分辨率

分辨率是红外光谱仪的主要性能指标之一，它是指光谱仪对两个靠得很近的谱线的辨别能力。一般棱镜式红外分光光度计的分辨率在 $1000\mathrm{cm}^{-1}$ 处为 $3\mathrm{cm}^{-1}$，光栅式仪器在 $1000\mathrm{cm}^{-1}$ 处可达 $0.2\mathrm{cm}^{-1}$，而傅里叶变换红外光谱仪在整个光谱范围内可达 $0.1\sim 0.005\mathrm{cm}^{-1}$。它的分辨率与仪器的光程差有关。光程差越大，仪器的分辨率越高，即动镜扫描的距离越长，分辨率越高，但扫描时间也越长。利用其高分辨率的特性，人们可以研究因振动和转动吸收带重叠而导致的气体混合物的复杂光谱。在一般材料分析中，不需要高分辨率。相应地，FTIR 光谱仪均有多挡分辨率供用户根据实际需要随用随选。

（3）波数精度高

波数是红外定性分析的关键参数，因此仪器的波数精度非常重要。因为干涉仪的动镜可以被很精确地驱动，所以干涉图的变化很准确，同时动镜的移动距离是由 He-Ne 激光器的干涉条纹来测量的，从而保证了所测的光程差很准确。而现代 He-Ne 激光器的频率稳定度和强度稳定度都是非常高的，频率稳定度优于 5×10^{-10}，因此在计算光谱中有很高的波数精度和准确度，通常可达到 $0.01 \mathrm{cm}^{-1}$。

（4）极高的灵敏度

色散型红外分光光度计大部分的光源能量都损失在入口狭缝的刀口上，而傅里叶变换红外光谱仪没有狭缝的限制，辐射通量只与干涉仪的平面镜大小有关。在同样的分辨率下，其辐射通量比色散型仪器大得多，从而使检测器接收的信噪比增大，因此具有很高的灵敏度，可达 $10^{-12} \sim 10^{-9} \mathrm{g}$。因此，傅里叶变换红外光谱仪特别适合测量弱信号光谱，例如遥测大气污染物车辆、火箭尾气和烟道气等，以及水污染物（如水面油污染等）。此外，在研究催化剂表面的化学吸附方面其也具有很大潜力。

（5）光谱范围宽

傅里叶变换红外仪光谱只要能实现测量仪器的元器件（不同的分束器和红外光源等）的自动转换，就可以研究整个近红外、中红外和远红外（$10000 \sim 10 \mathrm{cm}^{-1}$）的光谱。这对测定无机化合物和金属有机化合物十分有利。

3.4　红外吸收光谱法对试样的要求

要获得一张高质量的红外光谱图，除控制仪器本身因素之外，还必须对不同状态和性质的试样，采用相应的制备方法。红外光谱的试样可以是气体、液体或固体，但一般应满足以下分析测定的要求。

① 试样应是单一组分的纯物质，纯度应大于 98% 或符合商业规格才便于与纯物质的标准光谱进行对照。多组分试样在测定前应尽量用分馏、萃取、重结晶或色谱法等进行分离提纯，否则各组分光谱相互重叠，以致无法对谱图进行正确的解释。

② 试样中应不含有游离水。水本身在红外区有吸收，会严重干扰样品谱，而且会侵蚀吸收池的盐窗。

③ 试样的浓度和测试厚度应选择适当，以使光谱图中大多数吸收峰的透射比处于 10%~80%。若浓度太小、厚度太薄，会使一些弱的吸收峰和光谱的细微部分不能显示出来；若浓度过大、厚度过厚，又会使强的吸收峰超越标尺刻度而无法确定它的真实位置。有时为了得到完整的光谱图，需要用几种不同浓度或厚度的试样进行测绘。

3.4.1　气体试样的制备方法

气体样品在通常情况下用常规的气体制样法。一般将气体样品灌注于玻璃气槽内进行测定，它的两端黏合有可透过红外光的窗片，窗片的材质一般是氯化钠或溴化钾。进样时，一般先将气体池（图 3-4）抽真空，利用负压将气体试样吸入池内。吸收峰的强度可以通过调整气体池内样品压力来改变。气体分子的密度比液体、固体小得多，因此要求气体样品有较大的样品光程长度。常规气体池厚度为 10cm。如果被分析的气体组分浓度很小，可利用多次反射气体池。通过利用气体池内反射镜使红外光在气体池中多次反射，光程长度可提高到10m、20m或50m。

3.4.2　液体试样的制备方法

液体试样可根据沸点、黏度、透明度、吸湿性、挥发性以及溶解性等诸因素选择制样方法。液体试样的制备方法通常有液膜法和溶液法两种。

（1）液膜法

液膜法也可称为夹片法，即在两个窗片之间，滴上1～2滴液体试样，使之形成一层没有气泡的毛细厚度液膜。此法简便，容易成功，是一般液体最常选用的方法。但此方法适用于难挥发（沸点≥80℃）且要求透明性好又不吸湿、黏度适中的液体试样。对于沸点较低、挥发性大的液体，只能用密封吸收池制样。几种红外用窗片及相关参数如表3-7所示。

图 3-4　气体池

表 3-7　常用红外窗片类型及相关参数

名　称	性能指标
溴化钾窗片	易潮解，透过波长 7800～400cm^{-1}，(1～25μm)透过率大于 92％
氟化钙窗片	不易潮解，透过波长 7800～1100cm^{-1}，(1～9μm)透过率大于 90％
硫化锌窗片	不易潮解，透过波长 7800～700cm^{-1}，(1～14μm)透过率大于 85％
溴化砣窗片	不易潮解，透过波长 7800～200cm^{-1}，(1～50μm)透过率大于 92％
硒化锌窗片	不易潮解，透过波长 7800～440cm^{-1}，(1～23μm)透过率大于 68％
石英窗片	不易潮解，透过波长 190nm～4.5μm，透过率大于 92％
氟化镁窗片	不易潮解，透过波长 0.11～8.5μm，透过率大于 90％
氟化钡窗片	不易潮解，透过波长 7800～800cm^{-1}，(1～12μm)透过率大于 90％

（2）溶液法

溶液法适用于低沸点液体样品定性分析和定量分析，还适用于红外吸收很强，但用液膜法不能得到满意谱图的液体试样的定性分析。将液体试样溶于适当的红外用溶剂中，制成浓度为1％～10％的溶液，然后注入液体池中进行测定。使用此法时，要特别注意红外用溶剂的选择，所用溶剂应具备以下条件：对溶质有较大的溶解度；溶剂在较大波长范围内无吸收，样品的吸收带尽量不被溶剂吸收带所干扰，同时还要考虑溶剂对样品吸收带的影响（如形成氢键等溶剂效应）；不腐蚀液体池的窗片；不与溶质发生化学反应等。常用的溶剂有二硫化碳、氯仿和环己烷等。

3.4.3　固体试样的制备方法

固体样品可以以粉末、薄膜及结晶等状态存在，不同的固体样品有不同制样方法。

（1）压片法

压片法是固体样品红外光谱分析最常用的制样方法，凡易于粉碎的固体试样都可以采用此法。压片法通常为 KBr（溴化钾）压片，少数品种采用 KCl（氯化钾）压片。样品的用量随模具容量大小而异，样品与 KBr 的混合比例一般为 0.5∶100～2∶100。压片时，先将固体试样置于玛瑙研钵中研细，然后加 KBr 或氯化钾粉末在研钵中研磨至混合均匀，使粒度小于 $2.5\mu m$，然后移入压片模具，抽真空，加压几分钟。混合物在压力下形成一个透明薄片，便可进行测试。

（2）薄膜法

选择适当溶剂溶解试样，将试样溶液倒在玻璃片或 KBr 窗片上，待溶剂挥发后生成一均匀薄膜，即可测试。薄膜厚度一般控制在 0.001～0.01mm。薄膜法要求溶剂对试样溶解度好，挥发性适当。若溶剂难挥发，则不易从试样膜中去除干净；若挥发性太大，则会使试样在成膜过程中变得不透明。对于高分子化合物，可将它们直接加热熔融或压制成膜。

（3）糊状法

对于无适当溶剂又不能成膜的固体样品可采用糊状法。将 2～5mg 试样研磨成粉末（颗粒＜$20\mu m$），加一滴液体分散剂，研成糊状（类似牙膏），然后将其均匀涂于 KBr 窗片上。常用液体分散介质有液体石蜡、氟油和六氯丁二烯三种。由于液体分散介质在 4000～400cm^{-1} 光谱范围内有吸收，所以采用此法应注意分散介质的干扰。其次，此法虽然简单、迅速，能适用于大多数固体试样，但是由于分散介质的干扰，尤其是试样和分散介质折光系数相差很大或试样颗粒不够细时，会严重影响光谱质量，因此不适于定量分析。

3.5　实验部分

实验 3-1　食品中防腐剂苯甲酸红外光谱的测定

防腐剂是食品工业中很重要的添加剂之一，是在食品保存过程中具有抑制或杀灭微生物作用的一类物质。目前我国允许使用的防腐剂有苯甲酸及其钠盐、山梨酸及其钾盐等。苯甲酸类防腐剂是以其未解离的分子形式发生作用的，未解离的苯甲酸亲油性强，易通过细胞膜进入细胞，干扰霉菌和细菌等微生物细胞膜的通透性，阻碍细胞膜对氨基酸的吸收。进入细胞的苯甲酸分子，酸化细胞内的储碱，抑制微生物细胞内呼吸酶系的活性，从而起到防腐作用。苯甲酸是一种广谱抗微生物试剂，对酵母菌、霉菌、部分细菌作用效果很好，在最大允许使用范围内，在 pH＝4.5 以下，对各种菌都有抑制作用。

为确保食品添加剂的绝对安全使用，世界各国对各种食品添加剂能否使用、适用范围和最大使用量，都有严格的规定。世界各国多年来的应用和毒性试验表明，如按 0.06g/kg

添加，苯甲酸均无蓄积性及致癌、致畸、致突变和抗原等作用。但过量添加，不仅能破坏维生素 B_1，还能使钙形成不溶性物质，影响人体对钙的吸收，同时对胃肠道有刺激作用；过量食用还会引起腹泻、心跳加快等，长期食用可诱发哮喘、荨麻疹及血管性水肿等反应，对人体健康造成不利影响。

由于红外谱图能准确反映出测试对象的主要成分特征，通过本实验，人们可以测出食品中的添加剂是否为苯甲酸类，是否和成分表上标明的防腐剂种类一致。

【实验目的】

1. 熟悉红外光谱法的基本原理和仪器的基本构成；
2. 学会简单操作 Spectrum Two 傅里叶变换红外光谱仪；
3. 掌握用 KBr 压片法制备固体样品进行红外光谱测定的技术和方法；
4. 通过谱图解析及标准谱图的检索，了解红外光谱法鉴定物质的一般过程。

【实验原理】

红外光谱反映分子的振动情况。当用一定频率的红外光照射某物质分子时，若该物质分子中某基团的振动频率与它相同，则此物质就能吸收这种红外光，使分子由振动基态跃迁到激发态。因此，若将不同频率的红外光依次通过被测分子，就会出现不同强弱的吸收现象。以 T-λ 作图就得到其红外光吸收光谱。红外光谱具有很高的特征性，每种化合物都具有特征的红外光谱，用它可对物质进行定性分析。

【仪器与试剂】

1. 仪器

美国 PerkinElmer 公司 Spectrum Two 傅里叶变换红外光谱仪；手动红外压片机及配套压片模具；样品架；红外灯干燥器；玛瑙研钵等。

2. 试剂

苯甲酸样品（AR）；KBr（光谱纯）等。

【实验步骤】

1. 开机

（1）检查仪器样品室内干燥指示剂颜色，如果其由蓝色变为粉色，需立即更换。

（2）先开启计算机，然后开启仪器主机电源，主机正面面板右下侧的指示灯亮起来，且显示绿色。仪器加电后至少要等待 10min，等电子部分和光源稳定后，才能进行测量。运行 Spectrum 操作软件，在弹出的对话框中选择 Administrator，点击确定，进入软件操作界面（图 3-5）。菜单中包含了所有的操作命令，其中常用的操作命令会按照功能，以快捷方式的形式出现在对应的工具栏中。

（3）进入软件后，不要急于进行采集光谱的操作，而是应当确认仪器的状态。点击"监控"，检查能量，待当前数值稳定后，仪器状态及软件跟仪器的通信没有问题即可开始工作。仪器当前状态监控如图 3-6 所示。

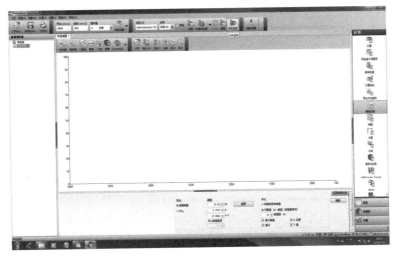

图 3-5 软件操作界面

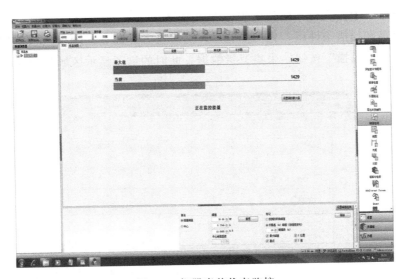

图 3-6 仪器当前状态监控

2. 固体样品的制备

（1）取约 1mg 干燥的含苯甲酸试样于干净的玛瑙研钵中，在红外灯下研磨成细粉，再加入约 150mg 干燥且已研磨成细粉的 KBr，一起研磨至两者完全混合均匀，混合物粒度在 2μm 以下。

（2）取适量的混合样品于干净的压片模具中，堆积均匀，放入压片机中。在约 20MPa 压力下维持约 30s，制成厚度为 0.3~0.5mm、呈半透明状的薄片。

3. 样品红外光谱的测定

（1）在进行样品扫描前，需要对扫描条件进行设置（图 3-7）：在"仪器设置"工具栏中输入波数范围 4000~400cm^{-1}、分辨率 4cm^{-1}、扫描次数 4 次，最终谱图格式选择透射百分比（%），其中，扫描范围和纵轴模式需依据附件情况更改，扫描次数需依据信噪比水平更改。

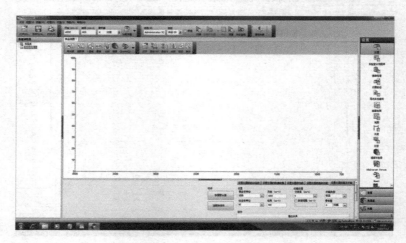

图 3-7 设置仪器参数

（2）在样品表中输入待测样品个数、ID 和描述。

（3）在设定好扫描条件后，先扫描背景；然后检查样品室，确保未放置样品；最后点击工作区顶部的"扫描"按钮，采集背景数据。此时的谱图显示区域如图 3-8 所示。

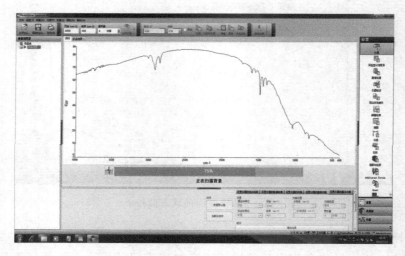

图 3-8 采集背景数据

（4）待背景测定完毕，取出试样环，装在样品架上，放入样品室光路中，点击弹出对话框中的"确定"按钮，开始进行样品测定。此时的谱图如图 3-9 所示。

（5）扫描结束后，移走样品室中的样品，确保样品室清洁。从样品架上取下薄片，将压片模具、样品架等擦拭干净后置于干燥器中进行保存。

4. 记录光谱

（1）待样品测定完毕，对所测谱图进行基线校正及适当的平滑处理，便可得到所需要的红外光谱。谱图的下方会显示样品的名称和描述，在样品名称上点击右键，把数据分别保存为二元图和 ASC 文件（图 3-10）。

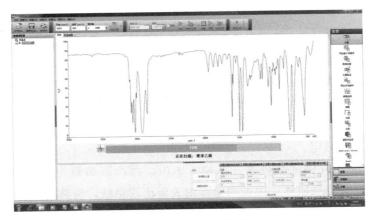

图 3-9　采集样品数据

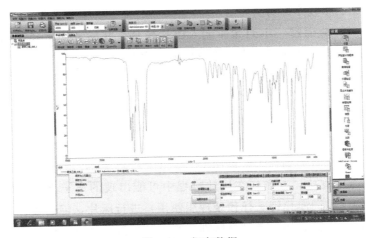

图 3-10　保存数据

（2）对所测谱图进行基线校正及适当的平滑处理后，在视图菜单下点击标记，所收集的谱图上便会标记出峰值（图 3-11）。保存数据后打印样品谱图，关闭软件和计算机。

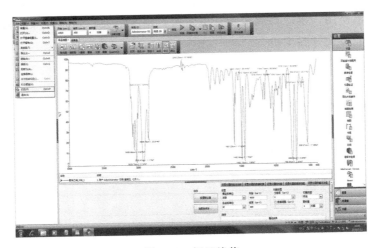

图 3-11　标记峰值

【注意事项】

1. 压片时取用的供试品量一般为 1～2mg，因不可能用天平称量后加入，并且每种样品对红外光的吸收程度不一致，故常凭经验取用。一般要求所得的光谱图中绝大多数吸收峰的透光率处于 10%～80%。最强吸收峰的透光率如太大（如大于 30%），则说明取样量太少；相反，如最强吸收峰的透光率接近 0%，且为平头峰，则说明取样量太多，此时均应调整取样量后重新测定。

2. 压片时，应先取供试品研细，再加入 KBr，再次研细研匀，这样比较容易混匀。研磨所用的研钵应为玛瑙研钵，因玻璃研钵内表面比较粗糙，易黏附样品。

3. 研磨时应按同一方向（顺时针或逆时针）均匀用力，如不按同一方向研磨，有可能在研磨过程中使供试品产生转晶，从而影响测定结果。研磨力度不用太大，研磨到试样中不再有肉眼可见的小粒子即可。

4. 试样研好后，应通过一小的漏斗倒入压片模具，并尽量把试样铺均匀，否则压片后试样少的地方的透明度要比试样多的地方的低，由此会对测定产生影响。

5. 如压好的片子上出现不透明的小白点，则说明研好的试样中有未研细的小粒子，应重新压片。

6. 测定用样品应干燥，否则应在研细后置于红外灯下烘几分钟使干燥。试样研好并在模具中装好后，应与真空泵相连抽真空至少 2min，以使试样中的水分进一步被抽走，然后再加压。不抽真空将影响片子的透明度。

7. 如供试品为盐酸盐，考虑到在压片过程中可能出现的离子交换现象，标准规定用氯化钾代替溴化钾（也同溴化钾一样预处理后使用）进行压片，但也可比较氯化钾压片和溴化钾压片后测得的光谱，如二者没有区别，则可使用溴化钾进行压片。

8. 傅里叶变换红外光谱仪的维护与保养：

① 实验室里的 CO_2 含量不能太高，因此实验室里的人应尽量少，无关人员最好不要进入，还要注意适当通风换气。

② 为防止仪器受潮而影响傅里叶变换红外光谱仪使用寿命，红外实验室应经常保持干燥，即使仪器不使用，也应每周至少开机两次，每次半天，同时开除湿机除湿。特别是梅雨季节，最好能每天开除湿机。

【数据处理】

将扫描得到的红外光谱图进行分析，找出主要吸收峰的归属。

编号	频率/cm^{-1}	原子基团振动形式	结构单元

【思考题】

为什么红外光谱是连续的曲线谱图？

实验 3-2　红外光谱法对化妆品中防晒剂的鉴别

随着化妆品工业的不断发展，防晒化妆品因具有保护人体免受紫外线辐射损伤的功能而广受消费者的青睐，市场上销售的防晒化妆品种类也越来越多。然而，防晒品质量参差不齐，既有质量稳定的产品，也有一些假冒伪劣产品。假冒伪劣产品主要表现在所使用的化妆品原料与正品不同，同时防晒剂种类和添加含量不符合要求，容易引起皮肤过敏，对消费者健康造成一定的损害；此外，某些假冒伪劣产品往往不添加任何防晒剂，虚假标称防晒功效，导致消费者皮肤晒伤，造成皮肤光老化，甚至引发皮肤癌。防晒剂是防晒化妆品中最主要的有效成分，根据防晒机理不同可分为化学性紫外吸收剂和物理性紫外屏蔽剂。其中前者基于光物理现象，即紫外辐射的光子被吸收剂转化为其分子的振动能或热能，从而起到防护作用；后者则通过反射、散射紫外线，而不吸收紫外线的物理屏蔽方式避免紫外线给皮肤带来伤害。目前世界各国对防晒化妆品中紫外吸收剂的添加量做出了不同的限制。开展防晒化妆品鉴别研究，寻求快速、可靠的技术手段甄别假冒伪劣产品，有助于为化妆品监管部门打击假冒伪劣工作提供支持，维护消费者的合法权益和身心健康。

【实验目的】

1. 能描述红外光谱法定性分析的基本原理；
2. 能对不同状态和性质的试样，采用相应的测试方法；
3. 能操作红外光谱仪的软件系统并进行相应的谱图解析。

【实验原理】

衰减全反射（attenuated total reflection，ATR）附件基于光内反射原理而设计。从光源发出的红外光经过折射率大的晶体再投射到折射率小的试样表面上，当入射角大于临界角时，入射光线就会产生全反射。事实上，红外光并不是全部被反射回来，而是穿透到试样表面内一定深度后再返回表面。在该过程中，试样在入射光频率区域内有选择吸收，反射光强度减弱，产生与透射吸收相类似的谱图，从而获得样品表层化学成分的结构信息。

FTIR 的 ATR 法与透射法相比，其差别主要是载样系统：ATR 法用到衰减全反射附件，透射法通常采用 KBr 压片。因此只要在 FTIR 上配置 ATR 附件即可实现 ATR 测试。此法对样品的大小、形状、状态、含水量没有特殊要求，属于样品表面无损测量。

【仪器与试剂】

1. 仪器

美国 PerkinElmer 公司 Spectrum Two 傅里叶变换红外光谱仪，配衰减全反射

（ATR）附件；样品架；红外灯干燥器；玛瑙研钵等。

2. 试剂

从市场购置的防晒化妆品样品。

【实验步骤】

（1）打开样品仓门取出样品架，安装多次衰减全反射（ATR）附件。仪器自动识别并检验安装状态是否正确，然后给出相应的提示，按"OK"确认。

（2）将样品置于 ATR 样品台上，扫描范围 $4000 \sim 400 cm^{-1}$，仪器分辨率 $4 cm^{-1}$、扫描次数 4 次，最终谱图格式选择透射百分比（%），测定 ATR-FTIR 谱图。

【注意事项】

1. ATR 技术适于测定固体和液体的吸收谱。对于固体样品，被测面要光滑，使之能与全反射晶体的反射面紧密接触，因此不适合多孔样品及表面粗糙的样品的测定。

2. 对于一些能涂在全反射晶体反射面上的液体，可用一般测量固体样品的 ATR 附件，直接把液体涂在晶体反射面上进行测定。但对于低沸点液体，或不能在全反射晶体反射面上形成液层的高沸点液体，必须使用带液体池的 ATR 附件。

3. 测试时要注意样品与内反射晶体之间不会由于接触而产生某种反应或者其他影响测量精度的因素，也要注意测试样品和反射晶体之间的匹配。

【思考题】

1. 对扫描得到的红外光谱图进行分析，归属主要吸收峰。

2. 根据提供的已知信息，推测未知物可能的结构。

实验 3-3　红外光谱法测定液体有机化合物的结构

【实验目的】

1. 熟悉傅里叶变换红外光谱仪基本原理和仪器构造；

2. 掌握该仪器的操作方法；

3. 通过实验初步掌握液态样品的制备方法；

4. 学会根据已知条件，对红外谱图进行解析。

【实验原理】

由于不同化合物具有其不同特征的红外光谱，许多化合物都有其特征的红外光谱，根据红外光谱图上的吸收峰数目、吸收频率和吸收强度，将被测定化合物的光谱与已知结构化合物的光谱加以比较，就可以对被测定化合物进行初步的定性分析。

【仪器与试剂】

1. 仪器

美国 PerkinElmer 公司 Spectrum Two 傅里叶变换红外光谱仪；液体模具；样品架；红外灯干燥器等。

2. 试剂

KBr 窗片，无水乙醇，滑石粉，未知样品等。

【实验步骤】

在液体模具上放一块干净抛光的 KBr 窗片，滴加一滴液体（若样品黏稠可以在红外灯下照片刻后滴加）样品，压上另一块窗片，将它置于样品架上，即可进行红外光谱测定，测得红外谱图。

【注意事项】

1. 窗片应保持干净透明，每次测定前均应用无水乙醇及滑石粉抛光（红外灯下），切勿水洗。

2. 不要用手直接接触盐片；不要对着窗片呼吸；避免与吸潮液体或溶剂接触。

【思考题】

1. 液体样品有哪几种制样方法？它们各适用于哪几种情况？

2. 在制备液体样品时，样品质量通过什么来控制？

模块二

原子吸收—原子发射光谱法

第4章
原子发射光谱法

原子发射光谱法（atomic emission spectrometry，AES）是一种根据待测物质的气态原子被激发时所发射特征线状光谱的波长及其强度来测定物质元素组成和含量的分析技术。一般简称为发射光谱分析法。

4.1 原子发射光谱法概述

4.1.1 原子发射光谱法的分析过程

原子发射光谱分析主要有以下四个步骤。

（1）试样蒸发、激发产生辐射

首先将试样引入激发光源中，给以足够的能量，使试样中待测成分蒸发、解离成气态原子，再激发气态原子使之产生特征辐射。蒸发和激发过程是在激发光源中完成的，所需的能量由光源发生器供给。

（2）色散分光形成光谱

从光源发出的光包含各种波长的复合光，只有进行分光才能获得便于观察和测量的光谱。这个过程是通过分光系统完成的，分光系统的主要部件是光栅（或棱镜），其作用是分光。

（3）检测记录光谱

检测光谱的方法有目视法、照相法和光电法。

（4）根据光谱进行定性或定量分析

辨认光谱中一些元素特征谱线的存在与否是进行光谱定性分析的依据。测量特征谱线的强度可确定物质的含量。

4.1.2 原子发射光谱法的特点及应用

原子发射光谱法是一种重要的光谱分析方法。该法主要具有以下特点。

① 选择性好，分析速度快，是元素定性分析的主要手段。由于每种元素都有一些可

供选用而不受其他元素谱线干扰的特征谱线，只要选择适当的分析条件，一次摄谱可以同时测定多种元素。其可分析元素达 70 多种。

② 灵敏度高、精密度好，是一种重要的定量分析方法。检出限较低，在一般情况下，用于低含量组分（<1%）测定时，检出限可达 μg/mL，精密度为±10%左右，线性范围约 2 个数量级。如果使用性能良好的新型光源（如 ICP 光源），则可使某些元素的检出限降低至 $10^{-7} \sim 10^{-3} \mu g/mL$，精密度达±1%以下，线性范围可达 6～7 数量级。

③ 可直接分析固体、液体和气体试样。取样量少，一般只要几毫克至几十毫克试样。

原子发射光谱分析法在鉴定金属元素方面（定性分析）具有较大的优越性，不需分离，同时测定多种元素，灵敏、快捷，可鉴定周期表中 70 多种元素，长期在钢铁工业（炉前快速分析）、地矿等发挥重要作用。同时，原子发射光谱法也有一定的局限性，不能检测非金属元素或对其灵敏度低。

4.2　原子发射光谱法的基本原理

4.2.1　原子发射光谱的产生

处于气相状态下的原子经过激发可以产生特征的线状光谱。因此，原子发射光谱产生的条件如下。

（1）原子处于气态（首要条件）

常温常压下，大部分物质处于分子状态，多数呈固态或液态，有的即使处于气态，也因温度不高或运动速度不快而不会被激发。要使分子中原子被激发，最根本的就是要使组成物质的分子解离为原子。因为只有在气态时，原子之间的相互作用才可忽略，受激发原子才可能发射出特征的原子线状光谱。

（2）必须使原子被激发

原子处于稳定、能量最低时的状态称为基态。当原子受到外界能量（如热能、电能等）的作用时，由于与高速运动的气态粒子和电子相互碰撞而获得能量，原子中外层电子从基态跃迁到更高的能级上，这种状态称为激发态。

处于激发态的原子是十分不稳定的，经过 $10^{-9} \sim 10^{-8}$ s，便跃迁回基态或其他较低的能级。在这个过程中将以辐射的形式释放出多余的能量而产生发射光谱。谱线的频率（或波长）与两能级差的关系服从普朗克公式。

$$\Delta E = E_2 - E_1 = h\nu = hc/\lambda = hc\sigma \tag{4-1}$$

或

$$\nu = \frac{E_2 - E_1}{h} \tag{4-2}$$

式中，E_2 和 E_1 分别为高能级和低能级的能量；ν、λ 及 σ 分别为所发射电磁波的频率、波长和波数；h 为普朗克常数（6.626×10^{-34} J·s）；c 为光在真空中的速度（2.997×10^{10} cm/s）。

从式（4-1）可以看出：

① 每一条所发射的谱线都是原子在不同能级间跃迁的结果，都可以用两个能级之差来表示。

a. 不同元素的原子，由于结构不同，发射谱线的波长也不相同，故谱线波长是定性分析的基础；

b. 物质含量越多，原子数越多，则谱线强度越强，故谱线强度是定量分析的基础。

② 由于原子的能级很多，原子在被激发后，其外层电子可有不同的跃迁，因此，特定的原子可产生一系列不同波长的特征光谱或谱线组。这些谱线按一定的顺序排列，并保持一定的强度比例。

③ 原子的各个能级是不连续的（量子化的），电子的跃迁也是不连续的，这就是原子光谱是线状光谱的根本原因。

4.2.2　谱线强度及其影响因素

4.2.2.1　谱线强度

谱线强度是单位时间内从光源辐射出的某波长光能的多少，也即某波长光的辐射功率的大小。如果以照相谱片而言，谱线强度指在单位时间内在相应的位置上感光乳剂共吸收了多少某波长的光能。

根据热力学观点以及玻尔兹曼公式可知，原子的谱线强度公式为：

$$I_{ji} = A_{ji} h \nu_{ji} N_0 \frac{P_j}{P_0} e^{-E_j / kT} \tag{4-3}$$

式中，I_{ji} 表示在单位时间内由 j 能级向 i 能级跃迁时发射的谱线强度；A_{ji} 为自发发射系数，表示单位时间内产生自发发射跃迁的原子数 dN_{ji}/dt 与处于能级 j 的原子数 N_j 之比，故又称为自发发射跃迁概率；ν_{ji} 为 j 能级和 i 能级之间跃迁时所发射电磁波的频率；N_0 为单位体积内基态原子数目；P_j 和 P_0 分别为激发态和基态能级的统计权重，它表示能级的简并度（相同能级的数目），即在外磁场作用下每一能级可能分裂出的不同状态数目；E_j 为激发电位；k 为玻尔兹曼常数；T 为弧焰的热力学温度（K）。

4.2.2.2　谱线强度的影响因素

由式（4-3）可见，谱线的强度与下列因素有关。

① 激发电位与电离电位　它们是负指数的关系，激发电位和电离电位越高，谱线强度越小。实验证明，绝大多数激发电位和电离电位较低的谱线都是比较强的，共振线激发电位最低，所以其强度往往最大。

② 跃迁概率　跃迁概率可通过实验数据计算得到，一般 A_{ji} 为 $10^6 \sim 10^9 \, \mathrm{s}^{-1}$。自发发射跃迁概率与激发态原子平均寿命成反比，与谱线强度成正比。

③ 统计权重　谱线强度与统计权重成正比。

④ 激发温度　温度升高，谱线强度增大，但温度升高，体系中被电离的原子数也增

多，而中性原子数则相应减少，致使原子谱线强度减弱。所以温度不仅影响原子的激发过程，还影响原子的电离过程。在较低温度时，随着温度的升高，谱线强度增加。但超过某一温度后，随着电离的增加，原子谱线的强度逐渐降低，离子谱线的强度不再继续增强。温度再升高，一级离子谱线的强度也下降。

4.2.3　谱线的自吸与自蚀

在发射光谱中，可以想象谱线的辐射是从弧焰中心轴辐射出来的，它将穿过整个弧层，然后向四周空间发射。弧焰具有一定的厚度，其中心处的温度最高，边缘处的温度较低（图 4-1）。边缘部分的蒸气原子，一般比中心原子处于较低的能级，因而当辐射通过这段路程时，将被其自身的原子所吸收，从而使谱线中心减弱，这种现象称为自吸。自吸现象可用朗伯-比尔定律表示

$$I = I_0 e^{-ad} \tag{4-4}$$

式中，I 为射出弧层后的谱线强度；I_0 为弧焰中心发射的谱线强度；a 为吸收系数，其值随各元素不同而变化，即使同一元素的不同谱线也有所不同，a 值同谱线的固有强度成正比；d 为弧层厚度。

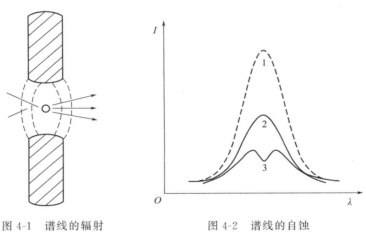

图 4-1　谱线的辐射　　　　图 4-2　谱线的自蚀

1—无自吸；2—自吸；3—自蚀

从式（4-4）可见，谱线的固有强度越大，自吸系数越大，自吸现象越严重。由此可知：

① 共振线是原子由激发态跃迁至基态时产生的，强度较大，最易被吸收；

② 弧层越厚，弧层中被测元素浓度越大，自吸也越严重。直流电弧弧层较厚，自吸现象最严重，故不适宜用于高含量组分的定量分析。

自吸现象对谱线形状的影响较大（图 4-2）。当原子浓度低时，谱线不呈现自吸现象；当原子浓度增大时，谱线产生自吸现象，使谱线强度减弱；严重的自吸会使谱线从中央一分为二，称为谱线的自蚀。产生自蚀的原因是发射谱线的宽度比吸收谱线的宽度大，谱线中心的吸收程度比边缘部分大。在谱线表上，一般用 r 表示自吸谱线，用 R 表示自蚀谱

线。在定量分析中，自吸现象的出现，将严重影响谱线强度，限制可分析的含量范围。

 4.3　原子发射光谱仪

原子发射光谱仪主要由光源系统、分光系统、检测系统等组成。

4.3.1　光源系统

电流通过气体的现象称为气体放电。在通常情况下，气体分子为中性，不导电。若用外部能量将气体电离，转变成有一定量的离子和电子，气体可以导电。若用火焰、紫外线、X 射线等照射气体使其电离，在停止照射后，气体又转为绝缘体，这种放电称为被激放电。若在外电场的作用下，气体中原有的少量离子和电子向两极做加速运动并获得能量，在趋向电极的途中因分子、原子的碰撞电离，从而使气体具有导电性。这种因碰撞电离产生的放电称为自激放电，产生自激放电的电压称为击穿电压。

在气体放电过程中，部分分子和原子因与电子或离子碰撞，虽不能电离，但可以从中获得能量而激发，发射出光谱，因此气体放电可以作激发光源。原子发射光谱常用的激发光源，如电弧、火花和等离子体炬等，属于气体的常压放电。

激发光源的主要作用是提供使试样中被测元素蒸发、解离、原子化和激发所需的能量。对激发光源的要求有：①必须具有足够的蒸发、原子化和激发能力。②灵敏度高、稳定性好、光谱背景小。③结构简单、操作方便、使用安全。

4.3.1.1　电感耦合等离子体光源

（1）等离子体的概念

等离子体光源是 20 世纪 60 年代发展起来的一类新型发射光谱分析用光源。等离子体是指含有一定浓度阴、阳离子且能导电的气体混合物，一般电离度要大于 0.1%。当气体电离度为 0.1% 时，其导电能力即达到最大导电能力的二分之一；而当气体电离度达 1% 时，其导电能力已接近充分电离的气体。等离子体总阴、阳离子的浓度是相等的，净电荷为零。通常用氩等离子体进行发射光谱分析，虽然也会存在少量试样产生的阳离子，但是氩离子和电子是主要导电物质。在等离子体中形成的氩离子能够从外光源吸收足够的能量，并使温度保持在支撑等离子体进一步离子化，一般温度可达 10000K。高温等离子体主要有三种类型：①电感耦合等离子体（inductively coupled plasma，ICP）；②直流等离子体（direct current plasma，DCP）；③微波诱导等离子体（microwave induced plasma，MIP）。其中尤以电感耦合等离子体光源应用最广，是接下来将要介绍的主要内容。值得注意的是，目前已有将微波诱导等离子体作为气相色谱仪的检测器。

（2）ICP 焰炬的形成

形成稳定的 ICP 焰炬，应具有三个条件：高频电磁场、工作气体及能维持气体稳定放电的石英炬管。它由三个同心石英管组成，三股氩气流分别进入炬管。最外层等离子体气流的作用是把等离子体焰炬和石英管隔开，以免烧熔石英炬管。中间管引入辅助气流的作用是保护中心管口，形成等离子炬后可以关掉。内管载气流的主要作用是在等离子体中打通一条通道，并载带试样气溶胶进入等离子体。在管子的上部环绕着一水冷感应线圈，当高频发生器供电时，线圈轴线方向上产生强烈振荡的磁场。用高频火花等方法使中间流动的工作气体电离，产生的离子和电子再与感应线圈产生起伏磁场作用。电子和离子在高频磁场中被加速，产生碰撞电离，电子和离子急剧增加，此时在气体中感应产生涡流。高频感应电流，产生大量的热能，又促进气体电离，维持气体的高温，从而形成等离子体。

感应线圈将能量耦合给等离子体，并维持等离子炬。当载气载带着试样气溶胶通入等离子体时，被后者加热至 $6000\sim7000K$，并被原子化和激发发射光谱。

从上述可知，ICP 焰炬虽然在外观上与火焰类似，但它的形成过程并非燃烧过程，它是利用高频电磁耦合法获得气体放电的一种新型激发光源。

用 Ar 作工作气体的优点：Ar 为单原子惰性气体，不与试样组分形成难解离的稳定化合物，也不会像分子那样因解离而消耗能量，具有良好的激发性能，本身光谱简单。

（3）待分析物的原子化和电离

由于在感应线圈以上 $15\sim20mm$ 处，背景辐射中的氩谱线很少，故光谱观察常在这个区域上进行。当试样原子抵达观察点时，它们可能已在 $4000\sim8000K$ 温度范围内停留了约 2ms。这个时间和温度大约比在火焰原子化中所用的乙炔-氧化亚氮火焰大 $2\sim3$ 倍。因此，原子化比较完全，并且减少了化学干扰的产生。另外，因为由氩电力所产生的电子浓度比由试样组分电离所产生的电子浓度大得多，离子的干扰效应很小，甚至不存在。与电弧、火花相反，等离子体的温度截面相当均匀，不会产生自吸效应，故校正曲线常在几个数量级的浓度范围内呈线性响应。

（4）ICP 的分析性能

① ICP 光源激发温度高，有利于难激发元素的激发。②样品在中央环形通道受热而原子化，原子化温度高，原子在等离子焰炬停留时间长，原子化完全，化学干扰小，基体效应小，稳定性好，谱线强度大。③由于样品在中央通道原子化和激发，外围没有低温吸收层，因此自吸和自蚀效应小。④样品在惰性气氛中激发，光谱背景小。⑤ICP 是无极放电，没有电极污染。

（5）ICP 的应用

ICP 可测定周期表中绝大多数元素（70 多种），检出限 $10^{-11}\sim10^{-9}g/L$，精密度 1% 左右。工作曲线线性范围宽，试样中基体和共存元素的干扰小，甚至可以用同一条工作曲线测定不同样品中的同一元素等。其缺点是成本和运转费用都很高，不能用于测定卤素等非金属元素。

4.3.1.2　电弧和火花光源

电弧和火花光源是较早广泛应用于发射光谱分析的光源，可以定性和定量测定不同试样中（如金属或合金、土壤、矿石、岩石）的金属元素。至今电弧和火花光源在定性和半定量分析中仍有相当大的用途。但是当需要定量数据时，其很大程度上已被等离子体光源所代替。

在电弧和火花光源中，试样的激发发生在一对电极之间的空隙中。电极及其间隙的电流提供使试样原子化所必需的能量，并使所产生的原子激发到较高电子状态。

（1）低压直流电弧

低压直流电弧的电源一般为可控硅整流器，低压（220～300V）的电弧自己不能击穿起弧，需要用高频电压将电弧引燃。

在外加电压下，电极间依靠气态带电粒子（电子或离子）维持导电，产生弧光放电称为电弧。由直流电源维持电弧的放电称为直流电弧，其基本工作电路如图4-3所示。

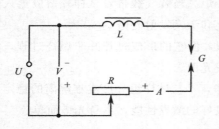

图 4-3 直流电弧发生器

U—电源；V—直流电压表；L—电感；

R—镇流电阻；A—直流电流表；G—分析间隙

电弧放电时是以气体为导体，直流电弧具有负电阻特性，即电流增大而电弧电压下降。显然，电压下降导致电弧放电很不稳定，有必要将一个大电阻（几十欧姆以上）串联入回路，以稳定电流，并在一个平均值附近波动。

直流电弧的温度为 4000～7000K。电弧的温度主要取决于弧柱中元素的电离电位。电离电位高，弧温高；电离电位低，弧温低。因此，在光谱分析中，常引入第三元素，即缓冲剂，以达到控制弧温及电极温度的目的。

直流电弧的电极温度比电弧温度低，一般为 3000～4000K。在直流电弧中，由于电子受到电极间电场的加速，不断以高速轰击阳极，使阳极白热，产生温度很高的"阳极斑"，故阳极温度比阴极高。由于电极温度就是蒸发温度，电极温度高时蒸发速度快，谱线强度大。故一般将试样放在阳极，以降低检测限。

直流电弧电极头温度高、试样蒸发快、检测限低，常用于熔点较高物质（如岩石、矿物试样）中痕量元素的定性和定量分析。当使用石墨电极时，除在 350nm 以上产生氰（CN）带光谱干扰外，在发射光谱常用波段（230～350nm）内背景值较小。直流电弧引燃弧点游移不定，电弧的稳定性差，分析结果的再现性差。在光谱分析中，须用内标法消除光源波动的影响。此外，弧温较低，激发能力弱，故不能激发电离电位高或激发电位较高的元素。

（2）低压交流电弧

由交流电源维持电弧放电的光源称交流电弧光源。交流电弧有高压交流电弧和低压交流电弧两类。前者工作电压达 2000～7000V，可以利用高电压把弧隙击穿而燃烧，但由于装置复杂，操作危险，因此实际上已很少应用。低压交流电弧工作电压一般为 110～220V，设备简单，操作也安全。

将普通 220V 交流电直接联结在两电极间是不可能形成电弧的，这是由于电极间没有导电的电子和离子。同时，由于交流电随时间以正弦波形式发生周期性变化，每半周经过一次零点，因此低压交流电弧必须采用高频引燃装置，不断地"击穿"电极间的气体，造成电离维持导电。频率为 50Hz 的交流电，每秒钟必须"点火" 100 次，才能维持电弧不灭。

低压交流电弧发生器（图4-4）的电路由两部分组成，（Ⅰ）是高频引燃电路；（Ⅱ）

是低压电弧线路。

① 接通交流电源（220V 或 110V），电流经可变电阻 R_2 适当降压后，由变压器 B_1 升压至 2.5～3.0kV，并向振荡电容 C_1 充电（充电电路为 $I_2 \rightarrow L_1 \rightarrow C_1$，$G'$ 断路），充电速度由 R_2 调节。

② 当 C_1 所充电的能量达到放电盘 G' 的击穿电压时，放电盘放电产生高频振荡（振荡电路为 $C_1 \rightarrow L_1 \rightarrow G'$，$I_2$ 不起作用），振荡的速度可由放电盘 G' 的间距及充电速度来控制，使每交流半周振荡一次。

③ 高频振荡电流经 L_1 和 L_2 耦合到电弧回路，经变压器 B_2，进一步升压达 10kV，通过旁路电容 C_2 把分析间隙 G 的空气绝缘击穿，产生高频振荡放电（高频电路为 $L_2—G—C_2$）。

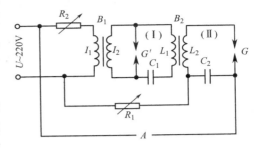

图 4-4 低压交流电弧发生器

U—交流电源；L_1、L_2—电感；
A—交流电流表；R_1、R_2—可变电阻；
B_1、B_2—变压器；C_1—振荡电容；
C_2—旁路电容；G—分析间隙；G'—放电盘

④ 当分析间隙 G 被击穿时，电源的低压部分便沿着已经造成的游离气体通道，通过分析间隙 G 进行弧光放电（低压放电电路为 $R_1 \rightarrow L_2 \rightarrow G$，$C_2$ 不作用）。

⑤ 当电压降至低于维持电弧放电所需的数值时，电弧将熄灭，但此时第二个交流半周又开始，分析间隙 G 又被高频放电击穿，随之进行电弧放电，如此反复进行，保证了低压燃弧线路不致熄灭。

低压交流电弧大部分采用 220V 交流电压为电源。由于电源电压不能击穿分析间隙而自燃成弧，因此必须采用引燃装置。与直流电弧相比，由于交流电弧在每半周内有燃烧时间和熄灭时间，放电呈间歇性，故低压交流电弧有如下特点：没有明显的负电阻特性，使其燃烧稳定；放电的电流密度大，使其弧温较高（6000～8000K）。由于交流电弧的电弧电流具有脉冲性，电流密度较直流电弧大。因此激发能力较强；有低的电极头温度（这是由于交流电弧放电的间歇性所致），使其检出限低于直流电弧。交流电弧的稳定性好（因其放电具有明显的周期性），试样蒸发均匀，重现性好。此外，交流电源比直流电源获得方便，因而交流电弧的应用范围比直流电弧广泛，常用于金属、合金中低含量元素的定量分析。

（3）高压火花

电极间不连续的气体放电叫火花放电。高压火花是用高电压（8000～15000V）使电容器充电后放电释放的能量来激发试样光谱的。

高压电容火花发生器的基本线路如图 4-5 所示。电源电压 U 由调节电阻 R 适当降压后，经变压器 B，产生 10～25kV 的高压，通过扼流线圈 D 向电容器 C 充电。当电容器 C 两极间的电压升高到分析间隙 G 的击穿电压时，储存在电容器中的电能立即向分析间隙放电，产生电火花。放电完以后，又重新充电、放电，反复进行以维持火花放电不灭。

火花放电是一种间歇性的快速放电，放电时间短，停熄时间长。在电极隙间击穿的瞬

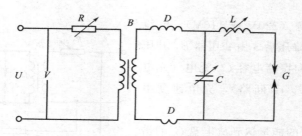

图 4-5　高压电容火花发生器的基本线路

间，形成很细的导电通道。瞬间内通过分析间隙的电流密度很大，因此弧焰瞬间温度很高，可达 10000K 以上，故激发能量大，可激发电离能高的元素。由于间歇性的快速放电，每个火花作用于电极上的面积小，时间短，每次放电之后火花随即熄灭，故电极温度低，适宜分析低熔点的轻金属及合金。每一次大电流密度放电，在电极上不同的燃烧点产生局部高温。这种随机取样和局部蒸发相结合，减小了分馏效应，提高了准确度。火花光源的主要缺点是：检出限差，不宜分析微量元素；在紫外光区背景较大。综上所述，这种光源一般适于难激发、高含量合金试样的分析或低熔点试样的定量分析。

表 4-1 为常用光源性能的比较。

表 4-1　常用光源性能比较

光源	电极温度/K	弧焰温度/K	稳定性	灵敏度	主要用途
火焰	无	2000~3000	很好	低	适合分析碱金属、碱土金属
直流电弧	3000~7000	4000~7000	较差	优（绝对）	定性分析；矿石、矿物等难熔中痕量组分定量分析
交流电弧	1000~2000	4000~7000	较好	好	金属合金中低含量元素的定量分析
高压火花	<1000	瞬间可达 10000	好	中	难激发、低熔点金属合金分析；高含量元素的定量分析
ICP	无	7000~10000	很好	高	溶液样品的定量分析

4.3.2　试样引入方式

4.3.2.1　ICP 光源试样的引入

试样是被流速为 0.3~1.5L/min 的氩气流带入到中心石英管内。在使用 ICP 光源时，最大的噪声来源于试样引入这一步，它直接影响检出限和分析的精密度。

气溶胶进样系统是目前最常用的试样引入方法。它首先将试样转化成溶液，然后经雾化器形成气溶胶引入等离子体。最常用的雾化器有气动雾化器和超声雾化器。

对液体和固体试样引入等离子体的另一种方法是通过电热蒸发。在电炉中蒸发试样的方式类似于电热原子化，不同之处是蒸发后的试样被氩气流带入等离子体光源。应该注意的是，在等离子体光源中，使用电热不是为了原子化。电热原子化与等离子体光源的偶联，不仅保留了电热原子化试样用量少和检测限低的特点，而且保留了等离子体光源的线性范围宽、干扰少，并能同时进行多元素分析的优点。

4.3.2.2　电弧和火花光源试样的引入

一般来说，电弧和火花光源主要应用于固体试样的分析，而液体和气体试样采用等离子体光源更为方便。

如果试样是金属或合金，光源的一个或两个电极可以用试样车铣、切削等方法做成。一般将电极加工成直径为 1/20~1/10cm 的圆柱形，并使一端成锥形。对于某些试样，更为方便的方法是用经抛光的金属平面作为一个电极，而用石墨作为另一个电极。在把试样制成电极时，必须小心，以防止表面污染。

对于非金属固体材料，试样需放在一个其发射光谱不会干扰分析物的电极上。对于许多应用来说，碳是一种理想的电极材料。这不仅因为人们容易获得碳的纯品，而且它是一种良导体，具有好的热阻且易于加工成型。电极的一极呈圆柱形，一端钻有一个凹孔。分析时，将粉碎的试样填塞在顶端的凹孔中，故该方法称为孔形电极填塞法，它是引入试样最常用的方法。另一电极（对电极）是稍具圆形顶端的圆锥形碳棒，这种形状可以产生最稳定及重现的电弧和火花。若试样是溶液，除可将溶液转化成粉末或薄膜引入分析间隙外，也可采用电极浸泡法。

4.3.3　分光系统

分光系统可将激发试样所获得的复合光，分解为按波长顺序排列的单色光，也称为单色器。它主要由入射狭缝、准直镜、色散元件、物镜和出射狭缝构成。其中色散元件是关键部件，常用的色散元件可分为棱镜和光栅两类。

棱镜主要由玻璃或石英等材料制成，它对光的色散是基于光的折射现象的。光栅分为透射光栅和衍射光栅。光栅色散作用的产生是多缝干涉和单缝衍射联合作用的结果。光栅与棱镜比较具有一系列优点：棱镜的工作光谱区受到材料透过率的限制，在小于 120nm 的真空紫外区和大于 50μm 的远红外区是不能采用的，而光栅不受材料透过率的限制，可以在整个光谱区中应用。另外，光栅的角色散率几乎与波长无关，光栅角色散率在第一级光谱中比棱镜大，不过在紫外 250nm 时，石英角色散率却比光栅的角色散率大。光栅的分辨率比棱镜大。当前，由于光栅刻画技术和复制技术进一步的提高，光栅已广泛应用于各种光谱仪中。

4.3.4　检测系统

在原子发射光谱中，被检测的信号是元素的特征辐射，常用的检测方法有目视法、摄谱法和光电法。

4.3.4.1 目视法

目视法是用眼睛观察试样中元素的特征谱线或谱线组，通过比较谱线强度的大小来确定试样的组成及含量。工作波段仅限于可见光区 $400 \sim 750nm$ 范围。常用的仪器看谱镜，是一种小型简易的光谱仪，主要用于合金、有色金属合金的定性和半定量分析。

4.3.4.2 摄谱法

摄谱法是将感光板置于分光系统的焦面处，接受被分析试样的光谱的作用而感光（摄谱），再经过显影、定影等操作制得光谱底片，谱片上有许多距离不等、黑度不同的光谱线。然后，在映谱仪上观察谱线的位置及大致强度，进行定性分析及半定量分析；在测微光度计上测量谱线的黑度，进行光谱定量分析。

感光板上谱线的黑度与曝光量有关。曝光量越大，谱线越黑。曝光量用 H 表示，它等于照度 E 与曝光时间的乘积，而照度 E 又与辐射强度 I 成正比，即：

$$H = E \cdot t = KIt \tag{4-5}$$

式中，K 为比例常数。

谱线变黑的程度称为黑度，其定义公式是：

$$S = \lg \frac{i_0}{i} \tag{4-6}$$

式中，i_0 是感光板未曝光部分透过光的强度；i 是谱板曝光变黑部分透过光的强度。

可见光谱分析中的所谓黑度，实际上相当于分光光度法中的吸光度 A。但在测量时，测微光度计所测量的面积远较分光光度法小，一般只有 $0.02 \sim 0.05mm^2$，故被测量的物体（谱线）需经光学放大；其次，只是测量谱线对白光的吸收，因此不必使用单色光源。

4.3.4.3 光电法

光电法利用光电倍增管作光电转换元件，把代表谱线强度的光信号转换成电信号，然后由电表显示出来，或进一步把电信号转换为数字显示出来。

4.3.5 仪器类型

常见的光谱仪有棱镜摄谱仪、光栅摄谱仪和光电（直读）光谱仪。

4.3.5.1 棱镜摄谱仪

棱镜摄谱仪是用棱镜作色散元件、用照相的办法记录谱线的光谱仪。其光学系统由照明系统、准光系统、色散系统及投影系统组成。

棱镜摄谱仪的光学特性，常从色散率、分辨率和集光本领三方面进行考虑。

色散率就是把不同波长的光分散开的能力，通常以线色散率的倒数来表示：$d\lambda / dl$（单位为 nm/mm），即谱片上每毫米内相应波长数（单位为 nm）。分辨率是指摄谱仪的光学系统能正确分辨出紧邻两条谱线的能力。一般常用两条可以分辨开的光谱线波长的平均

值 λ 与其波长差 Δλ 的比值来表示。
$$R = \lambda / \Delta\lambda \tag{4-7}$$
对于中型石英摄谱仪，常以能否分开 Fe 310.066nm、Fe 310.0307nm、Fe 309.9971nm 三条谱线来判断分辨率的好坏：
$$R_1 = 310.0484nm/0.0353nm = 8783$$
$$R_2 = 310.0139nm/0.0336nm = 9226$$
即当仪器的分辨率＞9226 时，才能清楚地分开以上三条谱线。

集光本领是指摄谱仪的光学系统传递辐射的能力。

4.3.5.2　光栅摄谱仪

光栅摄谱仪是用光栅作色散元件，利用光的衍射现象进行分光。其光学系统也由照明系统、准光系统、色散系统及投影系统组成。光栅摄谱仪比棱镜摄谱仪有更高的分辨率，且色散率基本上与波长无关，更适用于一些含复杂谱线的元素（如稀土元素、铀、钍等）试样的分析。

4.3.5.3　光电光谱仪

光电光谱仪也称直读光谱仪或光量计。光电光谱仪的类型很多，按照出射狭缝的工作方式，可分为顺序扫描式和多通道式两种类型；按照工作光谱区的不同，可分为非真空型和真空型两类。

顺序扫描式光电光谱仪一般是用两个接收器来接收光谱辐射，一个接收器是接收内标线的光谱辐射，另一个接收器是采用扫描方式接收分析线的光谱辐射。顺序扫描式光电光谱仪属于间歇式测量。其程序是从一个元素的谱线移到另一个元素的谱线时，中间间歇几秒钟，以获得每一谱线的满意的信噪比。

多通道式光电光谱仪的出射狭缝是固定的。一般情况下出射通道不易变动，每一个通道都有一个接收器接收该通道对应的光谱线的辐射强度。也就是说，一个通道可以测定一条谱线，故可能分析的元素也随之而定。多通道式光电光谱仪的通道数可多达 60 个，即可以同时测定 60 条谱线。多通道式光电光谱仪的接收方式有两种：一种是用一系列的光电倍增管作为检测器；另一种是用二维的电荷注入器件或电荷耦合器件作为检测器。

非真空型光电光谱仪的分光计和激发光源均处在大气气氛中，其工作光谱波长为 200～800nm。

真空型光电光谱仪的激发光源和整个光路都处于氩气气氛中，工作的波长可扩展到 150～170nm，因此它能够分析碳、磷、硫等灵敏线位于远紫外光区的元素。

在光电光谱仪中，常用的激发光源有低压火花光源、电感耦合等离子体光源、辉光放电光源等。

光电光谱分析操作简单，自动化程度高，分析速度快；可进行多元素快速联测；记录谱线强度量程宽；精密度高。其已经被广泛应用于许多部门，特别是在金属材料化学组成分析中的应用更为广泛。然而，现阶段光电光谱仪昂贵、复杂，谱线选择不如摄谱法直观，痕量分析的检出限不如摄谱法。另外，光电光谱仪一般都是固定使用一种光源，更换光源不如摄谱法方便。

4.4 光谱背景及其消除的方法

当试样被光源激发时，常常同时发出一些波长范围较宽的连续辐射，形成背景叠加在线光谱上。产生背景的原因主要有如下几种。

① 分子的辐射 在光源中未解离的分子所发射的带光谱会造成背景。在电弧光源中，因空气中的 N_2 和碳电极挥发的 C 能生成稳定的化合物氰分子，它在 $350\sim420nm$ 有吸收，干扰了许多元素的灵敏线。为了避免氰带的影响，可不用碳电极。

② 谱线的扩散 有些金属元素（如锌、铝、镁、锑、铋、锡、铅等）的一些谱线是很强烈的扩散线，可在其周围的一定宽度内对其他谱线形成强烈的背景。

③ 离子的复合 放电间隙，离子和电子复合成中性原子时，也会产生连续辐射，其范围很宽，可在整个光谱区域内形成背景。火花光源因形成离子较多，由离子复合产生的背景较强，尤其在紫外光区。

从理论上讲，背景会影响分析的准确度，应予以扣除。在摄谱法中，因在扣除背景的过程中，会引入附加的误差，故一般不采用扣除背景的方法，而针对产生背景的原因，尽量减弱、抑制背景，或选用不受干扰的谱线进行测定。

4.5 光谱添加剂

为了改进光谱分析性能而加入到标准试样和分析试样中的物质称为光谱添加剂。根据加入目的的不同，光谱添加剂可分为缓冲剂、挥发剂、载体等。

4.5.1 缓冲剂

试样中所有共存元素干扰效应的总和叫作基体效应。同时加入到试样和标样中，使它们有共同的基体，以减小基体效应，改进光谱分析准确度的物质称为缓冲剂。由于电极头的温度和电弧温度受试样组成的影响，当没有缓冲剂存在时，电极和电弧的温度主要由试样基体控制。反之，则由缓冲剂控制，使试样和标样能在相同的条件下蒸发。缓冲剂除了控制蒸发激发条件，消除基体效应外，还可把弧温控制在待测元素的最佳温度，使其有最大的谱线强度。

所用缓冲剂一般具有比基体元素低而比待测元素高的沸点，这样可使待测元素蒸发而基体不蒸发，使分馏效应更为明显，以改进待测元素的检测限。

在测定易挥发和中等挥发元素时，选用碱金属元素的盐作缓冲剂，如 NaCl、NaF、LiF 等；测定难挥发元素或易生成难挥发物的元素时，宜选用兼有挥发性的缓冲剂，如卤化物等。碳粉也是缓冲剂的常见组分。

4.5.2　挥发剂

为了提高待测元素的挥发性而加入的物质叫挥发剂。它可以抑制基体挥发，降低背景，提高分析的灵敏度。典型的挥发剂是卤化物和硫化物。而碳是典型的去挥发剂。

4.5.3　载体

载体本身是一种较易挥发的物质，可携带微量组分进入激发区，并和基体分离。此外，当大量载体元素进入弧焰后，能延长待测元素在弧焰中的停留时间，控制电弧参数，以利于待测元素的测量。常用载体有 Ga_2O_3、$AgCl$ 和 HgO 等。

4.6　定性和定量分析方法

4.6.1　定性分析方法

4.6.1.1　光谱定性分析的原理

由于各种元素原子结构的不同，在光源的激发作用下，其可以产生一系列特征的光谱线，其波长 λ 是由产生跃迁的两能级差决定的。

$$\Delta E = h\nu = h\,\frac{c}{\lambda} \tag{4-8}$$

因此，根据原子光谱中元素特征谱线就可以确定试样中是否存在被检元素。只要试样光谱中检出了某元素的 2～3 条灵敏线，就可以确证试样中存在该元素。

灵敏线是指一些激发电位低，跃迁概率大的谱线。一般来说，灵敏线多是一些共振线。由激发态直接跃迁至基态时所辐射的谱线称为共振线。当由最低能级的激发态（第一激发态）直接跃迁至基态时所辐射的谱线称为第一共振线，一般也是元素的最灵敏线。

各元素灵敏线的波长常用 I 表示原子线，用 II 表示一次电离离子发射的谱线，用 III 表示二次电离离子发射的谱线。例如，Li I 6707.85Å，表示该线是锂的原子线；Mg II 2802.70Å 表示镁的一次电离离子线。

4.6.1.2　光谱定性分析的方法

① 标准试样光谱比较法　如果只检查少数几种指定元素，同时这几种元素的纯物质又比较容易得到，采用该法识谱是比较方便的。

② 元素光谱图比较法（铁谱比较法）　测定复杂组分以及进行光谱定性全分析时，

上述简单方法已不适用。此时，可用元素光谱图比较法。元素光谱图是一张放大 20 倍以后的不同波段的铁光谱图。因为铁的光谱谱线较多，在人们常用的铁光谱的 210.0～660.0nm 波长范围内，大约有 7600 条谱线，其中每条谱线的波长，都已做了精确的测定，载于谱线表内，谱线间距离分配均匀，容易对比，适用面广。将各元素的灵敏线按波长位置标插在铁光谱图的相应位置上而制成元素光谱图。

将试样与铁并列摄谱于同一光谱感光板上，然后将试样光谱与铁标准光谱图对照，以铁谱线为波长标尺，逐一检查欲检查元素的灵敏线。若试样光谱中的元素谱线与标准谱图中标明的某一元素谱线出现的波长位置相同，表明试样中存在该元素。铁谱比较法对同时进行多元素定性鉴定十分方便。

4.6.1.3 光谱定性分析工作条件的选择

① 光谱仪　一般选用中型摄谱仪，因其色散率较为适中，可将欲测元素一次摄谱，便于检出。若试样属多谱线，光谱复杂，谱线干扰严重，如稀土元素等，可采用大型摄谱仪。

② 激发光源　常用直流电弧作激发光源。因其电极头温度高，有利于试样蒸发，绝对灵敏度高。

③ 电流控制　为了使易挥发和难挥发的元素都能很好地被检出，一般先使用较小的电流（5～6A），然后用较大的电流（7～20A），直至试样蒸发完毕。试样挥发完后，电弧发出噪声，并呈现紫色。

④ 狭缝　为了减少谱线的重叠干扰和提高分辨率，摄谱时狭缝应小一些，以 5～7μm 为宜。

⑤ 运用哈特曼光栏　光谱定性分析时，要求谱片上铁谱线和试样谱线两者的相对位置要特别准确。哈特曼光栏是由金属制成的多孔板，置于狭缝前导槽内。对其以不同高度截取，使摄得的光谱落在感光板的不同位置上，这样便于相互比较，定性查找。

此外，为了检查碳电极的纯度以及检查加工过程有无沾污等，一般还应摄取空碳棒的光谱。摄谱时选用灵敏度高的Ⅱ型感光板。

4.6.2 半定量分析方法

谱线的强度和谱线的出现情况与元素含量密切相关，这是光谱半定量分析的依据。常用的半定量方法是谱线黑度比较法和谱线呈现法等。

4.6.2.1 谱线黑度比较法

将试样与已知不同含量的标准样品在相同的实验条件下，在同一块感光板上并列摄谱，然后在映谱仪上用目视法直接比较被测试样与标准样品光谱中分析线的黑度。若黑度相等，则表明被测样品中欲测元素的含量近似等于该标准样品中欲测元素的含量。

此法简便易行，其准确度取决于被测样品与标准样品基体组成的相似程度以及标准样品中欲测元素含量间隔的大小。

4.6.2.2　谱线呈现法

当样品中某元素的浓度逐渐增加时，该元素的谱线强度增加，而且谱线数目亦增多，灵敏线、次灵敏线、弱线依次出现。于是可预先配制一系列浓度不同的标准样品，在一定条件下摄谱，然后根据不同浓度下所出现的分析元素的谱线及强度情况绘制成一张谱线出现情况与含量的关系表（谱线呈现表），以后就可以根据某一谱线是否出现来估计试样中该元素的大致含量。表 4-2 为铅的谱线呈现表。

表 4-2　铅的谱线呈现表

Pb 含量/%	谱线及其特征
0.001	283.31nm 清晰可见；261.72nm 和 280.20nm 谱线很弱
0.003	283.31nm、261.72nm 谱线增强；280.20nm 谱线清晰
0.01	上述各线增强；266.32nm、287.33nm 谱线不太明显
0.03	266.32nm、287.33nm 谱线逐渐增强至清晰
0.1	上述各线均增强，不出现新谱线
0.3	显出 239.38nm 淡灰色宽线；在谱线背景上 257.73nm 谱线不太清晰
1	上述各线增强；270.2nm、277.7nm 和 277.6nm 谱线出现；271.2nm 谱线模糊可见

该法简便快速，但分析结果粗略，其准确度受试样组成及分析条件的影响较大。

4.6.3　定量分析方法

4.6.3.1　光谱定量分析的基本关系式

进行光谱定量分析时，常根据被测试样光谱中欲测元素的谱线强度来确定元素的浓度。元素的谱线强度 I 与该元素在试样中浓度 c 的关系为：

$$I = ac^b \tag{4-9}$$

$$\lg I = b\lg c + \lg a \tag{4-10}$$

式中，a 是与试样的蒸发、激发过程和试样组成等因素有关的一个常数；常数 b 称为自吸系数。当谱线强度不大、没有自吸时，$b=1$；反之，有自吸时，$b<1$，而且自吸越大，b 值越小。所以，只有在严格控制实验条件一定的情况下，在一定的待测元素含量范围内，a 和 b 才是常数，$\lg I$ 与 $\lg c$ 之间才具有线性关系。而这种条件通常是很难控制的，所以一般采用盖拉赫（Gelach）的内标法。

4.6.3.2　内标法光谱定量分析

在待测元素的光谱中选一条谱线作为分析线，另在基体元素（或定量加入的其他元素）的光谱中选一条谱线作为内标线，这两条谱线组成分析线对。分析线与内标线绝对强度的比值称为相对强度（R）。内标法就是根据分析线对的相对强度与被分析元素含量的关系来进行定量分析的。这样可使谱线相对强度由实验条件波动而引起的变化得以抵消，这是内标法的优点。

设待测元素和内标元素含量分别为 c 和 c_0，分析线和内标线强度分别为 I 和 I_0，b 和 b_0 分别为分析线和内标线的自吸系数，根据式（4-9），对分析线和内标线分别有：

$$I = a_1 c^b \tag{4-11}$$

$$I_0 = a_0 c_0{}^{b_0} \tag{4-12}$$

则其相对强度 R 为：

$$R = \frac{I}{I_0} = \frac{a_1 c^b}{a_0 c_0{}^{b_0}} = A c^b \tag{4-13}$$

在内标元素含量为 c_0 和实验条件一定时，A 为定值，对式（4-13）取对数可得：

$$\lg R = \lg \frac{I}{I_0} = b \lg c + \lg A \tag{4-14}$$

式中，$A = a_1 / (a_0 c_0{}^{b_0})$，此式即内标法定量分析的基本关系式。

内标元素与内标线的选择原则如下：

① 内标元素含量必须固定。内标元素在试样和标样中的含量必须相同。内标化合物中不得含有被测元素。

② 内标元素和分析元素要有尽可能类似的蒸发特性。这样相对强度受电极温度变化的影响很小。

③ 用原子线组成分析线对时，两线的激发电位要相近；若选用离子线组成分析线对，则两线的激发电位不仅要相近，电离电位也要相近。这样的分析线对称为均称线对。

④ 所选线对的强度不应相差过大。

⑤ 若用照相法测量谱线强度，组成分析线对的两条谱线的波长要尽可能靠近。

⑥ 分析线与内标线没有自吸或自吸很小，且不受其他谱线的干扰。

4.6.3.3 摄谱法光谱定量分析

用摄谱法进行光谱定量分析时，最后测得的是谱线的黑度而不是强度。故此时应考虑谱线黑度与被测元素含量的关系。

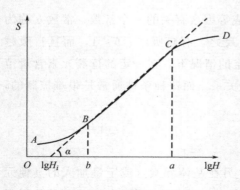

图 4-6 乳剂特性曲线

谱线的黑度 S 与照射在感光板上的曝光量 H 有关。它们的关系是很复杂的，不能用一个单一的数学式表达，常常只能用图解的方法来表示，这种图解曲线称为乳剂特性曲线。曲线通常以黑度值 S 为纵坐标，曝光量的对数 $\lg H$ 为横坐标（图 4-6）。AB 部分为曝光不足部分，它的斜率是逐渐增大的；CD 部分为曝光过度部分，它的斜率是逐渐减小的；BC 部分为曝光正常部分，这一部分的斜率是恒定的，光谱定量分析一般就在这部分内进行。这部分黑度与曝光量的对数之间可以用简单数学式表达。令直线段的斜率为 γ，则：

$$\gamma = \tan \alpha \tag{4-15}$$

式中，γ 称为感光板的反衬度，它是感光板的重要特性之一；α 为曝光正常部分延长线和横轴的夹角。

对于正常曝光部分（即光谱分析常用的部分），S 与 $\lg H$ 之间的关系最简单，可用下述直线方程式表示：

$$S = \tan\alpha(\lg H - \lg H_i) = \gamma(\lg H - \lg H_i) \tag{4-16}$$

对一定的乳剂，$\gamma\lg H_i$ 为一定值并以 i 表示，则：

$$S = \gamma\lg H - i \tag{4-17}$$

曝光量等于照度 E 乘以曝光时间 t，而 $E \propto I$，故

$$S = \gamma\lg It - i \tag{4-18}$$

在光谱定量分析中，最关键的是分析线对相对强度的测量。设 S_1、S_2 分别为分析线及内标线的黑度，则：

$$S_1 = \gamma_1\lg I_1 t_1 - i_1 \tag{4-19}$$
$$S_2 = \gamma_2\lg I_2 t_2 - i_2 \tag{4-20}$$

因为在同一感光板上，曝光时间相等，即 $t_1 = t_2$；当分析线对的波长、强度、宽度相近，且其黑度值均落在乳剂特性曲线的直线部分时，$\gamma_1 = \gamma_2 = \gamma$，$i_1 = i_2 = i$，则分析线对的黑度差 ΔS 为：

$$\Delta S = S_1 - S_2 = \gamma\lg\frac{I_1}{I_2} = \gamma\lg R \tag{4-21}$$

将式（4-17）代入式（4-21）：

$$\Delta S = \gamma\lg\frac{I_1}{I_2} = \gamma b\lg c + \gamma\lg a \tag{4-22}$$

式（4-22）即用内标法进行定量分析的基本关系式。由此式可知，在一定条件下分析线对的黑度差与试样中该组分含量 c 的对数成线性关系。

4.7　实验部分

实验 4-1　电感耦合等离子体光谱法测定水样中金属元素含量

【实验目的】

1. 了解原子发射光谱法的基本原理；
2. 了解电感耦合等离子体发射光谱法的基本原理；
3. 了解电感耦合等离子体发射光谱仪的基本构造；
4. 掌握样品的消化及分析方法。

【实验原理】

原子的外层电子由高能级向低能级跃迁，能量以电磁辐射的形式发射，就得到发射光

谱。原子发射光谱是线状光谱。一般情况，原子处于基态，通过电致激发、热致激发或光致激发等激发光源作用，原子获得能量，外层电子从基态跃迁到较高能态变为激发态，约经 10^{-8} s，外层电子就从高能级向较低能级或基态跃迁，多余的能量发射可得到一条光谱线。根据发射谱线的波长和强度可进行定性和定量分析。

ICP 光源具有环形通道、高温、惰性气氛等特点。因此，ICP-AES 具有检出限低、精密度高、线性范围宽、基体效应小等优点，可用于高、中、低含量的 70 多种元素的同时测定。

液体试样由雾化器引入 Ar 等离子体（6000K 高温），经干燥、电离、激发产生具有特定波长的发射谱线，波长范围在 120～900nm，即位于近紫外、紫外和可见光区域。

发射光信号经过单色器分光、光电倍增管或其他固体检测器将信号转变为电流进行测定。此电流与分析物的浓度之间具有一定的线性关系，使用标准溶液制作工作曲线可以对某未知试样进行定量分析。

【仪器与试剂】

1. 仪器

原子发射光谱仪——ICP-6000 电感耦合等离子体发射光谱仪。

2. 试剂

$CuSO_4$(AR)，$Zn(NO_3)_2$(AR)，$Fe(NH_4)_2 \cdot (SO_4)_2 \cdot 6H_2O$(AR)，$HNO_3$(GR)，配制用水均为二次蒸馏水。

① 铜储备液：准确称取 0.126g 硫酸铜（分子量为 159.61）于 50mL 容量瓶，加入 1%（体积分数）硝酸定容至 50mL，配制 1mg/mL Cu(Ⅱ) 储备液。

② 锌储备液：准确称取 0.097g 硝酸锌（AR）（分子量为 127.39）于 50mL 容量瓶，加入 1%（体积分数）硝酸定容至 50mL，配制 1mg/mL Zn(Ⅱ) 储备液。

③ 铁储备液：准确称取 0.351g 六水合硫酸亚铁铵（AR）（分子量为 392.14）于 50mL 容量瓶，加入 1%（体积分数）硝酸定容至 50mL，配制 1mg/mL Fe(Ⅱ) 储备液。

④ Cu(Ⅱ)、Fe(Ⅱ)、Zn(Ⅱ) 的混合标准溶液：分别取 1mg/mL Cu(Ⅱ)、Fe(Ⅱ)、Zn(Ⅱ) 的标准溶液配分别制成浓度为 10mg/L 和 0.1mg/L 的混合标准系列溶液。

⑤ 空白溶液：配制 1%（体积分数）硝酸溶液。

⑥ 试样制备：自来水经过滤处理后即可。

【实验步骤】

（1）开机：执行开机程序。

（2）编辑方法：选中标准品中所有元素的特征吸收谱线波长，选择相互干扰最小且灵敏度最好的分析线。

（3）标准曲线的绘制：进行空白试验，再测定标准溶液，绘制出各元素的标准曲线。

（4）样品测定：在与标准相同的条件下，将样品直接进样测定。

（5）打印实验数据及图谱。

（6）关机：执行关机程序。

【注意事项】

1. 按照分组情况进行实验。

2. 样品应为洁净、透明、无色或略有颜色、内有未知金属元素的液体样品；每组样品数量 2～3 个。

【数据处理】

应用 ICP 软件，制作 Fe、Zn 和 Cu 的工作曲线。在 ICP-AES 分析中，常存在与基体相关的背景信号，其可以用空白溶液校正并将其设为零点。

(1) 打印出软件制作的工作曲线。

(2) 评价工作曲线的线性。

(3) 计算原试样中 Fe、Zn 和 Cu 的含量。

【思考题】

1. 氩气在本实验中有哪几个功能？

2. 本组水样中有哪些元素是有益于人体的，哪些属于有害元素？

附：　　　　　**ICP-6000 电感耦合等离子体发射光谱仪使用规程**

本规程适用于 ICP-6000 电感耦合等离子体发射光谱仪的使用和维护。

1. 开机/点火

(1) 开机（若仪器一直处于开机状态，应保持计算机同时处于开机状态）

① 首先确认有足够的氩气用于连续工作；确认废液收集桶有足够的空间用于废液收集；确认已打开氩气分压在 0.6～0.7MPa 之间；然后打开计算机。

② 若仪器处于停机状态，打开主机电源。仪器开始预热（2h 以上）。

③ 启动 iTEVA 软件（图 4-7），检查联机通信情况。

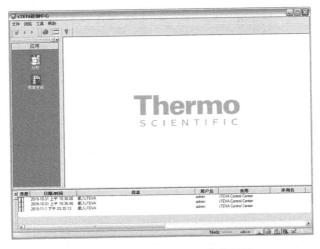

图 4-7　双击打开 iTEVA 的界面图

（2）编辑分析方法

① 新建方法，选择所需元素及其谱线（图4-8）。

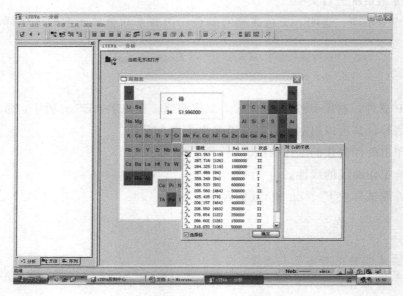

图 4-8　测定元素及分析线的界面图

② 点击分析参数，进行参数设置（图4-9）。

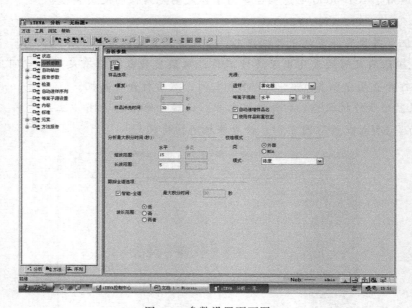

图 4-9　参数设置页面图

③ 设置等离子源参数（图4-10）。

（3）点火

① 再次确认氩气储量和压力，并确保连续驱气时间大于30min，以防止CID检测器

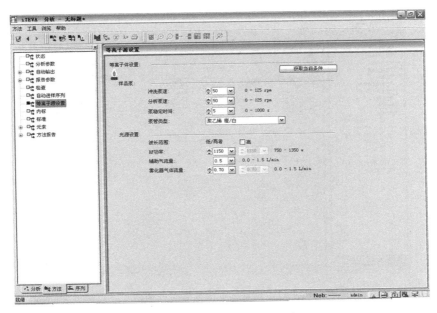

图 4-10　离子源参数界面图

结霜，造成 CID 检测器损坏。

　　② 启动计算机和 iTEVA 软件，仪器初始化后，点击等离子状态图标，检查联机通信情况。

　　③ 光室温度稳定在 38℃±0.2℃，CID 温度小于−40℃。

　　④ 检查并确认进样系统（矩管、雾化室、雾化器、泵管等）安装正确。

　　⑤ 夹好蠕动泵夹，把样品管放入蒸馏水中。

　　⑥ 开启循环水；开启排风。

　　⑦ 打开 iTEVA 软件的等离子状态对话框，点击等离子开启点火。

（4）稳定

　　光室稳定在 38℃±0.2℃；CID 温度小于−40℃；等离子体稳定 15min，状态稳定后方可进行分析操作。

　　2. 分析

　　① 打开或新建分析方法，选择所需元素及其谱线，有必要时，执行自动寻峰。

　　② 添加或删除标准，设置和修改元素含量（图 4-11）。

　　③ 打开标准化对话框，进行校正。

　　④ 确认分析溶液无杂质后，点击序列，编辑样品序列，点击运行样品（图 4-12）。

　　⑤ 分析完毕后，将进样管放入蒸馏水中冲洗进样系统 10min，得到样品结果（图 4-13）。

　　3. 熄火

　　① 打开 iTEVA 软件中的等离子状态对话框，点击等离子关闭按钮。

　　② 关闭循环水，松开泵夹及泵管，将进样管从蒸馏水中取出。关闭排风。待 CID 温度升至 10℃以上时，驱气 10min 后关闭氩气。

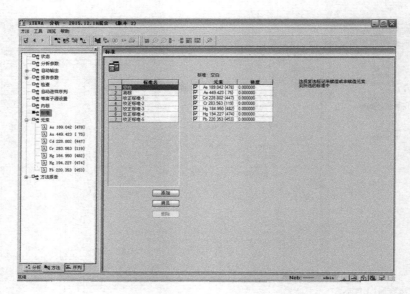

图 4-11　设置标准溶液含量界面图

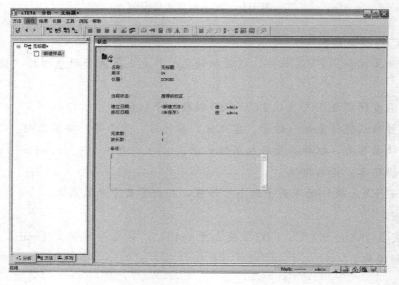

图 4-12　点击运行样品界面图

4. 停机

若仪器长期停用（超过一个星期），关闭主机电源和气源使仪器处于停机状态。要定期开机，以免仪器因长期放置而损坏。

5. 仪器使用注意事项

① 每日详细记录环境温湿度，每小时室温变化不能大于 2℃。

② 每日记录期间核查的结果，并对当天仪器状态进行记录。

③ 每日对异常试样进行复验，比较结果后，注明原因。

④ 每周清洗矩管和中心管，根据污染情况逐渐增加清洗酸的酸度。

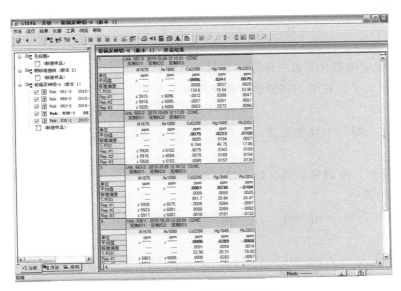

图 4-13 分析结果的界面图

⑤ 每周采用倒吹法清洗雾化器，如果雾化器内有附着酸，可用浓硝酸冲洗。

⑥ 详细记录备件消耗，及时补充备件。

⑦ 避免测定或吸喷强腐蚀性溶液，以防损坏设备。

⑧ 在点燃炬管时要注意强光，以防损坏眼睛。

⑨ 在使用仪器时要注意室内通风，防止氩气积聚造成窒息。

实验 4-2 发样中微量元素的测定（ICP-AES 法）

【实验目的】

1. 掌握 ICP 方法测定元素含量的基本原理和操作技术；

2. 熟悉 ICP-6000 仪器的结构和工作原理。

【实验原理】

发射光谱分析法是当样品受到电能、热能等作用时，将已蒸发、气化样品中原子激发，利用分光器将激发原子固有的特征谱线分开，利用检测器检测这些特征谱线的有无及强度大小，就可以进行样品中所含元素的定性、定量分析。

ICP 发射光谱分析法是利用电感耦合等离子体作为光源的发射光谱分析方法，可同时测多种元素。

本实验测定消化后的头发样品中钙、锌、铁的含量，采用标准曲线法进行定量分析。

【仪器与试剂】

1. 仪器

ICP-6000 型电感耦合等离子体原子发射光谱仪，高纯氩气，循环水系统，烧杯，容量瓶，剪刀，电子天平，滤纸，移液管，玻璃棒等。

2. 试剂

丙酮，无水乙醇，中性洗发液，混合酸（硝酸：高氯酸＝4：1），去离子水，钙、铁、锌标准品。

混合标准系列：准确吸取钙、铁、锌标准品置于 100mL 容量瓶中，分别用 1％硝酸定容至 100mL。溶液中

Ca^{2+} 的浓度为 $0.00\mu g/mL$、$2.00\mu g/mL$、$4.00\mu g/mL$、$6.00\mu g/mL$、$8.00\mu g/mL$、$10.00\mu g/mL$；

Fe^{3+} 的浓度为 $0.00\mu g/mL$、$1.00\mu g/mL$、$2.00\mu g/mL$、$3.00\mu g/mL$、$4.00\mu g/mL$、$5.00\mu g/mL$；

Zn^{2+} 的浓度为 $0.00\mu g/mL$、$1.00\mu g/mL$、$2.00\mu g/mL$、$3.00\mu g/mL$、$4.00\mu g/mL$、$5.00\mu g/mL$。

【实验步骤】

1. 头发样品的消化处理（湿式消化法）

(1) 采样：用剪刀采集受试者后枕部头发（距头皮 1～3cm），样品量约 0.05g。

(2) 洗涤：将头发样品放入 100mL 烧杯中，加入 5mL 中性洗发液，用玻璃棒搅拌，浸泡约 10min，弃去洗液，用普通蒸馏水洗净（3～5 遍），然后用去离子水洗至无泡沫（8～10 遍），淋干后放在 5mL 丙酮中浸泡 2min，再置于无水乙醇中浸泡 1min，滤干，然后放入定性滤纸中并包好，最后置于 110℃ 干燥箱中干燥 0.5h。

(3) 消化：准确称取烘干好的头发样品 0.0255g，置于 50mL 高型烧杯中，加入混合酸 5mL，放置 10min 后，即可见发样逐渐溶解，然后置于电炉上缓慢加热，温度控制在 120℃ 左右，当杯中溶液由棕褐色变为淡黄色时，继续加热至残留酸量小于 1mL。若此时为较深的黄色或仍有棕色残渣，则继续加酸（冷却后）加热；当烧杯中的残渣为白色时即消化完成。

(4) 稀释：将消化好的样品用 3～5mL1％硝酸溶解后，再用去离子水少量多次地将样品转移至 10mL 容量管中定容，摇匀。

2. 启动光谱仪，进行 ICP 方法设定

3. 绘制标准曲线及测定样品

(1) 标准曲线绘制：依次测定不同浓度混合标准溶液中各元素的发射强度，测量结束后，仪器自动绘制出标准曲线。若某个标准曲线不理想，可进行背景扣除校正，然后再测。

(2) 发样的测定：用与标准系列同样的方法测定样品的光强度，然后从标准曲线上查出发样中各元素的含量。

【数据处理】

各离子浓度及其发射强度见表 4-3。

表 4-3　各离子浓度及其发射强度

浓度/(μg/mL)	标准 0	标准 1	标准 2	标准 3	标准 4	标准 5	样品
Ca^{2+}	0.00	2.00	4.00	6.00	8.00	10.00	
Fe^{3+}	0.00	1.00	2.00	3.00	4.00	5.00	
Zn^{2+}	0.00	1.00	2.00	3.00	4.00	5.00	
平均发射强度 t:							
Ca^{2+}							
Fe^{3+}							
Zn^{2+}							

$$发样中元素含量（\mu g/g）= \frac{标准曲线查得元素含量（\mu g/mL）\times V(mL)}{发样质量}$$

根据上述公式，分别计算出：

发样中钙元素含量（μg/g）_____；

发样中铁元素含量（μg/g）_____；

发样中锌元素含量（μg/g）_____。

【思考题】

1. 阐述 ICP 与传统光源相比存在哪些优势？
2. 试验中的主要误差来源有哪些？

实验 4-3　ICP-AES 测定茶叶中 Cu 和 Fe 的含量

【实验目的】

1. 掌握茶叶样品的处理方法；
2. 熟练掌握 ICP-AES 光谱仪的基本操作技术；
3. 了解 ICP-AES 的基本应用。

【实验原理】

通过测量物质激发态原子发射光谱线的波长和强度进行定性和定量分析的方法叫作发射光谱分析法。根据发射光谱所在光谱区域和激发方法的不同，发射光谱法涉及许多技术，用等离子炬作为激发源，将被测物质原子化并激发气态原子或离子的外层电子，使其发射特征的电磁辐射，利用光谱技术记录后进行分析，这种方法叫电感耦合等离子原子发射光谱分析法（ICP-AES）。ICP 光源具有环形通道、高温、惰性气氛等特点。因此，ICP-AES 具有检出限低（$10^{-11} \sim 10^{-9}$ g/L）、稳定性好、精密度高（0.5%～2%）、线性范围宽、自吸效应和基体效应小，可同时测定多种金属元素等优点。

【仪器与试剂】

1. 仪器

电感耦合等离子发射光谱仪；UPWS 超纯水器；研钵；微波消解仪。

2. 试剂

待测茶叶；浓硝酸；双氧水。

【实验步骤】

（1）微波消解制备样品：将待测茶叶研磨成粉末，称取茶叶样品 0.5g，加入消解罐，并加入浓硝酸 8mL，双氧水 2mL，封好消解罐，放入微波加热器中，进行微波消解。消解完后，冷却至室温，转移至 25mL 容量瓶，定容，摇匀，待测。

（2）ICP-AES 测定条件：工作气体为氩气；冷却气流量为 14L/min；载气流量为 1.0L/min；辅助气流量为 0.5L/min；雾化器压力为 30.06psi（1psi＝6.895×10^3 Pa）。分析波长分别为：Cu，324.754nm；Fe，234.350nm。

（3）标准溶液的配制：分别取 1mg/mL Cu^{2+}、Fe^{3+} 标准溶液配制成浓度为 0.010μg/mL、0.030μg/mL、0.100μg/mL、0.300μg/mL、1.00μg/mL、3.00μg/mL、10.00μg/mL、30.00μg/mL、100.00μg/mL 的混合标准系列溶液。另配制 5%（体积分数）硝酸溶液作空白溶液。

（4）在教师的指导下，按照 ICP-AES 仪器的操作要求开启仪器。

（5）分别测定标准溶液和样品溶液发射信号强度。

（6）精密度的测定：选择一定浓度的 Cu、Fe 溶液，重复测定 10 次，计算 ICP-AES 方法测定 Cu、Fe 的精密度。

（7）检出限的测定：重复测定空白溶液 10 次，计算相对于 Cu、Fe 的检出限。

【数据处理】

各离子浓度及其发射强度见表 4-4。

表 4-4　各离子浓度及其发射强度

标准	0	1	2	3	4	5	6	7	8	9	样品
浓度: μg/mL											
Cu^{2+}	0.00	0.010	0.030	0.100	0.300	1.00	3.00	10.00	30.00	100.00	
Fe^{3+}	0.00	0.010	0.030	0.100	0.300	1.00	3.00	10.00	30.00	100.00	
平均发射强度 t:											
Cu^{2+}											
Fe^{3+}											

$$茶叶样品中元素含量（\mu g/g）= \frac{标准曲线查得元素含量（\mu g/mL）\times V（mL）}{茶叶质量}$$

根据上述公式，分别计算出：

茶叶中铜元素含量（$\mu g/g$）_____；

茶叶中铁元素含量（$\mu g/g$）_____。

【注意事项】

1. 保持环境温度：$20\sim28℃$，相对湿度：$50\%\sim75\%$。
2. 实验用水为超纯水。

【思考题】

1. 简述 ICP 的工作原理。
2. 说明光谱定性分析的具体过程。

第 5 章
原子吸收光谱法

5.1 **原子吸收光谱法的基本原理**

原子吸收光谱法（atomic absorption spectroscopy，AAS）是利用气态原子可以吸收一定波长的光辐射，使原子外层的电子从基态跃迁到激发态的现象而建立的。由于各种原子中电子的能级不同，将有选择性地共振吸收一定波长的辐射光，这个共振吸收波长恰好等于该原子受激发后发射光谱的波长。当光源发射的某一特征波长的光通过原子蒸气时，即入射辐射的频率等于原子中电子由基态跃迁到较高能态（一般情况下都是第一激发态）所需要的能量频率时，原子中的外层电子将选择性地吸收其同种元素所发射的特征谱线，使入射光减弱。特征谱线因吸收而减弱的程度称为吸光度 A，在线性范围内其与被测元素的含量成正比：

$$A = Kc \tag{5-1}$$

式中，c 为试样浓度；K 为常数，K 包含了所有的常数。此式就是原子吸收光谱法进行定量分析的理论基础。

由于原子能级是量子化的，因此，在所有的情况下，原子对辐射的吸收都是有选择性的。由于各元素的原子结构和外层电子排布不同，元素从基态跃迁至第一激发态时吸收的能量不同，因而各元素的共振吸收线具有不同的特征。此可作为元素定性的依据，而吸收辐射的强度可作为定量的依据。原子吸收光谱法（AAS）现已成为无机元素定量分析应用最广泛的一种分析方法。该法主要适用样品中微量及痕量组分分析。

5.1.1 原子吸收光谱的产生

原子吸收光谱法或原子吸收分光光度法，是一种根据蒸气相中被测元素的基态原子对其原子共振辐射的吸收强度来测定试样中被测元素含量的方法。其具有选择性好、测定精密度高、适用范围广、准确及简便快速等诸多优点，可用于约 70 种金属元素及某些非金属元素的定量测定。原子吸收光谱仪作为一款经典的分析仪器，在食品、农业、地质、冶金、环境保护、化学工程、生物工程、医疗卫生、机械制造等多个领域有着广泛的应用，在我国也占据了较为稳定的市场。原子吸收基本原理如图 5-1 所示。接下来看看原子吸收光谱的发展历史。

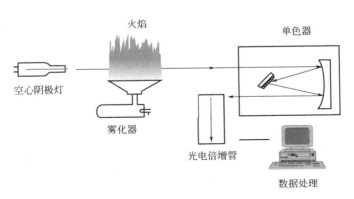

图 5-1　原子吸收基本原理

（1）第一阶段：原子吸收现象的发现与科学解释

早在 1802 年，伍朗斯顿（W. H. Wollaston）在研究太阳连续光谱时，就发现了太阳连续光谱中出现的暗线。1817 年，弗劳霍费（J. Fraunhofer）在研究太阳连续光谱时，再次发现了这些暗线，由于当时尚不了解产生这些暗线的原因，于是人们就将这些暗线称为弗劳霍费线。1859 年，克希荷夫（G. Kirchhoff）与本生（R. Bunson）在研究碱金属和碱土金属的火焰光谱时，发现钠蒸气发出的光通过温度较低的钠蒸气时，会引起钠光的吸收，并且根据钠发射线与暗线在光谱中位置相同这一事实，他们断定太阳连续光谱中的暗线，正是太阳外围大气圈中的钠原子对太阳光谱中的钠辐射吸收的结果（图 5-2）。

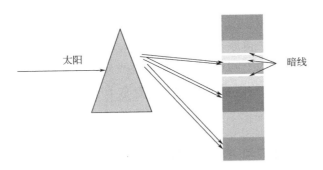

图 5-2　原子吸收现象图

（2）第二阶段：原子吸收光谱仪器的产生

原子吸收光谱作为一种实用的分析方法是从 1955 年开始的。这一年，澳大利亚的瓦尔西（A. Walsh）发表了著名论文《原子吸收光谱在化学分析中的应用》，奠定了原子吸收光谱法的基础。20 世纪 50 年代末和 60 年代初，原子吸收光谱商品仪器相继被推出，发展了瓦尔西的设计思想。到了 20 世纪 60 年代中期，原子吸收光谱开始迅速发展。

（3）第三阶段：电热原子吸收光谱仪的产生

1959 年，苏联学者里沃夫发表了电热原子化技术的第一篇论文。电热原子吸收光谱法的绝对灵敏度可达到 $10^{-14} \sim 10^{-12}$ g，使原子吸收光谱法得到了进一步发展。近年来，塞曼效应和自吸效应扣除背景技术的发展，使在很高的背景下亦可顺利地实现原子吸收测定。基体改进技术的应用、平台及探针技术的应用以及在此基础上发展起来的稳定温度平台石墨炉技术（STPF）的应用，可以有效地对许多复杂组成的试样实现原子吸收测定。

（4）第四阶段：原子吸收分析仪器的发展

原子吸收技术的发展，推动了原子吸收仪器的不断更新和发展，而其他科学技术的进步，为原子吸收仪器的不断更新和发展提供了技术和物质基础。近年来，人们使用连续光源和中阶梯光栅，结合使用光导摄像管、二极管阵列多元素分析检测器，设计出了微机控制的原子吸收分光光度计，为多元素同时测定开辟了新的前景。微机控制的原子吸收光谱系统简化了仪器结构，提高了仪器的自动化程度，改善了测定准确度，使原子吸收光谱法的面貌发生了重大的变化。联用技术（色谱-原子吸收联用、流动注射-原子吸收联用）日益受到人们的重视。色谱-原子吸收联用，在解决元素的化学形态分析方面及在测定复杂的有机化合物混合物方面，都有着重要的用途。

5.1.2 谱线轮廓

原子吸收光谱线并不是严格几何意义上的线（几何线无宽度），而是占据着有限的相当窄的频率或波长范围，即有一定的宽度。一束不同频率的强度为 I_0 的平行光通过厚度为 l 的原子蒸气，一部分光被吸收，而透过光的强度 I 服从吸收定律：

$$I = I_0 \cdot \exp(- K\nu l) \tag{5-2}$$

式中，$K\nu$ 是基态原子对频率为 ν 的光的吸收系数。不同元素原子吸收不同频率的光，透过光强度对吸收光频率作图。

原子吸收光谱线中心波长由原子能级决定。半宽度是指在中心波长的地方，极大吸收系数一半处，吸收光谱线轮廓上两点之间的频率差或波长差。原子吸收谱线轮廓与半宽度见图 5-3。半宽度受到很多实验因素的影响。影响原子吸收谱线轮廓的两个主要因素为多普勒变宽和碰撞变宽。

（1）多普勒变宽

多普勒变宽是由原子热运动引起的。从物理学中已知，由一个运动着的原子发出的光，如果运动方向离开观测者，则在观测者看来，其频率较静止原子所发出光的频率低；反之，如原子向着观测者运动，则其频率较静止原子发出光的频率高，这就是多普勒效应。在原子吸收分析中，对于火焰和石墨炉原子吸收池，气态原子处于无序热运动中，相对于检测器而言，各发光原子有着不同的运动分量，即使每个原子发出的光是频率相同的单色光，检测器所接收的也是频率略有不同的光，于是引起谱线的变宽。

（2）碰撞变宽

当原子吸收区的原子浓度足够高时，碰撞变宽是不可忽略的。因为基态原子是稳定

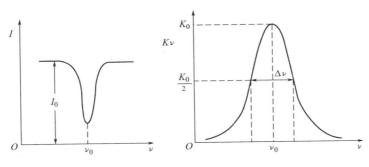

图 5-3 原子吸收谱线轮廓与半宽度

的，其寿命可视为无限长，因此对原子吸收测定所常用的共振吸收线而言，谱线宽度仅与激发态原子的平均寿命有关，平均寿命越长，则谱线宽度越窄。原子之间相互碰撞导致激发态原子平均寿命缩短，引起谱线变宽。碰撞变宽分为两种，即霍尔兹马克变宽和洛伦茨变宽。

霍尔兹马克变宽是指由被测元素激发态原子与基态原子相互碰撞引起的变宽，又称为共振变宽或压力变宽。在通常的原子吸收测定条件下，被测元素的原子蒸气压力很少超过 10^{-3} mmHg（1mmHg＝133.322Pa），共振变宽效应可以不予考虑，而当蒸气压力达到 0.1mmHg 时，共振变宽效应则明显地表现出来。洛伦茨变宽是指由被测元素原子与其他元素的原子相互碰撞引起的变宽。洛伦茨变宽随原子区内原子蒸气压力增大和温度升高而增大。

除上述因素外，影响谱线变宽的还有其他一些因素，例如强电场和场致变宽、自吸效应等。但在通常的原子吸收分析实验条件下，吸收线的轮廓主要受多普勒变宽和洛伦茨变宽的影响。在 2000～3000K 的温度范围内，原子吸收线的宽度为 10^{-3}～10^{-2}nm。

5.1.3 原子吸收光谱的测量

（1）积分吸收

连续光源与原子吸收线的通常宽度对比如图 5-4 所示。

在吸收线轮廓内，吸收系数的积分称为积分吸收系数，简称为积分吸收，它表示吸收的全部能量。从理论上可以得出，积分吸收与原子蒸气中吸收辐射的原子数成正比。

（2）峰值吸收

1955 年瓦尔西提出，在温度不太高的稳定火焰条件下，峰值吸收系数与火焰中被测元素的原子浓度也成正比。吸收线中心波长处的吸收系数 K_0 为峰值吸收系数，简称峰值吸收。前面指出，通常在原子吸收测定条件下，原子吸收线轮廓取决于多普勒宽度，峰值吸收系数与原子浓度成正比。

实际上，原子吸收光谱测量的是透过光的强度 I；即当光平行辐射垂直通过均匀的原子蒸气时，原子蒸气将对辐射产生吸收，原子吸收光谱分析的基本关系式：

$$A = Kc \tag{5-3}$$

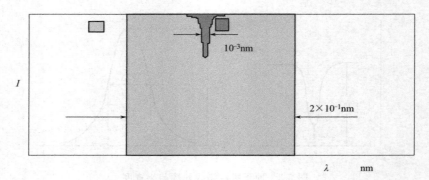

图 5-4　连续光源（▢）与原子吸收线（▢）通常宽度对比示意图

式中，A 为吸光度；K 为常数；c 为浓度。

$$A = \lg I_0 / I \tag{5-4}$$

值得指出的是：①由于基体成分和化学干扰对原子化过程的影响，上式不成立，导致曲线弯曲；②对易电离的物质，温度较高时 N_i 很大，玻尔兹曼（Boltzmann）分布中 N_i / N_0 增大，影响曲线弯曲；③发射光源的辐射半宽度要小于吸收线宽度，因此光源温度不能高。

目前一般采用测量峰值的吸收系数的方法代替测量积分吸收系数的方法，如果采用发射线半宽度小得多的锐线光源，并且发射线的中心与吸收线的中心一致。这样就不需要用高分辨率的单色器，而只要将其与其他谱线分离，就能测出峰值的吸收系数。故峰值吸收的测定是至关重要的。在原子吸收分析法中，要使吸光度与原子蒸气中待测元素的基态原子数之间的关系遵循朗伯-比尔定律，必须使发射线宽度小于吸收线宽度，如果用锐线光源时，让入射光比吸收光谱窄 5～10 倍，则可认为近似单色光了，吸收度与浓度才呈线性关系。

5.2　原子吸收分光光度计

5.2.1　仪器工作原理

原子吸收光谱仪是将被测元素的化合物置于高温下，使其解离为基态原子，当元素灯发出的与被测元素的特征波长相同的光辐射穿过一定厚度的原子蒸气时，光的一部分被原子蒸气中的基态原子吸收。检测系统测得特征光谱基态原子被吸收以后的辐射能量，利用朗伯-比尔定律，就可以得到被测元素的含量。朗伯-比尔定律表示：

$$A = -\lg I / I_0 = -\lg T = KcL \tag{5-5}$$

式中，I 为透射光强度；I_0 为发射光强度；T 为透射比；L 为光通过原子化器光程（长度），即吸收层的厚度，每台仪器的 L 值是固定的；c 为被测样品浓度。

利用待测元素的共振辐射,通过其原子蒸气,测定其吸光度的装置称为原子吸收分光光度计。它具有单光束、双光束、双波道、多波道等结构形式。其基本结构包括光源、原子化器、光学系统和检测系统。它主要用于痕量元素杂质的分析,具有灵敏度高及选择性好两大主要优点,广泛应用于特种气体、金属有机化合物、金属醇盐中微量元素的分析。但是测定每种元素时均需要相应的空心阴极灯,这给检测工作带来了不便。

5.2.2 仪器基本结构

原子吸收光谱仪又称原子吸收分光光度计 (图 5-5),根据物质基态原子蒸气对特征辐射吸收的作用来进行金属元素分析。它能够灵敏、可靠地测定微量或痕量元素。

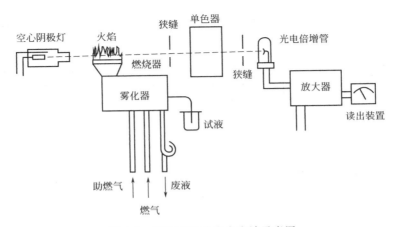

图 5-5 原子吸收分光光度计示意图

原子吸收分光光度计一般由四大部分组成,即光源(空心阴极灯)、原子化系统、分光系统(单色器)和检测系统。

(1)光源

光源的功能是发射被测元素的特征共振辐射。对光源的基本要求是:发射的共振辐射的半宽度要明显小于吸收线的半宽度;辐射强度大、背景低,低于特征共振辐射强度的 1%;稳定性好,30min 之内漂移不超过 1%;噪声小于 0.1%;使用寿命长于 5A·h。空心阴极灯是能满足上述各项要求的理想锐线光源,应用最广。

(2)试样原子化器

试样原子化器的功能是提供能量,使试样干燥、蒸发和原子化。在原子吸收光谱分析中,试样中被测元素的原子化是整个分析过程的关键环节。原子化器主要有四种类型:火焰原子化器、石墨炉原子化器、氢化物发生原子化器及冷蒸气发生原子化器。实现原子化的方法中,最常用的有两种:①火焰原子化法,原子光谱分析中最早使用的原子化方法,至今仍在被广泛地应用;②非火焰原子化法,其中应用最广的是石墨炉电热原子化法。

原子化器主要有两大类,即火焰原子化器和电热原子化器。火焰有多种火焰,目前普遍应用的是空气-乙炔火焰。电热原子化器普遍应用的是石墨炉原子化器,因而原子吸收分光光度计可分为火焰原子吸收分光光度计和带石墨炉的原子吸收分光光度计。前者原子化的温度在 2100～2400℃ 之间，后者在 2900～3000℃ 之间。

火焰原子吸收分光光度计，若利用空气-乙炔火焰，可测定 30 多种元素；若使用氧化亚氮-乙炔火焰，测定的元素可达 70 多种。但氧化亚氮-乙炔火焰安全性较差，应用不普遍。空气-乙炔火焰原子吸收分光光度法一般可检测到 0.0001%，精密度 1% 左右。国产的火焰原子吸收分光光度计都可配备各种型号的氢化物发生器（属电加热原子化器），利用氢化物发生器，可测定砷（As）、锑（Sb）、锗（Ge）、碲（Te）等元素。一般灵敏度在 ng/mL 级，相对标准偏差 2% 左右。汞（Hg）可用冷原子吸收法测定。

火焰原子化法的优点是：操作简便，重现性好，有效光程大，对大多数元素有较高灵敏度，因此应用广泛。缺点是：原子化效率低，灵敏度不够高，而且一般不能直接分析固体样品。

带石墨炉的原子吸收分光光度计，可以测定近 50 种元素。石墨炉法进样量少，灵敏度高，有的元素也可以分析到 pg/mL 级。

石墨炉原子化器的优点是：原子化效率高，在可调的高温下试样利用率达 100%，灵敏度高，试样用量少，适用于难熔元素的测定。缺点是：试样组成不均匀性的影响较大，测定精密度较低，共存化合物的干扰比火焰原子化法大，干扰背景比较严重，一般都需要校正背景。

（3）分光器

分光器由入射狭缝和出射狭缝、反射镜和色散元件组成，其作用是将所需要的共振吸收线分离出来。分光器的关键部件是色散元件，商品仪器都是使用光栅。原子吸收光谱仪对分光器的分辨率要求不高，曾以能分辨开镍三线 Ni 230.003nm、Ni 231.603nm、Ni 231.096nm 为标准，后采用 Mn 279.5nm 和 Mn 279.8nm 代替镍三线来检定分辨率。光栅放置在原子化器之后，以阻止来自原子化器内的所有不需要的辐射进入检测器。

（4）检测系统

原子吸收光谱仪中广泛使用的检测器是光电倍增管，一些仪器也采用电荷耦合器（CCD）作为检测器。

5.2.3 干扰效应及其抑制

5.2.3.1 原子吸收光谱法干扰效应

原子吸收光谱分析法与原子发射光谱分析法相比，尽管干扰较少并易于克服，但在实际工作中干扰效应仍然经常发生，而且有时表现得很严重，因此了解干扰效应的类型、本质及其抑制方法很重要。原子吸收光谱中的干扰效应一般可分为四类：物理干扰、化学干扰、电离干扰和光谱干扰。

5.2.3.2 原子吸收光谱法物理干扰及其抑制

物理干扰指试样在前处理、转移、蒸发和原子化的过程中，由试样的物理性质、温度等变化而导致的吸光度的变化。物理干扰是非选择性的，对溶液中各元素的影响基本相似。

消除和抑制物理干扰常采用如下方法：

① 配制与待测试样溶液组成相似的标准溶液，并在相同条件下进行测定。如果试样组成不详，采用标准加入法可以消除物理干扰。

② 尽可能避免使用黏度大的硫酸、磷酸来处理试样；当试液浓度较高时，适当稀释试液也可以抑制物理干扰。

5.2.3.3　原子吸收光谱法化学干扰及其抑制

化学干扰是指待测元素在分析过程中与干扰元素发生化学反应，生成了更稳定的化合物，从而降低了待测元素化合物的解离及原子化效果，使测定结果偏低。这种干扰具有选择性，它对试样中各种元素的影响各不相同。化学干扰的机理很复杂，消除或抑制其化学干扰应该根据具体情况采取以下具体措施。

（1）加入干扰抑制剂

① 加入释放剂　加入释放剂与干扰元素生成更稳定或更难挥发的化合物，从而使被测定元素从含有干扰元素的化合物中释放出来。

② 加入保护剂　保护剂多数是有机络合物。它与被测定元素或干扰元素形成稳定的络合物，避免待测定元素与干扰元素生成难挥发化合物。

③ 加入缓冲剂　当干扰物质达到一定浓度时，干扰趋于稳定，这样，被测溶液和标准溶液加入同样量的干扰物质时，干扰物质对测定就不会发生影响。

（2）选择合适的原子化条件

提高原子化温度，化学干扰一般会减小。使用高温火焰或提高石墨炉原子化温度，可使难解离的化合物分解。

（3）加入基体改进剂

用石墨炉原子化时，在试样中加入基体改进剂，使其在干燥或灰化阶段与试样发生化学变化，其结果可能增强基体的挥发性或改变被测元素的挥发性，使待测元素的信号区别于背景信号。

当以上方法都未能消除化学干扰时，可采用化学分离的方法，如溶剂萃取、离子交换、沉淀分离等。

5.2.3.4　原子吸收光谱法电离干扰及其抑制

电离干扰是指待测元素在高温原子化过程中，由于电离作用而使参与原子吸收的基态原子数目减少而产生的干扰。

为了抑制这种电离干扰，可加入过量的消电离剂。由于消电离剂在高温原子化过程中电离作用强于待测元素，它们可产生大量自由电子，使待测元素的电离受到抑制，从而降低或消除了电离干扰。

火焰温度越高，电离干扰越大，降低火焰温度可减少电离干扰。在试样中加入电离电位低的消电离剂，如铯、铷、钾等，提供大量的自由电子，使电离平衡向左移动，可以有效地消除电离干扰。消电离剂的电离电位越低，消除电离干扰的效果越明显。

5.2.3.5 原子吸收光谱法光谱干扰及其抑制

光谱干扰是指在单色器的光谱通带内，除了待测元素的分析线之外，还存在由与其相邻的其他谱线而引起的干扰，常见的有以下三种。

（1）吸收线重叠

一些元素谱线与其他元素谱线重叠，相互干扰。避免吸收谱线重叠干扰的最好方法是选择其他的分析谱线。如果不能这样做，则需要进行精确的空白测定，然后从分析测定中扣除空白值。也可另选灵敏度较高而干涉少的分析线抑制干扰或采用化学分离方法除去干扰元素。

（2）光谱通带内的非吸收线

这是与光源有关的光谱干扰，即光源不仅发射被测元素的共振线，往往还发射与其邻近的非吸收线。对于这些多重发射，被测元素的原子若不吸收，它们就被监测器检测，产生一个不变的背景信号，使被测元素的测定敏感度降低；若被测元素的原子对这些发射线产生吸收，则将使测定结果不正确，产生较大的正误差。

消除多重吸收线干扰的方法是减少光谱通带。但光谱通带过小，将使信噪比变差。不造成吸光度值降低的最大通带宽度就是所选择的最合适的光谱通带。

（3）背景干扰和抑制

背景干扰包括分子吸收、光散射等。

分子吸收是原子化过程中生成的碱金属和碱土金属的卤化物、氧化物、氢氧化物等的吸收和火焰气体的吸收，是一种带状光谱，会在一定波长范围内产生干扰。

光散射是原子化过程中产生的微小固体颗粒使光产生散射，导致吸光度增加，造成假吸收。波长越短，散射影响越大。

背景干扰会使吸光度增大，产生误差。石墨炉原子化法背景吸收干扰比火焰原子化法来得严重，有时不扣除背景会给测定结果带来较大误差。目前用于商品仪器背景矫正的方法主要是氘灯扣除背景、塞曼效应扣除背景。

 5.3　实验部分

实验 5-1　火焰原子吸收法测定废水中重金属铅的含量

【实验目的】

1. 学习和掌握原子吸收分光光度法的基本原理和方法；
2. 掌握用火焰原子吸收法测定废水中重金属铅的含量；
3. 学会使用原子分光光度计。

【实验原理】

将样品或消解过的样品直接吸入火焰，在火焰中形成的原子对特征电磁辐射产生吸收，将测得的样品吸光度和标准溶液的吸光度进行比较，确定样品中被测元素的浓度。

【实验仪器】

AA-7000 岛津原子吸收分光光度计（图 5-6）。

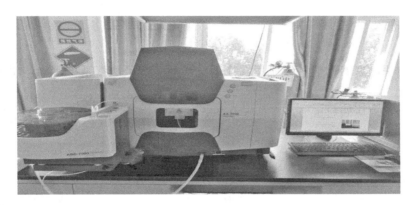

图 5-6　原子吸收分光光度计

【实验步骤】

1. 准备试剂

(1) 硝酸（HNO_3）：$\rho = 1.42 g/mL$，优级纯。

(2) 高氯酸（$HClO_4$）：$\rho = 1.67 g/mL$，优级纯。

(3) 燃料：乙炔气。

(4) 铅标准溶液（国家标准物质中心）：$\rho = 1000 mg/L$。

(5) 铅的中间标准溶液：$\rho = 100.0 mg/L$。

准确用移液管吸取 5mL 铅标准溶液于 50mL 容量瓶中，用硝酸溶液（体积比为 1∶499）定容至刻度线，摇匀，备用。

2. 标准曲线的绘制

在 5 个 100mL 的容量瓶中，依次加入 0.50mL、1.00mL、3.00mL、5.00mL、10.00mL 铅的中间标准溶液，用硝酸溶液（体积比为 1∶499）定容至刻度线，摇匀。工作标准溶液的浓度依次为：0.50mg/L、1.00mg/L、3.00mg/L、5.00mg/L、10.00mg/L。

根据仪器设定的最佳条件，依次进样，得出相应的吸光度，利用浓度值对应吸光度绘制标准工作曲线，得回归方程为：

$y = 0.00197 + 0.0265x$，相关系数为 0.99959。

3. 试样的测定

取 100.00mL 混匀后的实验室样品置于 200mL 烧杯中，加入 5mL 硝酸，在电热板上加热消解，确保样品不沸腾，蒸至 10mL 左右，加入 5mL 硝酸和 2mL 高氯酸，继续消解，蒸至 1mL 左右。如果消解不完全，再加入 5mL 硝酸和 2mL 高氯酸，再蒸至 1mL 左右。取下冷却，加水溶解残渣，通过中速滤纸（预先用酸洗）滤入 100mL 容量瓶中，用水稀释至标线。

选择波长和调节火焰，吸入体积比为 1∶499 的硝酸溶液，将仪器调零。吸入空白、工作标准溶液或样品，记录吸光度。

根据扣除空白吸光度后的样品吸光度，在校准曲线上查出样品中的金属浓度。

【注意事项】

1. 实验室用的玻璃或塑料器皿用洗涤剂洗净后，在硝酸溶液中浸泡，使用前用水冲洗干净。

2. 定期检查乙炔钢瓶压力，当总压力降至 0.4MPa 时，禁止使用。

附： AA-7000 岛津原子吸收分光光度计的使用方法

1. 开机火焰测量

（1）打开乙炔钢瓶主阀（递时针旋转 1～1.5 周），调节旋钮使次级压力表指针指示 0.09MPa。

（2）打开空压机电源，调节输出压力为 0.35MPa。

（3）打开 AA-7000 主机电源。

2. 联机自检

（1）双击 Wizard 图标，在窗口中选择操作，然后点击 AA 的主机图片（图 5-7）。

（2）输入用户名与密码，点击"OK"；选中"元素选择"，单击"确定"（图 5-8）。

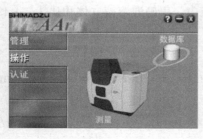

图 5-7 AA 主机图

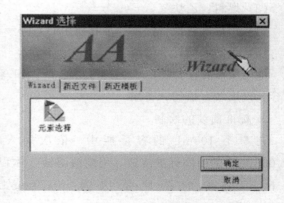

图 5-8 元素选择图

（3）出现"元素选择"窗口，点击"连接"，电脑与 AA 主机建立通信（图 5-9），开始执行初始化。

图 5-9 电脑与 AA 主机连接图

3. 火焰测定参数设置

（1）点击"选择元素"，出现"装载参数"窗口（图 5-10）。

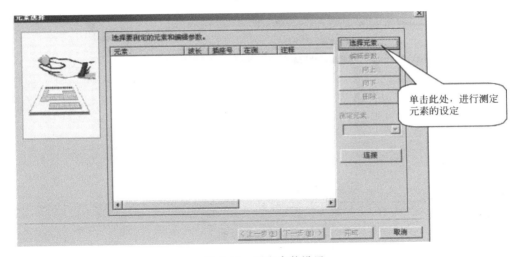

单击此处，进行测定元素的设定

图 5-10 测定参数设置

（2）单击"周期表"（图 5-11），选择需要测定的元素符号；选择火焰普通灯后点击确定。

（3）出现"编辑参数"的设置窗口后，依次设置"光学参数""重复测定条件""测定参数""工作曲线参数""燃烧器/气体流量设置"后再点击"确定"（图 5-12）。

（4）光学参数页面设置"波长""狭缝""点灯方式""灯电流"后，点击"点灯"，待点灯完成后，执行谱线搜索（图 5-13）。

（5）谱线搜索正常完成画面如图 5-14 所示。

（6）重复测量条件页面：设置空白、标准样品、未知样品及校斜率的重复测定次数（图 5-15）。

（7）测量参数页面：设置测试过程中的重复次序、预喷雾时间、积分时间以及响应（图 5-16）。

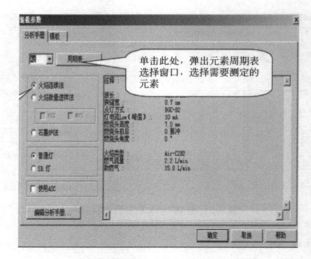

图 5-11　选择周期表

图 5-12　编辑参数

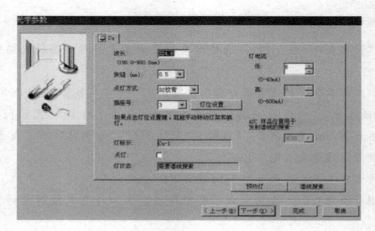

图 5-13　光学参数页面

（8）校准曲线参数页面：设置浓度单位、校准曲线的次数、是否零截距（图 5-17）。

（9）原子化器/气体流量设定页面：设置燃气的流量以及燃烧器的高度、角度（图 5-18）。

（10）设置好以上五项内容后，点击"确定"。

4. 制备参数设置

选择"下一步"，设置制备条件，选择校准曲线设置（图 5-19）。

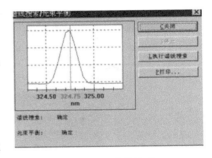

图 5-14　谱线搜索

5. 校准曲线参数设置

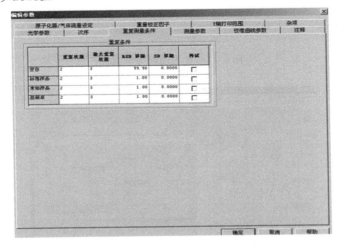

图 5-15　重复测量条件页面

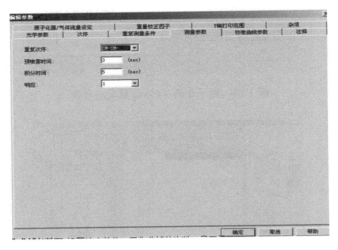

图 5-16　测量参数页面

设置标准品的数量、浓度等参数（图 5-20）。

6. 样品组参数设置

选择"样品组设定"，设置样品标识符以及待测样品的数量（图 5-21）。

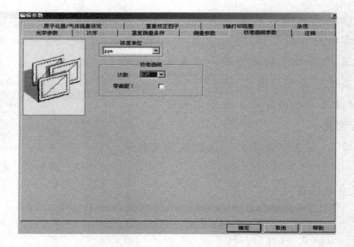

图 5-17　校准曲线参数页面

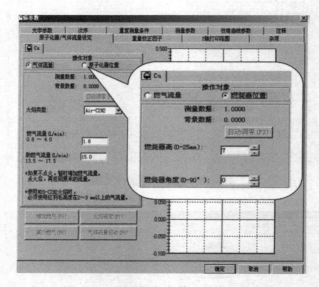

图 5-18　原子化器/气体流量设定页面

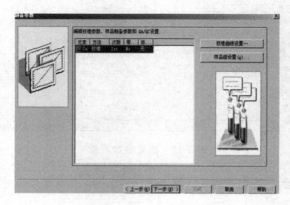

图 5-19　校准曲线设置

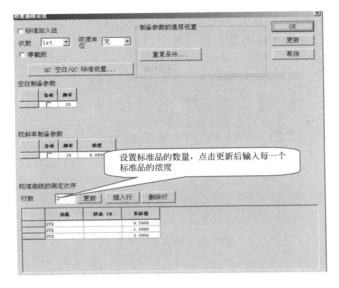

图 5-20　标准品的数量、浓度设置

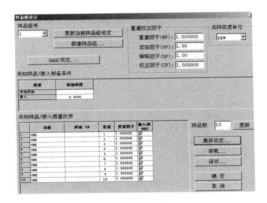

图 5-21　样品组设定

7. 连接仪器/发送参数

点击"下一步",选择连接/发送参数（图 5-22）。

图 5-22　点击连接/发送参数

8. 光学参数的设置

点击"下一步",再次确认光学参数（图 5-23）。

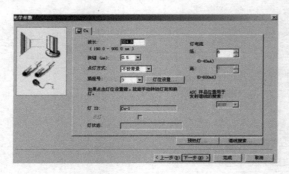

图 5-23　确认光学参数

9. 原子化器/气体流量参数设置

点击"下一步",确认气体流量、燃烧器高度（图 5-24）。

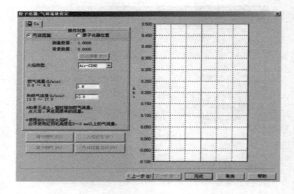

图 5-24　确认气体流量、燃烧器高度

10. 参数设置完成

点击"完成",完成火焰测试的参数设置。

11. 样品测试

图 5-25 为原子吸收分光光度计样品测试界面示意。

（1）点火前确认 C_2H_2 气已供给、空气已供给、排风机电源已打开。同时按住 AA 主机上的绿、灰按钮,等待火焰点燃。

（2）火焰点燃后,吸引纯净水,观测火焰是否正常。

（3）吸引纯净水,火焰预热 15min 后开始样品测试。

（4）吸引纯净水,点击自动调零空白溶液,点击"空白"。

（5）根据工作表的顺序,依次吸引相应浓度的标准溶液,点击"开始"执行标准样品的测试,所有标准溶液测试结束后软件会自动绘出校准曲线,并给出标准方程与相关系数。

（6）判定校准曲线是否满足测定要求,若满足测定要求,即可继续测定未知样品。否

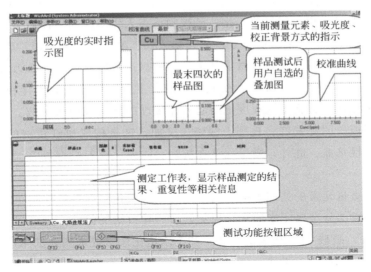

图 5-25　原子吸收分光光度计样品测试界面

则，检查仪器状态，重新测定标准样品。

（7）吸引样品的空白溶液，点击"空白"。

（8）吸引待测样品溶液，点击"开始"，依次测定未知样品。

（9）测试完成，吸引纯净水 10min 后，选择"仪器"菜单下的"余气燃烧"，将管路中剩余的气体烧尽。

（10）关闭空压机电源，将空压机气缸中的剩余气体放空。如果在放气过程中发现有水随着气体喷出，请将空压机气缸充满气后，重新放气，并重复操作，直到将气缸中的水排净为止。

（11）关闭排风机电源。

（12）退出软件、关闭 PC 电源；关闭 AA 主机电源。

实验 5-2　原子吸收光谱法测定人发中的铜、锌、钙含量

【实验目的】

1. 掌握原子吸收光谱法的原理和分析方法；
2. 了解原子吸收光谱仪的结构及其使用方法；
3. 掌握原子吸收光谱法进行某元素测定的方法。

【实验原理】

人体是由 60 多种元素组成的。根据元素在人体内含量的不同，可分为宏量元素和微量元素两大类。凡是占人体总体重 0.01% 以上的元素，如碳、氢、氧、氮、钙、磷、钠

等，称为宏量元素；凡是占人体总体重 0.01％ 以下的元素，如铁、锌、铜、锰、硒、钼、钴、氟等，称为微量元素。到目前为止，已被确认与人体健康和生命有关的必需微量元素有 18 种，即铁、铜、锌、钴、锰、铬、硒、碘、镍、氟、钼、钒、锡、硅、锶、硼、铷、砷。微量元素在人体内的含量真是微乎其微，如锌只占人体总体重的百万分之三十三，铁也只有百万分之六十。微量元素虽然在人体内的含量少，但与人的生存和健康息息相关。摄入过量、不足或缺乏都会不同程度地引起人体生理的异常或使人生病。例如，缺锌可引起口、眼、肛门或外阴部发红、丘疹、湿疹。又如，铁是构成血红蛋白的主要成分之一，缺铁可引起缺铁性贫血。此外，微量元素在抗病、防癌、延年益寿等方面都还起着不可忽视的作用。

　　生化样品中微量元素的处理可以采用干灰化法，灰化温度一般控制在 $500 \sim 550℃$。温度过高，容易造成部分金属元素的灰化损失，从而导致结果偏低；也可以采用酸溶法（硝酸-高氯酸消化法、硝酸-过氧化氢消化法）和王水消化法（处理测砷试样）。消化处理后的样品试液可以使用仪器分析测试。

【仪器与试剂】

1. 仪器

AA-7000 型原子吸收分光光度计；铜、锌、钙空心阴极灯；乙炔气体钢瓶；空气压缩机；微波消解仪；烧杯（50mL、250mL）；容量瓶（50mL、100mL、1000mL）；移液管（1mL、2mL、5mL、10mL）；比色管（10mL、5mL）；锥形瓶（50mL）；瓷坩埚。

2. 试剂

铜、锌、钙标准储备液（1000μg/mL）；盐酸（优级纯）；H_2O_2（优级纯）；头发样品；中性洗发剂；高氯酸（优级纯）；硝酸（优级纯）。

（1）Cu 标准溶液（100μg/mL）：准确吸取 10.00mL 上述 Cu 标准储备液于 100mL 容量瓶中，用去离子水稀释至刻度线，摇匀备用。

（2）Zn 标准溶液（100μg/mL）：准确吸取 10.00mL 上述 Zn 标准储备液于 100mL 容量瓶中，用去离子水稀释至刻度线，摇匀备用。

（3）Ca 标准溶液（100μg/mL）：准确吸取 10.00mL 上述 Ca 标准储备液于 100mL 容量瓶中，用去离子水稀释至刻度线，摇匀备用。

【实验原理】

　　原子吸收光谱分析法主要用于定量分析，其基本依据是：将一束特定波长的光照射到被测元素的基态原子蒸气中，原子蒸气对这一波长的光产生吸收，未被吸收的光则透射过去。

　　在使用锐线光源和低浓度的情况下，基态原子蒸气对共振线的吸收符合比尔定律，即：

$$A = \varepsilon b c$$

式中，A 为吸光度；ε 为摩尔吸光系数；b 为吸收层厚度；c 为吸光物质的浓度。

【实验步骤】

1. 样品的采集与处理

用不锈钢剪刀取 1~2g 枕部距发根 1~3cm 处的发样，剪碎至 1cm 左右，于烧杯中用中性洗涤剂浸泡 2min，然后用自来水冲洗至无泡，这个过程一般需重复 2~3 次，以保证洗去头发样品上的污垢和油腻。最后，发样用蒸馏水冲洗 3 次，晾干，置烘箱中于 80℃下干燥至恒重（6~8h）。

准确称取 0.3~0.4g 发样于 100mL 锥形瓶中，加入 5mL 体积比为 4∶1 HNO_3-$HClO_4$ 溶液，上加弯颈小漏斗，于可控温电热板上加热消化，温度控制在 140~160℃，待约剩 0.5mL 清亮液体时，冷却，加 10mL 水微沸数分钟再至近干，放冷，反复处理两次后用水定容成 50.0mL，待测。同时制作空白。

2. 金属离子含量测定

（1）锌标准溶液的配制

取 4 只 50mL 容量瓶，依次加入 1.0mL、2.0mL、5.0mL、7.0mL 100μg/mL 的锌标准溶液，加入 1mL 0.5% HCl 溶液，用去离子水定容，混合均匀。

（2）铜标准溶液的配制

取 4 只 50mL 容量瓶，依次加入 0.04mL、0.08mL、0.12mL、0.16mL、0.20mL 100μg/mL 的铜标准溶液，加入 1mL 0.5% HCl 溶液，用去离子水定容，混合均匀。

（3）钙标准溶液的配制

取 4 个 50mL 容量瓶依次加入 0.5mL、1.0mL、2.0mL、5.0mL 100μg/mL 的钙标准溶液，用 0.2% 硝酸定容至刻度。

（4）吸光度值的测定

利用定量分析原理，在低浓度下，据朗伯-比尔定律，测出样品、各标准溶液和空白液的吸光度，并将样品的吸光度标准曲线进行比较，确定样品中铜、锌和钙元素的含量。

【数据处理】

1. 标准曲线的线性回归方程及相关系数

表 5-1 为各元素的标准曲线的线性回归方程及相关系数。

表 5-1　回归方程及相关系数

元素	回归方程	相关系数
Cu	$y = 0.00096 + 0.18622x$	0.99982
Zn	$y = 0.01225 + 0.67232x$	0.99953
Ca	$y = 0.00432 + 0.05723x$	0.99906

2. 样品中铜、锌、钙的含量测定结果

称取 0.3216g 样品按正确消解步骤进行消解，定容至 50mL；将原子吸收调试到最佳状态，进行检测。测定结果见表 5-2~表 5-4。

表 5-2 铜检测结果

铜	吸光度	样品浓度/(μg/mL)	样品含量/(μg/g)
测量 1	0.1538	0.0164	2.5523
测量 2	0.1527	0.0152	2.3632
测量 3	0.1543	0.0160	2.5492

表 5-3 锌检测结果

锌	吸光度	样品浓度/(μg/mL)	样品含量/(μg/g)
测量 1	0.3698	0.5518	85.7898
测量 2	0.3724	0.5536	86.0667
测量 3	0.3712	0.5623	87.4223

表 5-4 钙检测结果

钙	吸光度	样品浓度/(μg/mL)	样品含量/(μg/g)
测量 1	0.1256	2.2354	347.5435
测量 2	0.1267	2.2417	348.5230
测量 3	0.1272	2.2514	350.0311

3. 数据处理

(1) 所测样品中铜的浓度

$$[Cu] = (c - c_0) \times 50/M$$

平均值 $c_{平均} = (2.5523 + 2.3632 + 2.5492)/3 = 2.4882 (\mu g/g)$

方差 $= [(2.5523 - 2.4882)^2 + (2.3632 - 2.4882)^2 + (2.5492 - 2.4882)^2]/2 = 0.0117$

标准偏差 $= \sqrt{0.0117} = 1.2472$

(2) 所测样品中锌的浓度

$$[Zn] = (c - c_0) \times 50/M$$

平均值 $c_{平均} = (85.7898 + 86.0667 + 87.4223)/3 = 86.4263 (\mu g/g)$

方差 $= [(85.7898 - 86.4263)^2 + (86.0667 - 86.4263)^2 + (87.4223 - 86.4263)^2]/2 = 0.7632$

标准偏差 $= \sqrt{0.7632} = 0.8736$

(3) 所测样品中钙的浓度

$$[Ca] = (c - c_0) \times 50/M$$

平均值 $c_{平均} = (347.5435 + 348.5230 + 350.0311)/3 = 348.6992 (\mu g/g)$

方差 $= [(347.5435 - 348.6992)^2 + (348.5230 - 348.6992)^2 + (350.0311 - 348.6992)^2]/2 = 1.57703$

标准偏差 $= \sqrt{1.5703} = 1.2531$

实验 5-3　石墨炉原子吸收光谱法测定水样中的镉含量

【实验目的】

1. 了解石墨炉原子吸收仪的结构、性能及使用方法；
2. 掌握石墨炉原子吸收法在实际样品中的应用。

【实验原理】

镉是一种挥发性的有毒元素，在水中残留量较低，其受共存元素干扰严重，同时，由于镉的易挥发性，镉很难在原子化前消除共存组分的影响，这将严重影响测定的灵敏度和精确度。所以，一般多采用离子交换树脂等方法进行预处理，操作过程复杂，时间冗长。近年来，采用基体改进剂，用石墨炉原子吸收光谱法来测定水样品中痕量镉。实验发现，采用磷酸二氢铵为基体改进剂，镉的灰化温度能够得到显著提高，并消除大量基体元素的干扰，改善了分析精度及检出限。

将样品注入石墨管，用电加热方式使石墨炉升温，样品蒸发解离，形成原子蒸气，对来自光源的特征电磁辐射产生吸收。将测得的样品吸光度和标准吸光度进行比较，确定样品中被测金属的含量。

【仪器与试剂】

1. 仪器

岛津 AA-7000 型原子吸收分光光度计；镉空心阴极灯。

2. 试剂

镉标准储备液溶液（100mg/L，国家环境保护总局标准样品研究所）；基体改进剂（5％磷酸二氢铵）；硝酸（优级纯）；高氯酸（优级纯）；高纯水。

【实验步骤】

1. 工作条件的选择

波长：228.8nm；

灯电流：4mA；

光谱通带：0.5nm；

进样方式：进样器自动进样；

测量方式：峰高测量；

进样体积：20μL；

干燥温度：120℃，时间 300s；

灰化温度：500℃，时间 200s；

原子化温度：1800℃，时间 30s；

净化温度：2500℃，时间 30s。

2. 绘制标准工作曲线

配制标准溶液浓度为 10μg/L，仪器自动稀释 5 个标准溶液浓度分别为 0.2μg/L、0.5μg/L、1.0μg/L、3.0μg/L、5.0μg/L、7.0μg/L。按本实验设定的操作条件，依次测定 5 个标准溶液，得出相应的吸光度，并以浓度值对吸光度值作图绘制出标准工作曲线，如图 5-26 所示。

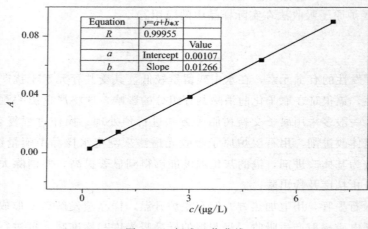

Equation	$y=a+b*x$	
R	0.99955	
		Value
a	Intercept	0.00107
b	Slope	0.01266

图 5-26　标准工作曲线

由图 5-26 可以看出，在实验条件下，Cd 离子浓度在 0.2~7.0g/L 范围内，符合比尔定律，其相关系数为 0.99955。数据经线性回归处理，得出浓度与吸光度的关系方程为：$y=0.01266x+0.00107$。

3. 样品测定

（1）样品消解

取 100mL 样品，置于 200mL 烧杯中，加入 5mL 硝酸，在电热板上加热消解，确保样品不沸腾，蒸至 10mL 左右，加入 5mL 硝酸和 2mL 高氯酸，再蒸至 1mL 左右。取下冷却，加入溶解残渣，通过中速滤纸（预先用酸洗）滤入 100mL 容量瓶中，用水稀释至标线。

注：消解中使用高氯酸有爆炸危险，整个消解要在通风橱中进行。

（2）测定样品

吸入硝酸溶液，将仪器调零。吸入空白、工作标准溶液或样品，记录吸光度。根据扣除空白吸光度后的样品吸光度，在校准曲线上查出样品中金属的浓度。

【注意事项】

1. 如果测定基体简单的水样可不使用硝酸钯作为基体改进剂。

2. 基体改进剂的选择。磷酸二氢铵、硫酸铵、硝酸铵均可作为镉的基体改进剂，实验表明磷酸二氢铵的效果最好，所以，本实验选用磷酸二氢铵为基体改进剂。

3. 灰化温度与原子化温度选择。未加基体改进剂时，镉的灰化温度为 300℃，加入基体改进剂后，其最高灰化温度为 650℃，本实验选择灰化温度为 500℃。加入基体改进剂后，对原子化温度并无影响，本实验选择原子化温度为 1800℃。

4. 采集样品的瓶子，先用洗涤剂洗净，再加入体积比 1∶1 硝酸中浸泡，使用前用水冲洗干净，采集后立即加硝酸酸化至 pH 为 1～2，正常情况下，每 1000mL 样品加 2mL 硝酸。

模块三

气相—液相—离子色谱法

第 6 章

气相色谱法

6.1 气相色谱法概述

气相色谱法（gas chromatography，GC）是英国生物学家马丁（Martin）和詹姆斯（James）在研究色谱理论基础上创立的。气相色谱法是指用气体作为流动相的色谱分析方法。由于样品在气相中传递速度快，因此，样品组分在流动相和固定相之间可以瞬间达到平衡。另外，加上可选作固定相的物质很多，因此气相色谱法是一个分析速度快、分离效率高的分离分析方法。气相色谱法可以分析气体试样，也可以分析易挥发或可衍生转化为易挥发的液体和固体样品。只要沸点在 500℃ 以下，热稳定性好，分子量在 400 以下的物质，原则上大都可以采用气相色谱法进行含量测定。

6.1.1 气相色谱法的分类

气相色谱法按不同的分类方式可分为不同的类别。

6.1.1.1 按使用固定相的类型分类

气相色谱法按使用固定相的类型可分为气液色谱法和气固色谱法。以固定液（如聚甲基硅氧烷类、聚乙二醇类等）作为固定相的色谱法称为气液色谱法；以固体吸附剂（如分子筛、硅胶、氧化铝、高分子小球等）作为固定相的色谱法称为气固色谱法。

（1）气液色谱法

在气液色谱法中，基于不同的组分在固定液中溶解度的差异实现组分的分离。当载气携带被测样品进入色谱柱后，气相中的被测组分就溶解到固定液中。载气连续流经色谱柱，溶解在固定液中的组分会从固定液中挥发到气相中，随着载气的流动，挥发到气相中的组分又会溶解到前面的固定液中。这样反复多次溶解、挥发、再溶解、再挥发，便可实现被测组分的分离。由于各组分在固定液中的溶解度不同，溶解度大的组分较难挥发，停留在色谱柱中的时间就长些；而溶解度小的组分易挥发，停留在色谱柱中的时间就短些，经过一定时间后，各组分就彼此分离并依次流出色谱柱被检测器检测到。

（2）气固色谱法

在气固色谱法中，主要是基于不同的组分在固体吸附剂上吸附能力的差别实现组分的分离。气固色谱中的固定相是一种多孔且比表面积较大的吸附剂。样品由载气携带进入色谱柱时，立即被吸附剂所吸附。载气不断通过吸附剂，吸附的被测组分被洗脱下来，洗脱的组分随载气流动，又被前面的吸附剂所吸附。随着载气的流动，被测组分在气固吸附剂表面进行反复的吸附、解吸。由于各被测组分在气固吸附剂表面吸附能力不同，吸附能力强的组分停留在色谱柱中的时间就长些，而吸附能力弱的组分停留在色谱柱中的时间就短些，经过一定时间后，各组分彼此分离并依次流出色谱柱被检测器检测到。当载气携带样品进入色谱柱后，样品中的各个组分就在两相间进行多次的分配，即使原来分配系数相差较小的组分也会在色谱分离过程中分离开来。

6.1.1.2　按使用色谱柱的内径分类

按照使用的色谱柱内径，气相色谱法可分为填充柱色谱法、毛细管柱色谱法以及大口径柱色谱法。

（1）填充柱色谱法

填充柱色谱法一般采用内径为 3mm 或 2mm 的不锈钢柱或玻璃柱作为分离柱。填充柱色谱法有较好的柱容量，但柱效相对较低，适用于较简单组分的分离测定。

（2）毛细管柱色谱法

毛细管柱色谱法一般采用内径为 0.2mm、0.25mm、0.32mm 的石英柱作为分离柱，现在也有人将 0.1mm 内径石英柱作为分离柱用于复杂组分的分析。用于高温分析的色谱柱一般使用不锈钢柱。在毛细管气相色谱柱中，使用的色谱柱柱长一般为 15～30m，复杂的石油组分分析一般采用 50m 的柱长，有的色谱柱长达到 100m。毛细管柱色谱法有较高的柱效，但柱容量低。

（3）大口径柱色谱法

大口径柱一般为 0.53mm 内径的毛细管柱，柱效和柱容量介于填充柱色谱法和毛细管柱色谱法之间，适用于复杂组分的分析。

6.1.2　气相色谱法的特点与应用

6.1.2.1　气相色谱法的特点

气相色谱法是先分离后检测，故对多组分混合物（如同系物、异构体等）可同时得到每个组分的定性、定量结果。而且因为组分在曲线中传质速度快、与固定相相互作用次数多，加之可供选择的固定液种类繁多，可供使用的检测器灵敏度高、选择性好，因此气相色谱分析的特点概括起来为高效能、高选择性、高灵敏度、速度快、应用范围广。

（1）分离效率高

一般一根 1～2m 长的填充柱有几千块理论塔板数，而毛细管柱的理论塔板数则高达

$10^5 \sim 10^6$。因而可以分析沸点十分相近的组分和极复杂的多组分混合物，例如，毛细管柱一次可分析汽油中 150 个以上的组分。

（2）高选择性

高选择性是指固定相对性质极为相似的组分，如烃类异构体、同位素等，有较强的分离能力。

（3）高灵敏度

目前使用的高灵敏度检测器可以检测出 $10^{-13} \sim 10^{-11}$g 物质。例如在石油化学工业中可以测出聚乙烯、聚丙烯单体中含有的 10^{-6} 级杂质；在环境监测中，可直接测出空气中 ppm 级或 ppb 级的微量毒物。

（4）分析速度快

一般一个分析仅需要花费几分钟，长的也仅几十分钟，某些快速分析仅需要几秒钟。目前，电子计算机的应用已使色谱分析及数据处理实现完全自动化。

（5）应用范围广

气相色谱能分析气体以及在 400℃ 以下能气化且热稳定性良好的物质；对于受热易分解和难挥发的物质，可以通过化学衍生的方法使其转化为热稳定和高挥发性的衍生物进行分析。气相色谱法能够分析 15％～20％ 的有机物和部分无机物，是石油、化工、环境、医药、食品等领域不可缺少的工具。

气相色谱法虽然有上述特点和广泛的应用，但也有不足之处。首先是色谱峰不能直接给出定性结果，它不能用来直接测定未知物，必须用已知纯物质的色谱图和它对照。另外，分析无机物和高沸点有机物时比较困难。

6.1.2.2 气相色谱法的应用

（1）气相色谱在药物分析中的应用

气相色谱在药物分析中的应用主要体现在顶空气相色谱法、气质联用技术、气相-红外联用技术、全二维气相色谱等技术在医药溶剂残留的测定、中间体的测定、药效成分含量分析、辅料检测等方面的应用。如气相色谱法测定藿香正气水中的乙醇，就属于气相色谱法在药物分析领域的应用案例，属于药品辅料含量的检测。

（2）气相色谱法在食品中的应用

气相色谱在食品分析方面的应用非常广泛，涉及从鱼、肉、蛋、奶到各种点心零食及饮品等分析对象。主要用于分析食品中的各种添加剂、农药残留、营养成分等。如白酒中甲醇含量的测定就属于气相色谱法在食品分析领域的应用案例。

（3）气相色谱法在环境分析中的应用

气相色谱法在环境分析中应用广泛，如可在环境保护工作中监测大气中的有机污染物，测定环境空气中的苯系物。在水和废水分析中，气相色谱是强有力的成分分析工具，特别是对水中复杂、痕量、多组分有机物分析，多采用气相色谱法。

（4）气相色谱法在其他行业中的应用

在石油化学工业中，大部分的原料和产品都可采用气相色谱法来分析。在电力部门中，气相色谱法可用来检查变压器的潜伏性故障。在农业生产中，常用气相色谱法检测蔬菜中有机磷、有机氯、菊酯类及氨基甲酸酯类等农残。在商业部门，气相色谱法可用来检验及鉴定食品质量。在医学上，气相色谱法可用来研究人体新陈代谢、生理机能。在临床上，气相色谱法用于鉴别药物中毒或疾病类型等。

6.1.3　气相色谱法的基本原理和基本概念

6.1.3.1　气相色谱法的基本原理

实现色谱分离的内因是固定相与被分离的各组分发生的吸附或分配作用的差异。组分间的距离是由组分在两相间的分配系数决定的。

实现色谱分离的外因是流动相的不间断流动。流动相的流动使被分离的组分与固定相发生反复多次的吸附（或溶解）、解吸（或挥发）过程，这样就使那些在同一固定相上吸附（或分配）系数只有微小差别的组分，在固定相上的移动速度产生了很大的差别，从而实现了各个组分的完全分离。

6.1.3.2　气相色谱法的基本概念

（1）色谱图

被分析样品从进样开始经色谱分离到组分全部流过检测器后，在此期间所记录下来的响应信号随时间而分布的图像称为色谱图，如图 6-1 所示。

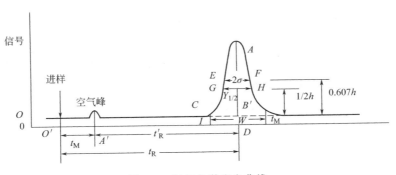

图 6-1　气相色谱流出曲线

① 基线　在操作条件下，当没有样品进入检测器时，检测器响应信号随时间变化的记录线称为基线。稳定的基线应该是一条直线。

② 色谱峰　在操作条件下，当样品组分进入检测器时，检测器响应信号随时间变化的图线称为色谱峰。

③ 峰高（h）　峰的顶点与基线之间的距离。

④ 半峰宽（$W_{1/2}$ 或 $Y_{1/2}$）　色谱峰高一半处的峰宽度。

⑤ 峰宽（W）　指从峰两边的拐点做切线与基线相交部分的宽度。

⑥ 标准偏差（σ）　色谱峰高的 0.607 倍处的峰宽度的一半。

⑦ 死时间 t_M　不被固定相滞留的组分，从进样开始到出现色谱峰最大值所需的时间，

也就是指不被固定相吸附或溶解的气体在检测器中出现浓度或质量极大值的时间。

⑧ 组分 i 的保留时间（t_R） 组分 i 从进样到流出色谱峰需要的时间。

⑨ 组分 i 的调整保留时间（t'_R） 组分 i 的保留时间与死时间的差值。

⑩ 色谱区域宽度 采用标准偏差、半峰宽或峰底宽等来度量。色谱区域宽度是色谱流出曲线中的重要参数。它体现了组分在柱中的运动情况，它与物质在流动相和固定相之间的传质阻力等因素有关。

（2）总分离效率指标——分离度

分离度定义为相邻两组分保留时间之差与两组分基线宽度总和一半的比值，用 R 表示。

$$R = \frac{t_{R(2)} - t_{R(1)}}{\frac{1}{2}(W_1 + W_2)} \tag{6-1}$$

欲将两组分完全分开，首先两组分的保留时间要相差较大，其次是色谱峰要尽可能窄。前者取决于固定相的热力学性质，后者反映了色谱过程的动力学因素。分离度 R 综合了这两个因素，故可作为色谱柱的总分离效能指标。若峰形对称且满足高斯分布，当 $R \geqslant 1.5$ 时，分离程度可达 99.7%，两组分完全分离；当 $R \leqslant 1$ 时，分离程度小于 98%，两组分没有分开。当峰形不对称或两峰有重叠时，基线宽度很难测定，分离度可用半峰宽来表示：

$$R = \frac{t_{R(2)} - t_{R(1)}}{\frac{1}{2}\left(W_{\frac{1}{2}(1)} + W_{\frac{1}{2}(2)}\right)} \tag{6-2}$$

试样在色谱柱中分离的基本理论包括以下两方面。一方面是试样中各组分在两相间的分配情况。它与各组分在两相间的分配系数以及组分、固定相和流动相的分子结构与相互作用有关。保留时间反映了各组分在两相间的分配情况，与色谱过程中的热力学因素有关。另一方面是各组分在色谱柱中的运动情况。它与各组分在流动相和固定相之间的传质阻力有关。色谱峰的半峰宽反映了各组分运动情况，和动力学因素有关。色谱理论须全面考虑这两方面因素。

6.2 气相色谱基本理论

6.2.1 塔板理论

将色谱分离过程拟作蒸馏过程，把色谱柱假想成一个精馏塔，由许多塔板组成，将连续的色谱分离过程分割成多次平衡过程的重复，经过多次分配平衡后，各组分由于分配系数不同而得以分离。塔板理论基于如下假设：①在每一个平衡过程间隔内，平衡可以迅速达到；②将载气看作脉动（间歇）过程；③试样沿色谱柱方向的扩散可忽略；④每次分配的分配系数相同。假定色谱柱长为 L，每达成一次分配平衡所需的柱长为 H（塔板高度），则理论塔板数为：

$$n = \frac{L}{H} \qquad (6\text{-}3)$$

由式（6-3）看出，当色谱柱长 L 固定时，每次平衡所需的塔板高度 H 越小，则理论塔板数 n 就越大，柱效率就越高。

理论塔板数的经验表达式为：

$$n = 5.545 \times \left(\frac{t_R}{W_{1/2}}\right)^2 = 16 \times \left(\frac{t_R}{W}\right)^2 \qquad (6\text{-}4)$$

由式（6-4）可知，组分保留时间越长，峰形越窄，理论塔板数就越大。因而 n 或 H 可作为描述柱效能的指标，高柱效有大的 n 值和小的 H 值。

死时间的存在，使得 n 和 H 不能确切地反映柱效，因此提出用有效理论塔板数 $n_{有效}$ 和有效塔板高度 $H_{有效}$ 作为柱效能指标：

$$n_{有效} = 5.545 \times \left(\frac{t'_R}{W_{1/2}}\right)^2 = 16 \times \left(\frac{t'_R}{W}\right)^2 \qquad (6\text{-}5)$$

$$H_{有效} = \frac{L}{n_{有效}} \qquad (6\text{-}6)$$

塔板理论在解释流出曲线的形状（呈高斯分布）、浓度极大点的位置及计算评价柱效能方面都取得了成功。但塔板理论是半经验性理论，它的某些基本假设不完全符合色谱的实际过程，如忽略了纵向扩散的影响、色谱体系不可能达到真正的平衡状态等。因此它只能定性地给出塔板高度的概念，不能找出影响塔板高度的因素，也不能说明为什么峰会展宽等。塔板理论无法解释同一色谱柱在不同的载气流速下柱效不同的实验结果，也无法指出影响柱效的因素及提高柱效的途径。柱效不能表示被分离组分的实际分离效果，当两组分的分配系数 K 相同时，无论该色谱柱的塔板数多大，都无法分离。尽管塔板理论有缺陷，但以 n 或 H 作为柱效能指标很直观，故目前仍为色谱工作者所接受。

6.2.2　速率理论

塔板理论没有考虑到各种动力学因素对色谱柱中传质过程的影响而具有一定局限性。而速率理论是在塔板理论的基础上指出组分在色谱柱中运行的多路径及浓度梯度造成的分子扩散，以及两相间质量传递不能瞬间实现平衡是造成色谱峰展宽、柱效能下降的原因。速率理论可用范第姆特方程描述：

$$H = A + \frac{B}{\bar{u}} + C\bar{u} \qquad (6\text{-}7)$$

式中，$\bar{u}$ 为流动相的平均线速度；A、B、C 均为与柱性能有关的常数。下面分别讨论各项的物理意义。

（1）涡流扩散项 A

填充柱中固定相的颗粒大小、形状往往不可能完全相同，填充的均匀性也有差别。组分在流动相载带下流过柱子时，会因碰到填充物颗粒和填充的不均匀性，而不断改变流动的方向和速度，使组分在气相中形成紊乱的类似涡流的流动。涡流的出现使同一组分分子在气流中的路径长短不一，因此，同时进入色谱柱的组分到达柱出口所用的时间也不相同，从而导致色谱峰的展宽。涡流扩散项 A 可表示为：

$$A = 2\lambda d_0 \tag{6-8}$$

涡流扩散项对色谱峰展宽的影响取决于填充物的平均颗粒直径 d_0 和填充的不均匀因子 λ。对于空心毛细管柱，因无填充物，不存在涡流扩散的影响，$A=0$。

（2）分子扩散项 $B/\bar{u}$

分子扩散也叫纵向扩散，这是基于载气携带样品进入色谱柱后，样品组分形成浓差梯度，从而产生沿轴向的浓差扩散。它的大小与组分在色谱柱内的停留时间成正比，组分停留的时间长，纵向扩散就大，因此，要降低纵向扩散的影响，应加大载气流速。以分子扩散项 $B/\bar{u}$ 来描述这种影响，其中 B 用下式计算：$B=2\gamma d_G$。式中，γ 是色谱柱的弯曲因子（填充柱，$\gamma<1$；空心毛细管柱，$\gamma=1$）；d_G 为组分在气相中的分子扩散系数（cm^2/s），它与载气分子量、组分本身的性质及温度、压力等有关。

（3）传质阻力项 $C\bar{u}$

传质阻力包括气相传质阻力 C_G 和液相传质阻力 C_L 两部分，即

$$C\bar{u} = (C_G + C_L)\bar{u} \tag{6-9}$$

气相传质阻力是组分分子从气相到两相界面进行交换时的传质阻力，该阻力越大，组分滞留时间越长，峰形扩展越严重。液相传质阻力是组分分子从气液界面到液相内部，并发生质量交换，达到分配平衡，然后又返回气液界面时的传质阻力。液相传质阻力与固定液涂渍厚度有关，也与组分在液相中的扩散系数有关。

速率理论较好地解释了影响塔板高度的各种因素，对选择合适的色谱操作条件具有指导意义。

由范第姆特方程可以看出：A、$B/\bar{u}$、$C\bar{u}$ 越小，柱效率越高。可以从以下几个方面改善柱效率。

① 选择颗粒较小的均匀填料，并且填充均匀。

② 在固定液保持适当黏度的前提下，选用较低的柱温操作。

③ 用最低实际浓度的固定液，降低载体表面液层的厚度。

④ 选用合适的载气：流速较小时，分子扩散项成为色谱峰扩张的主要因素，宜用分子量较大的载气；流速较大时，传质阻力项为控制因素，宜用分子量较小的载气。

⑤ 选择最合适的载气流速。

6.3 气相色谱仪

6.3.1 气相色谱仪基本组成和分析流程

各种型号的气相色谱仪都包括六个基本单元，即气路系统、进样系统、分离系统、温

控系统、检测系统、数据处理和记录显示系统。气相色谱分析流程为：钢瓶中的气体经减压、净化、计量，到达进样系统，在进样系统与试样混合，携带试样进入分离系统进行分离，分离后的组分依次流出，由载气带入检测器，检测器将组分的浓度或质量转变为电信号，由记录仪记录，得到气相色谱图。

6.3.2　各组成单元功能

6.3.2.1　气路系统

气路系统是载气连续运行的密闭管路系统，对气路系统的要求是密封性好、流速稳定、流速控制方便和测量准确等。气相色谱的载气作为流动相运载样品进行分离分析，常用作载气的主要有氮气、氦气、氢气等。氦气由于价格较高，应用较少，一般用于气相和质谱的联用仪器；氢气通常在使用热导检测器时用作载气，在使用氢火焰离子化检测器时用作燃气。

6.3.2.2　进样系统

多数气相色谱分析仪采用的是汽化进样方法。即将样品用注射针引入进样口，样品应瞬间汽化，汽化了的样品蒸气分子被预热的载气携带进入色谱柱柱头，进行色谱分析。这就要求汽化室提供足够的温度，使样品中所有组分能瞬间完全汽化，以最短的时间进入柱头，避免进样引起谱带的展宽。在汽化室设计时还应该考虑在高温下汽化的样品应尽可能不接触金属表面，以防止某些热不稳定的样品在高温下分解。

6.3.2.3　分离系统

试样经过分离系统后，各组分相互分离。分离系统包括色谱柱、柱箱。色谱柱置于柱箱中，柱箱由温控装置控制恒定的温度，以防止试样在色谱柱中被冷凝成液体而无法分离。色谱柱是色谱分析仪的关键部分，混合物中各组分的分离在其中完成。

6.3.2.4　温控系统

温控系统是气相色谱仪的重要组成部分。温度影响色谱柱的选择性和分离效率，也影响检测器的灵敏度和稳定性。不合适的进样口温度也会影响保留值和峰形及定量结果。气相色谱仪需要严格控温的部位有三处：柱箱、进样口和检测器。

① 柱箱温控　温度控制精度高，柱箱内温度分布均匀，升温和降温时间要短，温控的下限温度越低越好。

② 进样口温控　进样口的温度选择应根据所分析样品的沸程而定，要求在设定的温度下能瞬间汽化样品而不分解。采用汽化进样方式，进样口的温度应比样品沸点高20～50℃。如果汽化温度太低，可能出现不对称峰；如果汽化温度太高，会引起热不稳定组分的分解。

③ 检测器温控　除氢火焰离子化检测器外，几乎所有的检测器都对温度敏感，尤其

是热导检测器，检测器温度变化直接影响它的稳定性和灵敏度。因此必须精密地控制检测器温度。检测器温度应略高于柱温和进样口温度。

6.3.2.5　检测系统

如果说色谱柱是气相色谱仪的心脏，那么，检测器是气相色谱仪的眼睛。对检测器总的要求是灵敏度高、噪声低、线性范围宽、对各类物质都有信号，但对流速和温度变化不敏感。检测器是将组分的浓度或质量转变成电信号的器件。工作中常用的检测器有：热导检测器（TCD）、火焰离子化检测器（FID）、电子捕获检测器（ECD）、氮磷检测器（NPD）、火焰光度检测器（FPD）等。

色谱检测系统由检测器、微电流放大器、记录器等部件构成。组分从色谱柱流出后进入检测器中检测并产生信号，这些信号（通常要经过放大）被送入记录仪或数据处理系统中进行谱图记录及数据处理。

任何一个检测器从根本上可以看作一个传感器。各种检测器的共性是根据物质的物理或物理化学性质，将组分浓度或质量的变化情况转化为易于测量的电压、电流信号，而这些信号在一定范围内必须与该物质的浓度或质量成一定的比例关系。

6.3.2.6　数据处理和记录显示系统

数据处理和记录显示主要由计算机来完成。依据电信号的大小绘出的曲线，称为色谱峰或色谱图。现代色谱仪一般带有计算机，测量结果（如色谱图或色谱峰的高度、宽度、面积等）由屏幕显示或由打印机输出。

6.4　气相色谱仪常用的检测器

6.4.1　热导检测器

热导检测器（thermal conductivity detector，TCD）结构简单，灵敏度适宜，稳定性较好，线性范围较宽，适用于无机气体和有机物，既可做常量分析，也可做微量分析，最小检测量 $\mu g/mL$ 数量级，操作也比较简单，因而是目前应用相当广泛的一种检测器。

6.4.2　氢火焰离子化检测器

自 20 世纪 50 年代以来，由于大力发展火箭技术，对燃烧和爆炸进行了深入的研究，人们发现有机物在燃烧过程中能产生离子，利用这一发现人们研究出氢火焰离子化检测器（flame ionization detector，FID），此检测器自 1958 年创制以来得到了广泛的应用，是目前国内外气相色谱仪必备检测器。氢火焰离子化检测器是微量有机物色谱分析的主要检测器，它的主要特点是灵敏度高，基流小，最小检测量为 ng/mL 级，响应快，线性范围宽，对操作条件（如载气流速、检测器温度等）的要求不甚严格，操作比较简单，稳定、可靠，因此它是目前最常用的检测器。

6.4.3　电子捕获检测器

电子捕获检测器（electron capture detector，ECD）是目前气相色谱中常用的一种高灵敏度、高选择性的检测器。它只对电负性（亲电子）物质有信号，样品电负性越强，所给出的信号越大，而它对非电负性物质则没有响应或响应很小。

电子捕获检测器对卤化物，含磷、硫、氧的化合物，硝基化合物，金属有机物，金属螯合物，甾类化合物，多环芳烃和共轭羰基化合物等电负性物质都有很高的灵敏度，其检出限量可达 $10^{-10} \sim 10^{-9}$ g。电子捕获检测器在环境保护监测、农药残留、食品卫生、医学、生物和有机合成等方面，都已成为一种重要的检测工具。

6.4.4　火焰光度检测器

火焰光度检测器（flame photometric detector，FPD）是最近 30 年才发展起来的一种高选择性和高灵敏度的新型检测器。它对含硫、含磷化合物的检测灵敏度很高。目前其主要用于环境污染和生物化学等领域中，可检测含磷、含硫有机化合物（农药），以及气体硫化物，如甲基对硫磷、马拉硫磷、CH_3SH、CH_3SCH_3、SO_2、H_2S 等，稍加改变它还可以测有机汞、有机卤化物、氯化物、硼烷以及一些金属螯合物等。

6.5　分离操作条件的选择

混合试样色谱分离的实际效果，同时取决于色谱热力学因素（组分间的分配系数差异）和动力学因素（柱效的高低）。前者主要取决于固定相的选择，后者则主要取决于色谱操作条件的选择。因此，在选择了合适的固定相之后，色谱操作条件的选择就成为试样中各组分，特别是难分离相邻组分，能否实现定量分离的关键。

6.5.1　载气种类和流速的选择

从范第姆特方程式可知，塔板高度 H 由三项加合而成，载气流速对它们的影响各不相同。当流速较低时，$B/\bar{u}$ 项成为影响塔板高度即影响柱效的主要因素。随着 $\bar{u}$ 的增大，柱效明显增高。但当载气流速超过一定值后，$C\bar{u}$ 项成为影响塔板高度的主要因素，随 $\bar{u}$ 的增大，塔板高度增大，柱效下降。在 $\bar{u} = (BC)^{\frac{1}{2}}$ 时，H 有一最小值，柱效最高。此时的流速称为最佳载气流速。为在较短时间内得到较好的分离效果，通常选择稍高于最佳流速的载气流速。由于载气流速大时，传质阻力项对柱效的影响是主要的，所以此时宜选分子量小、扩散系数大的气体（如 H_2、He 等）作载气；反之，当载气流速小时，由于影响柱效的主要因素是分子扩散项，所以宜选择分子量大、扩散系数小的气体（如 N_2、Ar 等）作载气。另外，载气的选择应考虑所选检测器的要求。热导检测器常用氢气、氦气作载气，氢火焰检测器宜用氮气作载气。

6.5.2 柱温的选择

柱温是气相色谱重要的操作条件，柱温改变，柱效率、分离度 R、选择性 $r_{2,1}$ 以及色谱柱的稳定性都发生改变。柱温低有利于分配，有利于组分的分离，但温度过低，被测组分可能在柱中冷凝，或者传质阻力增加，使色谱峰扩张，甚至拖尾。温度高有利于传质，但柱温高，分配系数变小，不利于分离。一般通过实验选择最佳柱温，既要使物质对完全分离，又不使峰形扩展、拖尾，柱温一般为各组分沸点平均温度或更低。

6.5.3 汽化温度的选择

汽化温度主要取决于待测试样的挥发性、沸点范围及稳定性等因素。汽化温度一般选择组分的沸点或稍高于其沸点，以保证试样完全汽化。对于热稳定性较差的试样，汽化温度不能过高，以防试样分解。汽化温度应以能使试样迅速汽化而又不产生分解为宜。

6.5.4 进样量和进样技术

进样量应控制在峰面积或峰高与进样量呈线性关系的范围内，因为进样量太多，分离度不好，峰高、峰面积与进样量不呈线性关系；进样量太少，会使含量少的组分因检测器灵敏度不够而不出峰。在检测器灵敏度允许下，尽可能少地进样。一般液体进样量为 $0.1\sim5\mu L$，气体进样量为 $0.1\sim10mL$。

进样时，速度要快，以防止色谱峰拖尾，一般在 0.1s 之内将试样全部注入汽化室，这样可以使样品在汽化室汽化后随载气以浓缩状态进入柱内，而不被载气所稀释，因而峰的原始宽度就窄，有利于分离。反之，若进样缓慢，样品汽化后被载气稀释，则峰形变宽，并且不对称，既不利于分离也不利于定量。

为了使进样有较好的重现性，在进样时要注意以下操作要点。

① 用注射器取样时，应先用丙酮或乙醚抽洗 5～6 次，再用被测试液抽洗 5～6 次，然后缓慢抽取一定量试液（稍多于需要量），如有气泡，快速排出试液，如此反复多次，直到取出的试液没有气泡，最后排去过量的试液，并用滤纸或擦镜纸吸去针杆处所沾的试液。

② 取样后立即进样。进样时要求注射器垂直于进样口，左手扶着针头防弯曲，右手拿注射器，迅速刺穿硅橡胶垫圈，平稳、敏捷地推进针筒（针尖尽可能刺深一些，且深度

一定，针头不能碰着汽化室内壁），用右手食指平衡、轻巧、迅速地将样品注入，完成后立即拔出。

③ 进样时要求操作稳当、连贯、迅速。进针位置及速度、针尖停留和拔出速度都会影响进样重现性。一般进样相对误差为 $2\% \sim 5\%$。

进样技术是气相色谱操作中最基本也是最重要的技术，必须十分重视，要反复操作，达到熟练、准确的程度。

6.6　定性与定量分析

6.6.1　定性分析

色谱定性分析就是确定各色谱峰代表的化合物。由于能用色谱分析的物质很多，不同组分在同一色谱柱上的出峰时间可能相同，因此单凭色谱峰确定物质有一定难度。对于一个未知样品，首先要了解其来源、性质、分析目的，对样品有初步估计，再结合定性方法确定色谱峰代表的物质。下面介绍几种常用的定性方法。

6.6.1.1　保留值法

在一定的固定相和操作条件（如柱温、柱长、内径、载气流速等）下，任何一种组分都有确定的保留值（t_R、t'_R、V_R、V'_R）。因而在一定条件下测定各色谱峰的保留值，然后与纯样品的保留值比较就可以确定样品中含有哪些组分。

该方法的缺点是柱长、柱温、固定液配比及载气流速等因素，都会对保留值产生较大的影响，故必须严格控制操作条件。

6.6.1.2　相对保留值法

相对保留值 $r_{i,s}$ 是指某一组分 i 与基准物 s 校正保留值之比。

$$r_{i,s} = \frac{t'_{R,i}}{t'_{R,s}} = \frac{V'_{R,i}}{V'_{R,s}} \tag{6-10}$$

$r_{i,s}$ 仅与固定液及柱温有关，与其他操作条件无关。对基准物的要求是容易得到纯品，保留值在各组分的保留值之间，常将苯、正丁烷、对二甲苯、环己烷等物质作为基准物。

6.6.1.3　加入已知物增加峰高法

当未知物中组分较多，所得色谱峰较密时，用上述方法不易辨认。可首先作出已知样品的色谱图，然后在未知样品中加入某种已知物，再得一色谱图。比较两谱图，峰高增加的组分，即该已知物。

6.6.2　定量分析

气相色谱定量分析的依据是在一定操作条件下，某分析组分的质量 m_i 与检测器的响应信号（峰面积或峰高）成正比。

$$m_i = f_i \times A_i \tag{6-11}$$

式中，f_i 是定量校正因子，A_i 是峰面积。定量分析需要准确测量峰面积，求出定量校正因子。

6.6.2.1　峰面积的测量

峰面积的测量方法主要有：①峰高乘半峰宽法，适用于峰形对称且不太窄的色谱峰；②峰高乘平均峰宽法，可用于不对称峰；③峰高乘保留时间法，适用于窄峰，是一种简便、快速的测量方法，常用于工厂控制分析；④剪纸称重法，适用于不对称和分离不完全的峰，但操作费时，且破坏了整个色谱图，非特殊情况不用此法；⑤自动积分仪测量峰面积法，此法准确、快速，但受仪器条件的限制。

此外，也可直接应用测量峰高来进行定量。峰高定量法快速、简便，相比于狭峰比面积定量法更准确。

6.6.2.2　定量校正因子的求解

色谱定量分析是基于被测物质的含量与其峰面积的正比关系。但是，由于同一检测器对不同的物质具有不同的灵敏度，所以两等量物质得出的峰面积往往不相等，也就是说，混合物中物质的含量并不等于该物质峰面积的百分数。为了解决这一问题，可选定一种物质为基准物，用校正因子把其他物质的峰面积校正成相对于这个基准物的峰面积，然后用经过校正的峰面积来计算物质的含量。故校正因子 f_i 定义为：

$$f_i = \frac{m_i}{A_i} \tag{6-12}$$

式中，f_i 也称为绝对校正因子，意义是单位峰面积所代表的物质的量。它既不易测量，也无法直接应用。故色谱定量分析中常用相对校正因子，即组分与基准物的绝对校正因子之比。

质量相对校正因子 f_m 是一种最常用的定量校正因子，即

$$f_m = \frac{f'_{i(m)}}{f'_{s(m)}} = \frac{A_s m_i}{A_i m_s}$$

如果以物质的量计量，则摩尔相对校正因子 f_M 为：

$$f_M = \frac{f'_{i(M)}}{f'_{s(M)}} = \frac{A_S \cdot m_i \cdot M_s}{A_i \cdot m_s \cdot M_i} = f_m \cdot \frac{M_s}{M_i} \tag{6-13}$$

式中，M_i 和 M_s 分别为组分 i 和基准物 s 的分子量；f_m 为质量相对校正因子。

6.6.2.3　定量方法

（1）归一化法

样品中所有组分都能流出色谱柱，并在色谱图上都有相应的峰时，可用归一化法。

设样品中有 n 个组分，各组分的量分别为 m_1，m_2，$\cdots$，m_n，则 i 组分含量为：

$$C_i(\%) = \frac{m_i}{m_1 + m_2 + \cdots + m_n} \times 100\% = \frac{f_i \cdot A_i}{f_1 \cdot A_1 + f_2 A_2 + \cdots + f_n \cdot A_n} \times 100\%$$

$$(6\text{-}14)$$

对于很窄的色谱峰，可用峰高 h 代替峰面积 A，则式（6-14）可改写为：

$$C_i(\%) = \frac{f'_i \cdot h_i}{f'_1 \cdot h_1 + f'_2 \cdot h_2 + \cdots + f'_n \cdot h_n} \times 100\% \qquad (6\text{-}15)$$

式中，f'_i 为峰高校正因子。

归一化法简单、准确，即使进样量不准，对结果也无影响，操作条件的变化对结果影响也较小。但如果样品中组分不能全部出峰，则不能应用此法。

（2）内标法

当样品中所有组分不能全部出峰，或只要求测定样品中某些组分时，可用内标法。内标法是称取一定质量的纯物质（内标物）加入到已知质量的样品中。由内标物与样品的质量及内标物与组分的峰面积，可求出组分的含量。

$$C_i(\%) = \frac{f_i \cdot A_i \cdot m_s}{f_s \cdot A_s \cdot m} \times 100\% \qquad (6\text{-}16)$$

式中，m_s 和 m 分别为内标物和样品的质量；f_i 和 f_s 为组分和内标物的校正因子。如果固定样品和加入内标物的质量，则式（6-16）可简化为：

$$C_i(\%) = K \cdot \frac{A_i}{A_s} \times 100\% \qquad (6\text{-}17)$$

式中，K 为常数，以 C_i 对 A_i/A_s 作图，可得一条过原点的直线，称内标准曲线。利用该曲线可确定组分含量，免去计算和每次称量样品及内标物的麻烦。

（3）外标法（标准曲线法）

外标法是用纯物质配制成不同浓度的标准样品，在一定操作条件下进样，测得峰面积，以含量对峰面积作图。进行样品分析时，应严格控制在与标准物相同的条件下定量进样。由所得峰面积，从标准曲线上查出该组分的含量。外标法操作简便，适用于工业控制分析，但需严格控制操作条件和进样量才能得到准确的结果。

6.7 实验部分

实验 6-1 气相色谱法对有机混合物的分离分析

【实验目的】

1. 了解气相色谱仪的构造，掌握气相色谱仪的使用；

2. 了解影响保留值的因素；

3. 掌握气相色谱定性、定量分析的原理。

【实验原理】

气相色谱分离是利用试样中各组分在色谱柱中气相和固定相间的分配系数不同进行分离的，当汽化后的试样被载气带入色谱柱中运行时，组分就在其中的两相间进行反复多次的分配（吸附-脱附-放出）。由于固定相对各种组分的吸附能力不同（保存作用不同），因此各组分在色谱柱中的运行速度就不同，经过一定的柱长后，便彼此分离，按顺序离开色谱柱进入检测器，产生的离子流信号经放大后，在记录器上描绘出各组分的色谱峰。

把样品中不同的物质分开，是气相色谱法定性和定量分析的前提条件，可用分离度 R 来衡量两色谱峰分离程度：

$$R = \frac{t_{R(2)} - t_{R(1)}}{\frac{1}{2}(W_1 + W_2)}$$

当 $R=1.5$ 时，两组分分离完全；当 $R=1.0$ 时，98% 的分离，此时可满足一般的需求。

色谱定性分析的任务是确定色谱图上每个峰代表什么物质，每个峰的保留值是定性分析的依据。在一定的色谱条件下，每种物质都有一个确定不变的保留值，所以可以作为定性分析的依据。常用的方法有下面两种。在相同的色谱条件下，分别测定样品和标准样品的保留值。当其相同时，所对应的就有可能是同一物质。但这种方法对色谱条件的要求十分高。或者，在样品中加入标准纯样品，将混合后所得的色谱图与加入前的色谱图进行比较，相对应的峰高增加了，样品便有可能与标准纯试样物质相同。上面所述待分析物质只是有可能是同标准纯样品一样的物质，也有可能不是。为了进一步确认，可在两根极性相差较大的色谱柱上分别进行测试，若此时所得的保留值相同，则可以确认待分析物质与标准试样是同一物质。

【仪器与试剂】

1. 仪器

Trace GC Ultar，FID，进样器（10μL），色谱柱（GsBP-5，长 30m，内径 0.32mm，厚度 0.25μm）。

2. 试剂

乙醇、丙醇、丁醇均为色谱纯，未知样品混合物。

【实验步骤】

（1）开机，打开电源之前先检查各气路、电路的连接是否正确，并进行仪器条件设置。柱温：程序升温；检测器温度：220℃；进样口温度：200℃；载气：N_2；载气流量：30mL/min。

（2）打开 GC 主机电源，打开电脑，双击 CHROM-CARD 工作站，点击相应的检测器。

（3）点击"编辑"下面的"方法编辑"，编辑方法名称，设定积分条件等。

（4）点击"编辑"下面的"编辑仪器参数"，设定柱温、进样口、检测器等条件，保存仪器分析方法。

（5）点击"编辑"下面的"样品表"，设定采集样品的名称等信息，点击："OK"。

（6）点击"运行"下面的"开始运行样品序列"，点击"现在开始"，等待仪器就绪。

（7）进样针取样品，扎进进样口，点击色谱主机的蓝色"Start"，开机采集样品。

（8）数据采集完毕，进行数据处理。

（9）关机。

【数据处理】

根据所打印的谱图进行混合物的定性分析，图谱分析要求：

① 根据色谱图上出现的色谱峰的个数，判断样品中的最少组分数；

② 根据已知标准物质的保留值，判断色谱峰对应的组分；

③ 根据色谱图信息，计算相邻两峰的分离度；

④ 计算各组分的理论塔板数 n。

【思考题】

1. 在本实验中，相同物质每次进样的保留时间是否一定会准确一致？

2. 根据各组分流出的顺序，试判断色谱柱固定液的性质。

附：　　　　　　**Trace GC Ultra 气相色谱仪的使用方法**

1. 开机前准备

（1）检查气体过滤器、载气、进样垫和衬管等

检查气体过滤器和进样垫，保证辅助气和检测器的气路畅通有效。如果以前做过较脏样品或活性较高的化合物，需要清洗或更换进样口的衬管。

（2）安装色谱柱

① 保持色谱柱两端开口朝下，将密封垫、螺母和石墨卡套依次装在色谱柱上，然后轻轻弹色谱柱开口端，用陶瓷割刀将色谱柱两端小心切平。

② 将色谱柱一端连接于进样口上，色谱柱在进样口中插入的深度为 9mm（使用 Trace GC Ultra 仪器自带的尺子确定）。将色谱柱正确插入进样口后，用手把连接螺母拧上，拧紧后（用手拧不动）用扳手再多拧 1/4~1/2 圈，保证安装的密封程度。将色谱柱的另一端连接于检测器上，先将色谱柱深入到检测器底部，回拉 1~2mm，然后用手将连接螺母拧紧，用扳手再多拧 1/4~1/2 圈。

（3）打开钢瓶总阀、空气源和氢气发生器并检漏

观察氮气分压是否在 0.5MPa 左右，氢气压力是否有 0.4MPa，空气压力是否有

0.4MPa。将表面活性剂涂于各个连接处，观察是否有气泡生成，若有，则表明漏气，反之，则不漏气。

2. 开机

① 打开气相色谱仪主机，打开计算机，进入桌面。

② 双击桌面的"Chrom-Card"图标，然后双击"FID"图标，进入工作站界面（图6-2）。

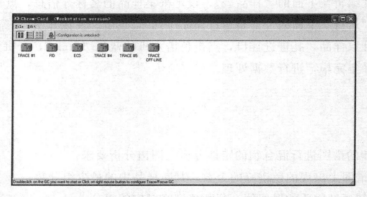

图6-2　Chrom-Card软件启动后的界面图

3. TraceGC 参数编辑

① 点击"编辑"下面的"方法编辑"（图6-3），设定方法名称，一般建议以日期命名，避免重复，填写仪器配置条件，设定积分条件等。

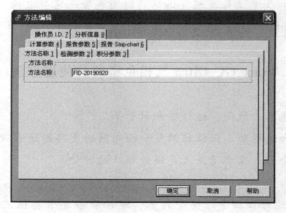

图6-3　方法编辑的界面图

② 点击"编辑"下面的"编辑仪器参数"，分别设置色谱柱条件，根据分析样品选择恒温或者程序升温；进样口温度，分流比；载气流速；检测器温度，燃气、助燃气、载气流速及比例等。选择文件中的"另存为"保存，并给仪器方法命名。仪器参数设置中柱温设置的界面图见图6-4。

③ 点击"编辑"下面的"样品表"，设置样品表（图6-5）。依次填入样品名字信息、样品对应色谱图的名字，调出仪器方法。如果采用自动进样器进样，编辑自动进样器方法，编辑样品进样序号。

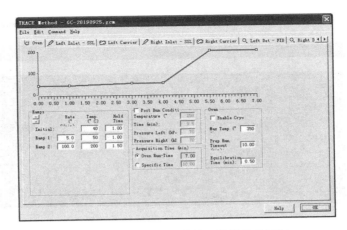

图 6-4 仪器参数设置中柱温设置的界面图

图 6-5 样品表设置的界面图

④ 点击"Sent"按钮，发送到仪器。仪器收到命令，开始按照方法准备仪器条件。

4. 运行及分析

① 点击"方法"，调用已保存的方法；或者点击"Sent"直接运行编辑好的方法。

② 运行结束后，点击"查看色谱图"，查看样品的色谱图信息（图 6-6）。点击编辑中的"时间事件"和"积分事件"进行色谱峰的选择和处理，显示保留时间。

③ 点击"打印"，便可得到样品的色谱图。

5. 关机

① 在仪器上点击"FID"，依次关火，关掉温度，自然降温。点击"Right inlet"关掉温度，点击"Oven"关掉柱温。

② 关掉全自动空气源和氢气发生器。

③ 待气相色谱仪检测器、进样口、柱温均降到 80℃以下，关闭气相色谱仪电源和气体钢瓶阀门。

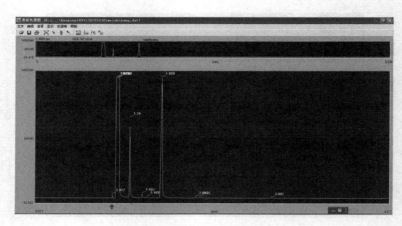

图 6-6　样品运行后的色谱图

实验 6-2　气相色谱法测定藿香正气水中的乙醇

【目的要求】

1. 掌握用气相色谱法测定中药制剂中乙醇含量的方法；
2. 熟悉气相色谱定量分析操作方法。

【基本原理】

藿香正气水为酊剂，由苍术、陈皮、广藿香、半夏等十几味中药制成，制备过程中所用溶剂为 60％乙醇。由于制剂中含乙醇量的高低对于制剂中有效成分的含量、所含杂质的类型和数量以及制剂的稳定性等都有影响，所以《中国药典》规定需对该类制剂做乙醇量检查。

乙醇具有挥发性，现行《中国药典》采用气相色谱法测定各种制剂在 20℃时乙醇的含量（体积分数）。因中药制剂中所有的组分并非都能全部出峰，故采用内标法定量。

【仪器与试剂】

1. 仪器

气相色谱仪［色谱条件：GsBp-5 毛细管柱，内径 0.32mm，固定相厚度 0.25μm，柱长 30m；进样口温度为 200℃，柱温为 30℃起始，程序升温到 150℃，检测器温度为 220℃，氮气为流动相，流速 30mL/min，检测器为氢火焰离子化检测器（FID）］，微量注射器。

2. 试剂

无水乙醇、正丙醇、正丁醇均为色谱纯，藿香正气水（市售品）。

【实验步骤】

1. 标准溶液的制备

精密量取恒温至 20℃的无水乙醇和正丙醇内标各 0.02mL 至 2mL 的容量瓶中，加正丁醇稀释至刻度线，混匀，即得标准溶液。

2. 供试品溶液的制备

精密量取恒温至 20℃的藿香正气水 0.04mL 和正丙醇 0.02mL 至 2mL 的容量瓶中，加正丁醇稀释至刻度线，混匀，即得标准溶液。

3. 测定

（1）校正因子的测定：取标准溶液 1μL，进样 3 次，记录对照品无水乙醇和内标物质正丙醇的峰面积，计算其平均值，按下式计算校正因子：

$$f = \frac{c_s/A_s}{c_R/A_R}$$

式中，A_s 为内标物质正丙醇的峰面积；A_R 为对照品无水乙醇的峰面积；c_s 为内标物质正丙醇的浓度；c_R 为对照品无水乙醇的浓度。

（2）供试品溶液的测定：取供试品溶液 1μL，连续进样 3 次，记录供试品中待测组分乙醇和内标物质正丙醇的峰面积，计算其平均值，按下式计算含量：

$$c_x = \frac{f_x A_x}{A_s/c_s}$$

式中，A_x 为供试品溶液峰面积；c_x 为供试品的浓度。取 3 次计算的平均值作为结果。藿香正气水中乙醇含量应为 40%～50%。

【注意事项】

1. 在不含内标物质的供试品溶液的色谱图中，与内标物质峰对应的位置处不得出现杂质峰。

2. 标准溶液和供试品溶液各连续 3 次进样所得各次校正因子和乙醇含量，与其相应的平均值的相对标准偏差，均不得大于 1.5%，否则应重新测定。

3. 为获得较好的精密度和色谱峰形状，进样时速度要快而果断，并且每次进样速度、留针时间应保持一致。

4. 藿香正气水中因成分多样，且有一些固体小颗粒，故应用微孔滤膜过滤。

5. 各种固定相均有最高使用温度的限制，为延长色谱柱的使用寿命，在分离度达到要求的情况下尽可能选择低的柱温。

【思考题】

1. 内标物应符合哪些条件？

2. 实验过程中可能引入误差的机会有哪些？

实验 6-3　白酒中甲醇含量的测定（外标法）

【实验目的】

1. 掌握用外标法进行色谱定量分析的方法；
2. 了解氢火焰离子化检测器的性能和操作方法。

【实验原理】

在酿造白酒的过程中，不可避免地有甲醇产生。根据现行浓香型白酒国家标准 GB 10781.1—2006，甲醇含量应不超过 0.40g/L。

利用气相色谱可分离、检测白酒中的甲醇。在相同的操作条件下，分别对等量的试样和含甲醇的标准样进行色谱分析，由保留时间可确定试样中是否含有甲醇，比较试样和标准样中甲醇峰的峰面积，可确定试样中甲醇的含量。

外标法是在一定的操作条件下，用纯组分或已知浓度的标准溶液配制一系列不同含量的标准溶液，准确进样，根据色谱图中组分的峰面积（或峰高）对组分含量作标准曲线。在相同操作条件下，依据样品的峰面积（或峰高），从标准曲线上查出其相应含量。

本实验利用醇类物质在氢火焰中的化学电离以氢火焰离子化检测器进行测定，根据甲醇的色谱峰面积或（峰高）与标准曲线比较进行定量。

【仪器与试剂】

1. 仪器

气相色谱仪（FID），1μL 微量注射器 1 支，25mL 容量瓶 7 只。

2. 试剂

甲醇（色谱纯），60％乙醇水溶液（不含甲醇）。

【实验步骤】

1. 色谱操作条件

FID 汽化室温度 150℃；检测室温度 200℃；柱温为程序升温。

2. 甲醇标准溶液的配制

以 60％乙醇水溶液为溶剂，配制浓度分别为 0.1％、0.3％、0.5％、0.7％的甲醇标准溶液。

3. 甲醇含量的色谱测定

用微量注射器分别吸取 1μL 不同浓度甲醇标准溶液及试样溶液，注入色谱仪，获得色谱图，以保留时间作为对照定性，确定甲醇色谱峰。

4. 数据处理及计算结果

以色谱峰面积（或峰高）为纵坐标，甲醇标准溶液浓度为横坐标，绘制标准曲线。

根据试样溶液色谱图中甲醇的峰面积（或峰高），查出试样溶液中甲醇的含量（μg/100mL）。

【思考题】

1. 为什么甲醇标准溶液要以 60% 乙醇水溶液为溶剂配制？配制甲醇标准溶液还需要注意什么？

2. 外标法定量的特点是什么？外标法定量的主要误差来源有哪些？

第 7 章
液相色谱法

7.1 液相色谱概述

7.1.1 液相色谱理论的发展

　　色谱法最早是由俄国植物学家茨维特（Tswett）在 1906 年研究用碳酸钙分离植物色素时发现的，Tswett 用希腊语 chroma（色）和 graphos（谱）描述他的实验，色谱法（chromatography）因之得名。1941 年马丁（Martin A J P）和辛格（Synge R L M）就提出高效液相色谱的设想，但是直到 20 世纪 60 年代，为了分离蛋白质、核酸等不易汽化的大分子物质，才在经典液相色谱法的基础上引入了气相，色谱理论才迅速发展起来。20世纪 60 年代末，科克兰（Kirkland）、哈伯（Haber）、荷瓦斯（Horvath）等开发了世界上第一台高效液相色谱仪，从而真正开启了高效液相色谱的时代。1971 年科克兰等出版《液相色谱的现代实践》一书，标志着高效液相色谱法（high performance liquid chromatography，HPLC）正式建立。随后高效液相色谱进入了一个快速发展的时期，成为当前最常用的分离和检测手段，在化学化工、环境监测、食品科学、医学、药物开发与检测等方面都有广泛的应用。高效液相色谱发展的同时还极大程度地促进了固定相材料、检测技术、数据处理技术以及色谱理论的发展。

7.1.2 液相色谱法的基本原理

　　色谱法是用来分离混合物中各种组分的方法，又称色层法、层析法。色谱系统包括固定相（stationary phase）和流动相（mobile phase）两相。其分离原理是：溶于流动相中的各组分经过固定相时，由于与固定相发生作用（吸附、分配、离子吸引、排阻、亲和）的大小、强弱不同，在固定相中滞留时间不同，从而先后从固定相中流出。这里，固定相可以是固体，也可以是被固体或凝胶所支持的液体。固定相可以装入柱中，展成薄层或涂成薄膜，称为色谱"床"。流动相可以是气体，也可以是液体，前者称为气相色谱，后者称为液相色谱。

　　液相色谱法的开始阶段是用大直径的玻璃管柱在室温和常压下利用液位差输送流动相，称为经典液相色谱法，此方法柱效低、时间长（常有几个小时）。高效液相色谱使用粒径更小的固定相填充色谱柱，提高色谱柱的塔板数，以高压驱动流动相，故又称高压液相色谱法（high pressure liquid chromatography，HPLC）。又因分析速度快而称为高速液相色谱法（high speed liquid chromatography，HSLP），也称现代液相色谱。它可使得经典液相色谱需要数日乃至数月完成的分离工作得以在几个小时甚至几十分钟内完成。

7.1.3　高效液相色谱法分类

　　高效液相色谱法可分为液-固色谱法、液-液色谱法、离子交换色谱法、凝胶色谱法。

7.1.3.1　液-固色谱法（液-固吸附色谱法）

　　（1）液-固色谱法的分离原理

　　液-固色谱法的固定相是固体吸附剂，它是根据物质在固定相上的吸附作用不同来进行分配的。其分离原理为：当流动相中的溶质分子 X（液相）被流动相 S 带入色谱柱后，在随载液流动的过程中，发生如下交换反应：

$$X(液相) + nS(吸附) \underset{解吸}{\overset{吸附}{\rightleftharpoons}} X(吸附) + nS(液相)$$

　　即溶质分子 X（液相）和溶剂分子 S（液相）对吸附剂活性表面的竞争吸附，吸附反应的平衡常数：$K = \dfrac{[X(吸附)][S(液相)]^n}{[X(液相)][S(吸附)]^n}$。

　　K 值较小，说明溶剂分子吸附力很强，被吸附的溶质分子很少，先流出色谱柱。K 值较大，表示该组分分子的吸附能力较强，后流出色谱柱。

　　（2）液-固色谱法的吸附剂和流动相

　　常用的液-固色谱吸附剂有薄膜型硅胶、全多孔型硅胶、薄膜型氧化铝、全多孔型氧化铝、分子筛、聚酰胺等。

　　一般地，对于固定相而言，非极性分子与极性吸附剂（如硅胶、氧化铜）之间的作用力很弱，分配比 K 较小，保留时间较短；但极性分子与极性吸附剂之间的作用力很强，分配比 K 大，保留时间长。

　　对流动相的基本要求：试样要能够溶于流动相中；流动相黏度较小；流动相不能影响试样的检测。

　　常用的流动相有甲醇、乙醚、苯、乙腈、乙酸乙酯、吡啶等。

　　（3）液-固色谱法的应用

　　液-固色谱法常用于分离极性不同的化合物、含有不同类型或不同数量官能团的有机化合物，以及有机化合物的不同异构体。

　　液-固色谱法不宜用于分离同系物，因为液-固色谱对不同分子量的同系物选择性不高。

7.1.3.2 液-液色谱法

（1）液-液色谱法的分离原理

溶质在两相间进行分配时，在固定液中溶解度较小的组分较难进入固定液，在色谱柱中向前迁移速度较快；在固定液中溶解度较大的组分容易进入固定液，在色谱柱中向前迁移速度较慢，从而达到分离的目的。

液-液色谱法与液-液萃取法的基本原理相同，均服从分配定律：

$$K = c_{固} / c_{液} \tag{7-1}$$

故 K 值大的组分，保留时间长，后流出色谱柱。

（2）液-液色谱法的固定相

液-液色谱法的固定相是将固定液涂渍在载体表面形成的液膜。常用的固定液为有机液体，如极性的 β, β'-氧二丙腈，非极性的十八烷和异二十烷等。

（3）液-液色谱法的应用

液-液色谱法既能分离极性化合物，又能分离非极性化合物，如烷烃、烯烃、芳烃、稠环、甾族等化合物。化合物中取代基的数目或性质不同，或化合物的分子量不同时，均可以用液-液色谱进行分离。

7.1.3.3 离子交换色谱法

（1）离子交换色谱法的分离原理

离子交换色谱法是基于离子交换树脂上可电离的离子与流动相中具有相同电荷的被测离子进行可逆交换，由于被测离子在交换剂上具有不同的亲和力（作用力）而被分离。聚合物的分子骨架上连接着活性基团，如：$-SO_3-$，$-N(CH_3)_3^+$ 等。为了保持离子交换树脂的电中性，活性基团上带有电荷数相同但正、负号相反的离子 X，称为反离子。活性基团上的反离子可以与流动相中具有相同电荷的被测离子发生交换：

$$R-SO_3X + M^+ \Longrightarrow R-SO_3M + X^+$$

离子交换色谱的分配过程是交换与洗脱过程。交换达到平衡时：

$$K = \frac{[R-SO_3M][X^+]}{[R-SO_3X][M^+]}$$

上式说明 K 值越大，保留时间越长。

（2）离子交换色谱法的固定相

离子交换色谱的固定相有两种类型：多孔性离子交换树脂与薄壳型离子交换树脂。

多孔性离子交换树脂：极小的球型离子交换树脂，能分离复杂样品，进样量较大；缺点是机械强度不高，不能耐受压力。

薄壳型离子交换树脂：在玻璃微球上涂以薄层的离子交换树脂，柱效高，当流动相成分发生变化时，不会膨胀或压缩；缺点是柱子容量小，进样量不宜太多。

（3）离子交换色谱法的应用

离子交换色谱法主要用来分离离子或可解离的化合物，凡是在流动相中能够电离的物质都可以用离子交换色谱法进行分离。它广泛地应用于无机离子、有机化合物和生物物质

（如氨基酸、核酸、蛋白质等）的分离。

7.1.3.4　凝胶色谱法（空间排阻色谱法）

（1）凝胶色谱法的分离原理

凝胶色谱法是根据分子的体积大小和形状不同而达到分离目的。凝胶是一种多孔性的高分子聚合体，表面布满孔隙，能被流动相浸润，吸附性很小。体积大于凝胶孔隙的分子，由于不能进入孔隙而被排阻，直接从表面流过，先流出色谱柱；小分子可以渗入大大小小的凝胶孔隙中而完全不受排阻，然后又从孔隙中出来随载液流动，后流出色谱柱；中等体积的分子可以渗入较大的孔隙中，但受到较小孔隙的排阻，介于上述两种情况之间。

凝胶色谱法是一种按分子尺寸大小的顺序进行分离的色谱分析方法。

（2）凝胶色谱法的固定相

凝胶色谱法的固定相可分为软质凝胶、半硬质凝胶和硬质凝胶三种。

（3）凝胶色谱法的应用

凝胶色谱法适用于分离分子量大的化合物，分子量在 $400 \sim 8 \times 10^5$ 的任何类型的化合物。该法不能分辨分子大小相近的化合物，分子量相差 10% 以上时才能得到分离。

7.1.4　高效液相色谱法与气相色谱法比较

高效液相色谱法与气相色谱法的比较见表 7-1。

表 7-1　高效液相色谱法与气相色谱法的比较

项目	高效液相色谱法	气相色谱法
进样方式	样品制成溶液	样品需加热汽化或裂解
流动相	1. 液体流动相可为离子型、极性、弱极性、非极性溶液，可与被分析样品产生相互作用，并能改善分离的选择性； 2. 液体流动相动力黏度为 10^{-3} Pa·s，输送流动相压力高达 $2 \sim 20$MPa	1. 气体流动相为惰性气体，不与被分析的样品发生相互作用； 2. 气体流动相动力黏度为 10^{-5} Pa·s，输送流动相压力仅为 $0.1 \sim 0.5$MPa
固定相	1. 分离机理：可依据吸附、分配、筛析、离子交换、亲和等多种原理进行样品分离，可供选用的固定相种类繁多； 2. 色谱柱：固定相粒度大小为 $5 \sim 10 \mu m$；填充柱内径为 $3 \sim 6$mm，柱长 $10 \sim 25$cm，柱效为 $10^3 \sim 10^4$；毛细管柱内径为 $0.01 \sim 0.03$mm，柱长 $5 \sim 10$m，柱效为 $10^4 \sim 10^5$；柱温为常温	1. 分离机理：依据吸附、分配两种原理进行样品分离，可供选用的固定相种类较多； 2. 色谱柱：固定相粒度大小为 $0.1 \sim 0.5$mm；填充柱内径为 $1 \sim 4$mm，柱效为 $10^2 \sim 10^3$；毛细管柱内径为 $0.1 \sim 0.3$mm，柱长 $10 \sim 100$m，柱效为 $10^3 \sim 10^4$，柱温为常温 ~ 300℃
检测器	选择性检测器：UVD、PDAD、FD、ECD 通用型检测器：ELSD、RID	通用型检测器：TCD、FID(有机物) 选择性检测器：ECD*、FPD、NPD
应用范围	可分析低分子量、低沸点样品；高沸点、中分子、高分子有机化合物(包括非极性、极性)；离子型无机化合物；热不稳定、具有生物活性的生物分子	可分析低分子量、低沸点有机化合物；永久性气体；配合程序升温可分析高沸点有机化合物；配合裂解技术可分析高聚物
仪器组成	溶质在液相的扩散系数(10^{-5} cm²/s)很小，因此在色谱柱以外的死空间应尽量小，以减少柱外效应对分离效果的影响	溶质在气相的扩散系数(10^{-1} cm²/s)大，柱外效应的影响较小，对毛细管气相色谱应尽量减小柱外效应对分离效果的影响

注：UVD——紫外吸收检测器；PDAD——二极管阵列检测器；FD——荧光检测器；ECD——电化学检测器；RID——折光指数检测器；ELSD——蒸发光散射检测器；TCD——热导检测器；FID——火焰离子化检测器；ECD*——电子捕获检测器；FPD——火焰光度检测器；NPD——氮磷检测器。

7.1.5　高效液相色谱法的特点

HPLC 有以下特点：

① 高压——压力可达 $150\sim300kg/cm^2$，色谱柱每米降压在 $75kg/cm^2$ 以上；

② 高速——流速为 $0.1\sim10.0mL/min$；

③ 高效——可达 5000 塔板每米，在一根柱中同时分离成份可达 100 种；

HPLC 与经典液相色谱相比有以下优点：

① 速度快——一般分析一个样品在 $15\sim30min$，有些样品甚至在 5min 内即可完成检测；

② 分辨率高——可选择固定相和流动相以达到最佳分离效果；

③ 灵敏度高——紫外吸收检测器可达 0.01ng，荧光检测器和电化学检测器可达 0.1pg；

④ 柱子可反复使用——色谱柱使用后，按规定程序用流动相冲洗，可使色谱柱的柱效保持而不影响下次使用。

⑤ 样品量少，容易回收——样品经过色谱柱后不被破坏，可以收集单一组分或做制备。

7.1.6　高效液相色谱定性方法和定量方法

7.1.6.1　高效液相色谱定性方法

（1）利用已知标准样品定性

利用标准样品对未知化合物定性是最常用的液相色谱定性方法。由于每一种化合物在特定的色谱条件（流动相组成、色谱柱、柱温等相同）下，其保留值具有特征性，因此可以利用保留值进行定性。

（2）利用检测器的选择性定性

同一种检测器对不同种类化合物的响应值是不同的，而不同的检测器对同一种化合物的响应值也是不同的。所以当某一被测化合物同时被两种或两种以上检测器检测时，两种或几种检测器对被测化合物的检测灵敏度比值是与被测化合物的性质密切相关的，可以用来对被测化合物进行定性分析，这就是双检测器定性体系的基本原理。

7.1.6.2　高效液相色谱定量方法

（1）归一化法

归一化法要求所有组分都能分离并有响应。由于液相色谱所用检测器为选择性检测器，对很多组分没有响应，因此液相色谱法较少使用归一化法。

（2）外标法

外标法是同时以待测组分纯品配制标准试样和待测试样做色谱分析来进行比较而定量

的。它可分为标准曲线法和直接比较法。

（3）内标法

内标法是一种比较精确的定量方法。它是将已知量的参比物（内标物）加到一定量的试样中，那么试样中参比物的浓度为已知；在进行色谱测定之后，待测组分峰面积和参比物峰面积之比应该等于待测组分质量与参比物质量之比，求出待测组分的质量，进而求出待测组分的含量。

高效液相色谱法适于分析高沸点不易挥发、受热不稳定易分解、分子量大、极性不同的有机化合物；生物活性物质和多种天然产物；合成和天然的高分子化合物等。涉及石油化工产品、食品、合成药物、生物化工产品及环境污染物等，约占全部有机化合物的80%。其余 20% 的有机化合物，包括永久性气体、易挥发低沸点及中等分子量的化合物，只能用气相色谱法进行分析。

由于高效液相色谱具有高速、高效、高灵敏性等特点，研究人员将高效液相色谱技术应用于天然产物（主要是中药）、农药和食品等行业中，取得了明显的效果。例如在天然产物分离中的应用，天然产物（主要是中药）种类繁多，所含化学成分种类丰富，且有不少结构相似而含量高低不一，采用常规方法难以进行分离、精制。而 HPLC 的高灵敏性和高效性使其能有效地分离、纯化某些天然产物中的有效成分，如黄酮类化合物、苷类化合物、有机酸类化合物和生物碱类化合物等。

7.2　高效液相色谱仪

7.2.1　高效液相色谱仪的工作原理

高效液相色谱仪储液器中的流动相被高压泵打入系统，样品溶液经进样器进入流动相，被流动相载入色谱柱内，由于样品溶液中的各组分在两相中具有不同的分配系数，因此各组分在两相中做相对运动时，经过反复多次的吸附-解吸分配过程，在移动速度上产生较大的差别，被分离成单个组分依次从柱内流出，通过检测器时，样品浓度被转换成电信号传送到记录仪，数据以谱图形式打印出来，如图 7-1 所示。

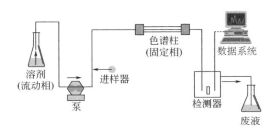

图 7-1　高效液相色谱仪原理示意图

7.2.2 高效液相色谱仪的构成

HPLC 系统一般由储液器、高压输液泵、自动进样器、色谱柱、检测器、数据处理系统等组成。其中高压输液泵、色谱柱、检测器是关键部件。有的仪器还配备梯度洗脱装置、在线脱气机、自动进样器、预柱或保护柱、柱温控制器等，如图 7-2 所示。有些 HPLC 仪还有微机控制系统，进行自动化仪器控制和数据处理。制备型 HPLC 仪还备有自动馏分收集装置。

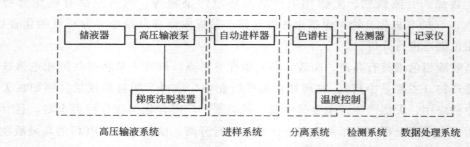

图 7-2　高效液相色谱仪的构成简图

目前国外高效液相色谱仪生产厂家主要有 Waters 公司、Agilent 公司（原 HP 公司）、岛津公司等，国内主要有大连依利特、南京科捷、北分瑞利、上海天美等。

（1）高压输液系统

高压输液系统由储液器、高压输液泵、梯度洗脱装置等组成。

① 储液器　一般由玻璃、不锈钢或氟塑料制成，容量为 1～2L。

② 高压输液泵　高效液相色谱仪中最重要的部件之一，性能好坏直接影响到整个系统的质量和分析结果的可靠性。其功能是将储液器中的流动相以高压形式连续不断地送入进样系统，使样品在色谱柱中完成分离过程。

高压输液泵应具备流量稳定、流量范围宽、输出压力高、液缸容积小、密封性能好、耐腐蚀等性能。

（2）进样系统

进样系统包括进样口、注射器和进样阀等，它的作用是把分析试样有效地送入色谱柱进行分离。HPLC 进样方式可分为隔膜进样、停流进样、阀进样、自动进样。现在多采用自动进样，此方法常用于大批量样品的常规分析。

进样装置要求密封性好，死体积小，重复性好，保证中心进样，进样时对色谱系统的压力、流量影响小。

（3）分离系统

分离系统包括色谱柱、恒温装置和连接管等部件。色谱柱一般由内部抛光的不锈钢制成。柱温一般为室温或接近室温。

① 色谱柱　分离系统的"心脏"是担负分离作用的色谱柱。通常色谱柱在正确使用时寿命可达 2 年以上。每次工作完后，最好用洗脱能力强的洗脱液冲洗，例如 ODS 柱宜

用甲醇冲洗至基线平衡。当采用盐缓冲溶液作流动相时，使用完后应用无盐流动相冲洗。含卤族元素（氟、氯、溴）的化合物可能会腐蚀不锈钢管道，两者不宜长期接触。装在HPLC 仪上的色谱柱如不经常使用，应每隔 4～5 天开机冲洗 15min。

下面列举一些色谱柱的清洗溶剂及顺序作为参考：a. 硅胶柱以正己烷（或庚烷）、二氯甲烷和甲醇依次冲洗，然后再以相反顺序依次冲洗，所有溶剂都必须严格脱水。甲醇能洗去残留的强极性杂质，正己烷使硅胶表面重新活化。b. 反相柱以水、甲醇、乙腈、一氯甲烷（或氯仿）依次冲洗，再以相反顺序依次冲洗。如果下一步分析用的流动相不含缓冲液，那么可以省略最后用水冲洗这一步。一氯甲烷能洗去残留的非极性杂质，在用甲醇（乙腈）冲洗时重复注射 100～200μL 四氢呋喃数次，有助于除去强疏水性杂质。四氢呋喃与乙腈或甲醇的混合溶液能除去类脂。有时也注射数次二甲亚砜。此外，用乙腈、丙酮和三氟乙酸（0.1%）梯度洗脱能除去蛋白质污染。c. 阳离子交换柱可用稀酸缓冲液冲洗，阴离子交换柱可用稀碱缓冲液冲洗，除去交换性能强的盐，然后用水、甲醇、二氯甲烷（除去吸附在固定相表面的有机物）、甲醇、水依次冲洗。

② 恒温装置　在 HPLC 仪中色谱柱及某些检测器要能准确地控制工作环境温度，色谱柱的恒温精度为 ±(0.1～0.5℃)，检测器的恒温要求则更高。

温度对溶剂的溶解能力、色谱柱的性能、流动相的黏度有影响。色谱柱的不同工作温度对保留时间、相对保留时间也有影响。

不同的检测器对温度的敏感度不一样。紫外检测器一般在温度波动超过 ±0.5℃ 时，就会产生基线漂移起伏。示差折光检测器的灵敏度和最小检出量常取决于温度控制精度，因此需控制在 ±0.001℃ 左右，微吸附热检测器也要求在 ±0.001℃ 以内。

（4）检测系统

检测器是 HPLC 仪的三大关键部件之一，其作用是把洗脱液中组分的量转变为电信号。HPLC 的检测器要灵敏度高、噪声低（即对温度、流量等外界变化不敏感）、线性范围宽、重复性好和适用范围广。目前，应用最广泛的检测器是紫外（UV）检测器，当检测波长范围包括可见光时，又称为紫外-可见检测器。

UV 检测器的工作原理是朗伯-比尔定律，即当一束单色光透过流动池时，若流动相不吸收光，在一定入射波长下，则吸光度 A 与吸光组分的浓度 c 和流动池的光径长度 b 成正比：$A = \varepsilon c b$。式中，ε 为一定入射波长下组分的摩尔吸光系数。

（5）数据处理系统

早期的 HPLC 仪器是用记录仪记录检测信号，再手工测量计算的。其后，使用积分仪计算并打印出峰高、峰面积和保留时间等参数。20 世纪 80 年代后，计算机技术的广泛应用使 HPLC 操作更加快速、简便、准确、精密和自动化，现在人们已可在互联网上远程处理数据。计算机系统的用途包括三个方面：a. 采集、处理和分析数据；b. 控制仪器；c. 色谱系统优化和专家系统。

7.3　高效液相色谱的固定相和流动相

7.3.1　固定相

　　固定相，即基质或者单体，可以是陶瓷的无机物基质，也可以是有机聚合物基质。无机物基质主要是硅胶和氧化铝，在溶剂中不容易膨胀，有机聚合物基质主要是交联苯乙烯-二乙烯苯、聚甲基丙烯酸酯。有机聚合物刚性小、易被压缩，溶剂或溶质容易渗入有机基质中，导致填料颗粒膨胀，传质减少，最终使柱效降低。

　　在进行色谱分析时，固定相的选择可参见表7-2。＋＋＋表示好，＋＋表示一般，＋表示差。

表 7-2　固定相选择

固定相	硅胶	氧化铝	交联苯乙烯-二乙烯苯	聚甲基丙烯酸酯
耐有机溶剂	＋＋＋	＋＋＋	＋＋	＋＋
适用 pH 范围	＋	＋＋	＋＋＋	＋＋
抗膨胀/收缩	＋＋＋	＋＋＋	＋	＋
耐压	＋＋＋	＋＋＋	＋＋	＋
表面化学性质	＋＋＋	＋	＋＋	＋＋＋
效能	＋＋＋	＋＋	＋	＋

7.3.2　流动相

　　一个理想的流动相溶剂应具有低黏度、与检测兼容性好、易于得到纯品和低毒性的特征。

　　选择流动相要考虑：流动相应不改变填料的任何性质、纯度、必须与检测匹配、黏度要低、对样品的溶解度要适宜、样品易于回收。

　　流动相按组成不同可分为单组分和多组分；按极性不同也分为极性、弱极性和非极性；按使用方式不同可分为等度洗脱和梯度洗脱。其中梯度洗脱较为常用。

　　梯度洗脱是在一个分析周期内程序控制流动相的组成，如溶剂的极性、离子强度和pH 等，用于分析组分数目多、性质差异较大的复杂样品。采用梯度洗脱可以缩短分析时间，提高分离度，改善峰形，提高检测灵敏度，但是常常引起基线漂移和降低重现性。梯度洗脱有两种实现方式：低压梯度（外梯度）和高压梯度（内梯度）。

　　由两种溶剂组成的梯度洗脱可按任意程度混合，即有多种洗脱曲线：线性梯度、凹形梯度、凸形梯度和阶梯形梯度。其中线性梯度最常用，尤其适合在反相柱上进行梯度洗脱。

7.3.3　液相色谱常用固定相和流动相

液相色谱常用固定相和流动相如表 7-3 所示。

表 7-3　液相色谱常用固定相和流动相

色谱类型	固定相	流动相	主要适用范围
正相色谱	R—CN、R—NH₂	有机溶剂	在水中绝对不溶解的物质或同分异构体
反相色谱	C_{18}、C_8、C_4、C_2	水/有机溶剂	中性、弱酸性、弱碱性物质
离子对色谱	C_{18}、C_8	水/有机溶剂离子对试剂	离子
离子交换色谱	阴离子和阳离子交换剂	水相/缓冲盐对离子	离子
体积排阻色谱	聚酯、硅胶	水相/有机相	大分子量化合物聚合物

7.4　高效液相色谱法的应用

7.4.1　在食品分析方面的应用

食品生产过程中往往需要添加防腐剂、抗氧化剂、甜味剂、人工合成色素、保鲜剂等化学物质，它们的含量过高对人体健康不利。食品中的防腐剂主要有苯甲酸、山梨酸和对羟基苯甲酸的甲酯、乙酯、丙酯等；抗氧化剂有二叔丁基甲酚、叔丁基对羟基苯甲醚、二叔丁基对苯二酚和三羟基苯丁酮等；甜味剂主要有糖精钠、乙酰磺胺酸钾（安赛蜜）、天门冬酰苯丙氨酸甲酯（甜味素）；人工合成色素有柠檬黄、苋菜红、胭脂红、日落黄等。它们都可用高效液相色谱法进行定性、定量测定。例如，软饮料中添加剂的反相键合相色谱分离，见图 7-3。

色谱柱为 μ-Bondapak（10μm，

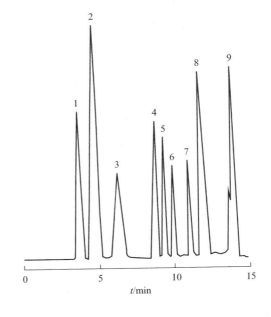

图 7-3　软饮料中添加剂的反相键合相色谱分离图
1—苯甲酸；2—山梨酸；3—糖精钠；4—柠檬黄；5—苋菜红；6—胭脂红；7—日落黄；8—咖啡因；9—亮蓝

8mm×10mm），流动相为 0.02mol/L 乙酸铵，B 为甲醇。6 个检测波长：225nm、230nm、255nm、258nm、273nm 和 600nm。

7.4.2　在环境分析方面的应用

　　HPLC 在环境分析中有着广泛应用，特别适用于分子量大、挥发性低、热稳定性差的有机污染物（如多环芳烃、酚类、邻苯二甲酸酯类、联苯胺类等）的分离和分析。HPLC 测定酚类化合物，可以保持酚类化合物组成不变，可以同时对各种不同取代基及不同结构的酚类化合物进行分离和分析，且具有重现性好、灵敏度高、选择性好的优点。图 7-4 为苯酚及其衍生物的分离谱图。

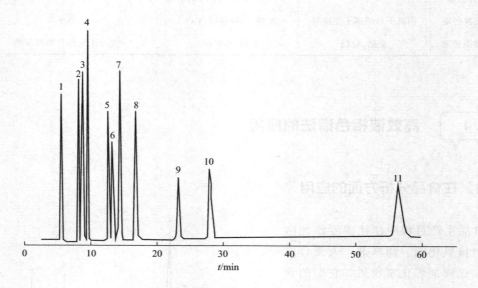

图 7-4　苯酚及其衍生物的分离谱图

1—苯酚（270）；2—4-甲酚（280）；3—2-甲酚（270）；4—2-氯酚（275）；5—4-氯酚（280）；
6—2,6-二甲酚（270）；7—2,4-二甲酚（280）；8—2,6-二氯酚（275）；9—2,4,6-三甲酚（280）；
10—2,4-二氯酚（287）；11—2,4,6-三氯酚（287）

　　色谱柱为 Spherisorb ODS2（5μm，4.6mm×250mm），流动相为甲醇＋乙腈＋四氢呋喃＋水（体积比为 28.7∶4∶3.8∶63.5）。用 UVD 检测，检测波长在 270～287nm。

7.4.3　在药物分析方面的应用

　　高效液相色谱法可用于药物的鉴别及杂质检验，这里仅介绍其在药物鉴别中的应用。在 HPLC 中，保留时间与组分的结构和性质有关，是定性的参数，可用于药物的鉴别。如《中国药典》收载的药物头孢羟氨苄的鉴别项下规定：在含量测定项下记录的色谱图中，供试品主峰的保留时间应与对照品主峰的保留时间一致。头孢拉定、头孢噻吩钠等头孢类药物以及地西泮注射液、曲安奈德注射液等多种药物均采用 HPLC 进行鉴别。图 7-5 为头孢菌素混合物的分析色谱图。

　　色谱柱为 μ-Bondapak C_{18}（$10\mu m$，$1mm \times 250mm$），流动相为 $0.01mol/L\ NaH_2PO_4$ 水溶液-甲醇（75：25）。流量设置：开始至 23min 为 $50\mu L/min$，23min 后为 $150\mu L/min$，用 UVD（254nm）检测。

7.4.4　在农药分析方面的应用

　　高效液相色谱法常用来测定沸点高和热稳定性差的农药残留，使用的色谱分析柱常为 C_{18} 或 C_8；常用的检测器有紫外检测器、二极管阵列检测器、荧光检测器以及极具应用潜力的蒸发光散射检测器（ELSD）。其中，荧光检测器当前应用较广泛。例如：根据氨基甲酸甲酯类农药在碱性条件下易产生甲胺，甲胺与苯二醛反应能产生高灵敏度荧光的特点，可用柱后衍生法、荧光检测器测定氨基甲酸酯类农药残留量，分离色谱图见图 7-6。

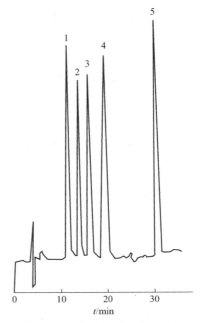

图 7-5　头孢菌素混合物的分析
1—头孢菌素Ⅳ；2—头孢甲氧霉素；
3—头孢菌素Ⅵ；4—头孢菌素Ⅲ；
5—头孢菌素Ⅰ

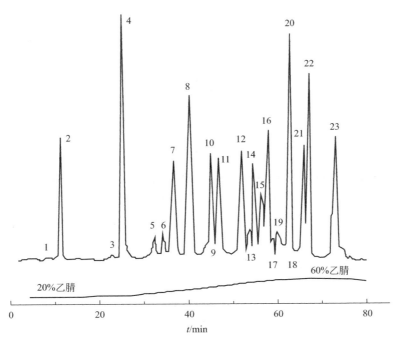

图 7-6　氨基甲酸酯类农药的分离谱图

1—溶剂；2—灭多虫；3—涕灭威；4—异索威；5—杀灭威；6—克百威丹；7—百亩威；
8—甲萘威；9—混杀威；10—苯胺灵；11—氯灭杀灵；12—灭虫威；13—白克威；
14—芽后苯敌草；15—Chloroprophen；16—Eplan；17—Bux；18—敌菌丹；
19—燕麦灵；20—克草猛；21—苏达灭；22—燕麦敌；23—野麦畏

色谱柱为 μ-Bondapak C_{18} （10μm，4mm×300mm），流动相为乙腈和水。

7.5 实验部分

实验 7-1 高效液相色谱法测定饮料中的咖啡因含量

【实验目的】

1. 掌握采用高效液相色谱法进行定性及定量分析的方法。
2. 熟悉高效液相色谱法分析中样品的前处理方法。

【实验原理】

生活中含有咖啡因成分的咖啡、茶、软饮料及能量饮料十分畅销。咖啡因，又称三甲基黄嘌呤、咖啡碱、马黛因、瓜拉纳因子、甲基可可碱，既是一种黄嘌呤生物碱化合物，还是一种中枢神经兴奋剂。很多咖啡因的自然来源也含有多种其他的黄嘌呤生物碱，包括强心剂茶碱、可可碱以及其他物质（如单宁酸）。

纯的咖啡因是白色的，有强烈苦味的粉状物。它的化学名是 1,3,7-三甲基黄嘌呤或 3,7-二氢-1,3,7 三甲基-1H-嘌呤-2,6-二酮，它的化学式是 $C_8H_{10}N_4O_2$，分子量为 194.19。其结构式如下：

$$\text{H}_3\text{C}-\text{N} \cdots \text{N}-\text{CH}_3$$

适度地食用咖啡因可有祛除疲劳、兴奋神经的作用，临床上用于治疗神经衰弱和昏迷复苏。但是，大剂量或长期使用也会对人体造成损害，特别是它有较弱的成瘾性，一旦停用会出现精神委顿、浑身困乏疲软等各种戒断症状，但戒断症状不十分严重。

分析原理：饮料中的咖啡因与其他组分（如单宁酸、咖啡酸、蔗糖等）经色谱柱分离，测得它们在色谱图上的保留时间和峰面积，根据保留时间定性，外标法定量。

【仪器与试剂】

1. 仪器

高效液相色谱仪 Agilent 1200，如图 7-7；UV 检测器。

2. 试剂

甲醇（色谱纯）；二次蒸馏水；乙酸乙酯（AR）；6mol/L 盐酸；饱和碳酸钠溶液；咖

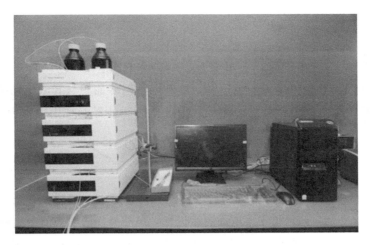

图 7-7　高效液相色谱仪 Agilent 1200

啡因（AR）；咖啡豆（磨成粉状）或速溶咖啡。

【实验步骤】

1. 色谱条件设置

柱温为室温；流动相为甲醇：水＝60：40（体积比）；流动相流速为 1.0mL/min；检测波长为 275nm。

2. 咖啡因标准系列溶液的配制

将咖啡因在 110℃下烘干 1h。准确称取 0.1000g 咖啡因，用甲醇溶解，然后定量转移至 100mL 容量瓶中，并用甲醇稀释至刻度线，即得 1000mg/L 咖啡因标准储备溶液。取 1000mg/L 咖啡因标准储备溶液分别配制成 10.0～100.0mg/L 的咖啡因标准系列溶液。

3. 样品处理

准确称取 0.25g 咖啡粉试样，用 30mL 蒸馏水煮沸 10min，冷却后，将上层清液转移至 100mL 容量瓶中，并按此步骤再重复两次，最后用蒸馏水定容至刻度线。将上述样品溶液分别进行干过滤（即用干漏斗、干滤纸过滤），收集 25.0mL 滤液。上述 25.0mL 滤液全部转移到 125mL 分液漏斗中，加入 6mol/L 盐酸 2mL，用 10mL 乙酸乙酯分两次萃取，弃去乙酸乙酯层。水层中再加入饱和碳酸钠溶液 5mL，用 20mL 乙酸乙酯分三次萃取。将酯层收集于 25mL 容量瓶中，用乙酸乙酯定容至刻度线。

4. 绘制工作曲线

待液相色谱仪基线平直后，分别注入咖啡因标准系列溶液 10μL，记下峰面积和保留时间。

5. 样品测定

注入样品溶液 10μL，根据咖啡因标准品的保留时间确定样品中咖啡因色谱峰的位置，记下咖啡因色谱峰面积。

6. 实验结束

按要求冲洗色谱系统，关好仪器。

【结果处理】

1. 根据咖啡因标准系列溶液的色谱图，绘制咖啡因峰面积与其浓度的关系曲线。

2. 根据样品中咖啡因色谱峰的峰面积，由工作曲线计算咖啡中咖啡因含量（用 mg/g 表示）。

【注意事项】

1. 含咖啡因的样品先经色谱柱分离后再检测分析，可有效消除共存杂质的干扰。实际样品成分往往比较复杂，如果不先萃取而直接进样，虽然操作简单，但会影响色谱柱寿命。

2. 不同品牌的茶叶、咖啡中咖啡因含量不相同，称取的样品量可酌情增减。

3. 若样品和标准溶液需保存，应置于冰箱中。

4. 为保护仪器色谱柱，柱压不可超过 25MPa，当柱压达到 20MPa 时就应适当减小流速。

5. 必须使用专用的平头注射器进样，严禁使用尖头注射器。

6. 进样前应排尽注射器中的气泡，不可将气泡注入色谱系统。

【思考题】

1. 试样处理时，两次萃取的目的和原理有何不同？在操作的要领上有什么差异？

2. 若标准曲线用咖啡因浓度对峰高作图，能得到准确结果吗？与本实验的标准曲线相比何者优越？为什么？

3. 在样品过滤时，为什么要干过滤？干过滤时没有收集全部滤液是否影响实验结果？为什么？

附： 高效液相色谱仪 Aglient 1200 的使用操作具体步骤

1. 开机

接通电源，开启联机电脑，再接通仪器电源，仪器自检完毕，处于准备进行状态。双击桌面图标"仪器 1 联机"，打开 Agilent 1200 化学工作站，在左上角下拉框中选择"方法与运行控制"界面（图 7-8）。

2. 启动流动泵

点击仪器菜单中"启动系统"命令，进入下面界面，流动泵进行初始化，见图 7-9。

当界面中流动泵的图标由黄变绿时，这表示仪器已经准备就绪（图 7-10）。

3. 检测参数的设定

将鼠标移至要设定的参数，如流速、分析停止时间、检测波长、填写样品信息及保存路径等，单击一下，即可显示该参数的设置页面，键入设定值后，单击确定，即完成。以流速的设定、样品信息及保存路径为例，分别见图 7-11、图 7-12。

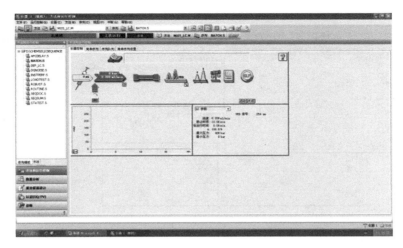

图 7-8 "方法与运行控制"界面

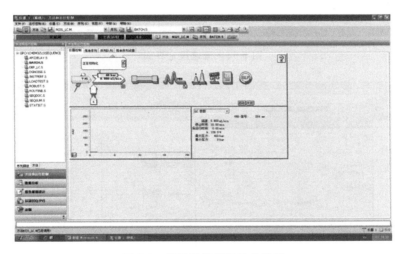

图 7-9 流动泵进行初始化界面

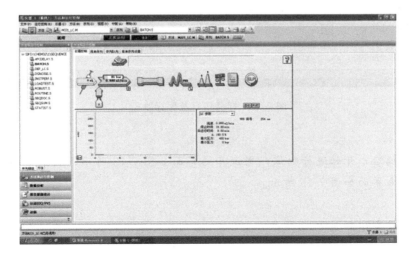

图 7-10 流动泵准备就绪界面

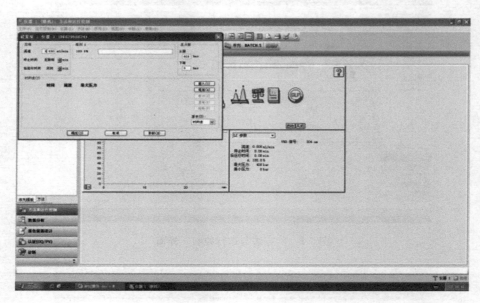

图 7-11　流速设定界面

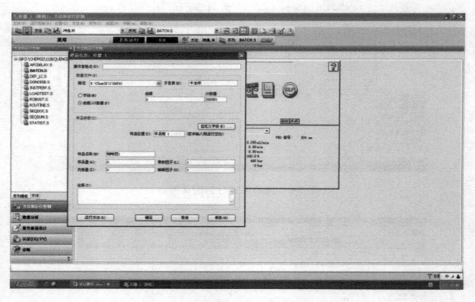

图 7-12　样品信息及保存路径

4. 测试开始

待基线平稳后，开始进行测试，测试开始界面如图 7-13 所示，测试中界面如图 7-14 所示，测试结束界面如图 7-15 所示。

5. 关机

关闭仪器设备，如图 7-16 所示。

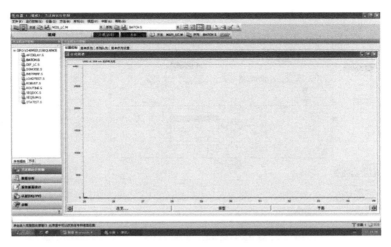

图 7-13　测试开始界面

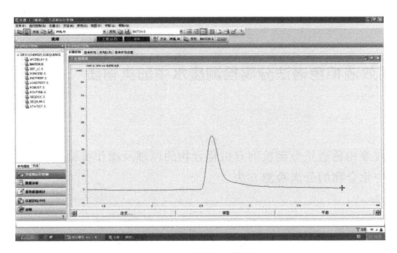

图 7-14　测试中界面

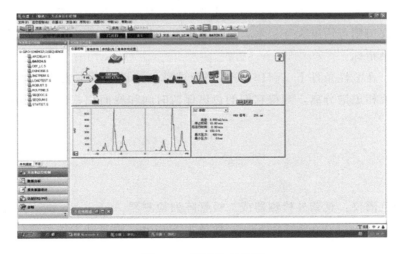

图 7-15　测试结束界面

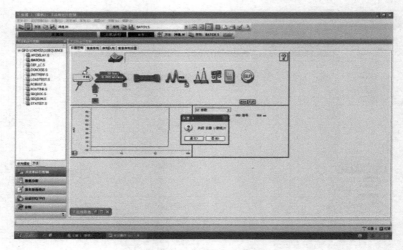

图 7-16 关闭仪器（联机）界面

实验 7-2 高效液相色谱法分离检测废水中酚类物质

【实验目的】

1. 掌握高效液相色谱法分离检测有机化合物的原理及操作步骤；
2. 熟悉水中化合物的分离检测方法。

【实验原理】

酚类化合物是指芳香烃苯环上的氢原子被羟基取代所生成的化合物，根据其分子所含的羟基数目可分为一元酚和多元酚。酚类化合物具有强烈的杀菌作用，也是一种中等强度的化学毒物。环境中的酚污染主要指酚类化合物对水体的污染，这些废水若不经过处理直接排放、灌溉农田则可污染大气、水、土壤和食品。目前，环境监测常以苯酚和甲酚等挥发性酚作为污染指标。

分析原理：在酸性条件下（pH≤1），用液液萃取或固相萃取法提取水样中的酚类化合物，经高效液相色谱分离，测得它们的色谱保留时间和峰面积，根据保留时间定性，外标法定量。

【仪器与试剂】

1. 仪器

高效液相色谱仪：具紫外检测器或二极管阵列检测器。

色谱柱：C_{18} 柱，4.6mm×150mm，粒径为 5.0μm，或其他等效色谱柱。

2. 试剂

除非另有说明，分析时均使用符合国家标准的分析纯化学试剂；实验用水为无酚水，液相色谱检验无干扰峰。

（1）无酚水：应贮于玻璃瓶中，取用时，应避免与橡胶制品（橡胶塞或乳胶塞等）接触。可按照下述两种方法进行制备。

① 于每升蒸馏水中加入 0.2g 经 200℃ 活化的活性炭粉末，充分震荡后，放置过夜，用双层中速滤纸过滤。

② 加氢氧化钠使蒸馏水呈弱碱性，并加入高锰酸钾至溶液呈紫红色，移入全玻璃蒸馏器中加热蒸馏，收集流出液备用。

（2）甲醇：HPLC 级；

（3）乙腈：HPLC 级；

（4）丙酮：HPLC 级；

（5）氢氧化钠：AR 级；

（6）二氯甲烷：AR 级；

（7）正己烷：AR 级；

（8）硫酸：AR 级；

（9）氯化钠：AR 级；

（10）无水硫酸钠：AR 级；

（11）盐酸：AR 级；

（12）乙酸乙酯：AR 级；

（13）标准贮备液（$\rho=1000$mg/L）：准确称取苯酚、2-甲基苯酚、3-甲基苯酚、4-甲基苯酚、1,3-苯二酚各 0.050g 于 50mL 容量瓶中，用甲醇定容，混匀。在 4℃ 冰箱中保存。或直接购买市售有证标准溶液。

（14）标准使用液（$\rho=100$mg/L）：量取 1.0mL 标准贮备液于 10mL 容量瓶中，用甲醇定容，混匀。在 4℃ 冰箱中保存。

【实验步骤】

1. 参考色谱条件

流动相：20％乙腈/80％水（体积比）7.5min，45％乙腈/55％水（体积比）2.0min，80％乙腈/20％（体积比），保留 5min。

检测波长 223nm；流速 1.5mL/min；进样量 50.0μL；柱温 25℃。

2. 样品

（1）样品采集与保存

采集样品时，不能用水样预洗采样瓶。样品采集后，用硫酸溶液，将水样调节至 pH ≤2。水样应充满样品瓶并加盖密封，4℃ 下避光保存。若水样不能及时测定，应在 7d 内萃取。萃取液在 4℃ 下避光保存，于 20d 内完成分析。

（2）试样制备

地表水、地下水等清洁水样可不净化直接过滤萃取分析，基体较复杂的水样应采用碱性水溶液反萃取法净化。

① 试样净化：取水样 250mL 于玻璃分液漏斗中，用氢氧化钠溶液调节水样至 pH≥12，加

入 25mL 二氯甲烷-正己烷混合溶液，振荡萃取 5min，弃去有机溶剂相，待进一步样品提取。

② 萃取：量取 250mL 水样或净化后水样，如需用替代物指示全程样品回收效率，则可在水样中加入 10.0μL 的替代物标准使用液，使替代物浓度在标准曲线中间浓度点附近。水样中加入硫酸溶液，调节水样 pH≤1。选择液液萃取或者固相萃取提取目标物。

a. 液液萃取：称取 15g 氯化钠加入到水样中，轻轻振摇使其溶解。量取 25mL 二氯甲烷-乙酸乙酯混合溶液，振摇萃取 10min。静置至有机相和水相充分分离，收集有机相，并经无水硫酸钠除水。重复 3 次上述萃取步骤，合并萃取液于浓缩管中。采用氮吹浓缩装置浓缩萃取液并更换到丙酮溶剂中，定容至约 8mL。

b. 固相萃取：用 9mL 二氯甲烷淋洗固相萃取小柱，将小柱抽干。再分别用 9mL 甲醇和 9mL 的盐酸溶液淋洗小柱，均保持小柱柱头浸润。水样以约 20mL/min 的流速通过小柱富集后，用氮气吹扫、干燥萃取小柱。再用 8～10mL 二氯甲烷-乙酸乙酯混合溶液以约 3mL/min 洗脱小柱，洗脱液收集于接收管中，采用氮吹浓缩装置浓缩萃取液并更换到丙酮溶剂中，定容至约 8mL。

（3）空白试样制备

用实验用水代替实际样品，按与试样制备相同步骤制备空白试样。

3. 校准

（1）标准系列的制备

分别量取 0μL、50μL、100μL、200μL、500μL、1000μL 标准使用溶液于 10mL 容量瓶中，用甲醇定容，混匀。配制成浓度为 0mg/L、0.5mg/L、1.0mg/L、2.0mg/L、5.0mg/L 和 10.0mg/L 的标准系列。

（2）校准曲线的绘制

由低浓度到高浓度依次量取 10.0μL 标准系列，注入高效液相色谱仪，按照参考色谱条件进行测定，以色谱响应值为纵坐标，酚类化合物浓度（mg/L）为横坐标，绘制校准曲线。校准曲线相关系数 r 大于等于 0.999。

4. 测定

量取 50.0μL 试样按照参考色谱条件进行测定，记录保留时间和色谱峰高（或峰面积）。

5. 空白试验

量取 50.0μL 空白试样按照参考色谱条件进行测定。

【数据处理】

1. 定性分析

根据酚类化合物标准品色谱图的保留时间定性。标准样品数据见表 7-4。

表 7-4　标准样品数据

序号	名称	保留时间/min	峰面积/(mAU·min)	峰高/mAU	浓度/(mg/L)
1	苯酚				
2	甲酚				
3	间苯二酚				

2. 定量分析

用外标法定量计算样品中的酚类化合物浓度。

测定结果小于 1mg/L 时，结果保留小数点后三位；测定结果大于等于 1mg/L 时，结果保留三位有效数字。

计算结果如表 7-5 所示。

表 7-5　废水样品数据

未知峰保留时间/min	峰面积/(mAU·min)	峰高/mAU	浓度/(mg/L)
1			
2			
3			
4			

3. 质量保证和质量控制

每批样品应至少测定 10% 的平行双样，样品数量少于 10 时，应至少测定一个平行双样，两次平行测定结果的相对偏差应小于等于 10%。

【注意事项】

1. 在进样前和进样后都需用洗针液洗净进样针，洗针液一般选择与样品液一致的溶剂，进样前必须用样品液清洗进样针筒 3 遍以上，并排除针筒中的气泡。

2. 进样时进样量尽量小，使用定量管定量时，进样体积应为定量管的 2 倍以上。

3. 对抽滤后的流动相进行超声脱气（10~20min）。

实验 7-3　高效液相色谱法测定饮料中山梨酸和苯甲酸

【实验目的】

1. 掌握高效液相色谱法测定饮料中苯甲酸和山梨酸的原理和方法；

2. 了解高效液相色谱仪的基本结构和使用方法；

3. 熟悉饮料样品的处理方法。

【实验原理】

苯甲酸、山梨酸是最常见的食物防腐剂，其使用的主要目的是防止食品变质。苯甲酸是酸型食品防腐剂的一种，在酸性条件下能抑制霉菌、酵母和细菌的生长。山梨酸能有效地抑制霉菌、酵母菌和好氧性细菌的活性，从而达到防腐的目的。但是，如果食品中加入过量的苯甲酸和山梨酸，就会破坏食物中的维生素，从而加重人体的负担。目前苯甲酸和山梨酸的检测方法有紫外分光光度法、高效液相色谱法、薄层色谱法和气相色谱法，其中常用的是高效液相色谱法，该方法相对于其他方法具有回收率高、前处理简单、准确度高、方法比较成熟等优点，是当前国内检测苯甲酸与山梨酸最普遍的方法。

分析原理：样品经 0.22μm 的滤膜过滤后，采用液相色谱分离、紫外检测器检测，外标法定量。

【仪器与试剂】

1. 仪器

高效液相色谱仪，配紫外检测器，色谱工作站；超声振荡仪；100mL 烧杯（1个）；1mL 和 100μL 移液枪；离心管若干个；离心管架；微孔滤膜（0.22μm）。

2. 试剂

甲醇（色谱纯）；醋酸铵溶液（0.02mol/L，色谱纯）；流动相分别超声脱气（10min）；1.0mg/mL 山梨酸储备液（准确称取 0.2500g 山梨酸，加超纯水定容至 250mL）；1.0mg/mL 苯甲酸储备液（准确称取 0.2500g 苯甲酸，加超纯水定容至 250mL）。

【实验步骤】

1. 样品处理

取碳酸饮料（雪碧），吸取 10mL 超声 5min，然后用微孔滤膜（0.22μm）过滤，滤液备用。吸取 100μL 滤液于离心管中，并加入 900μL 超纯水，混合均匀，标记为样品。

2. 配制标准溶液

（1）取一定量的苯甲酸储备液，经滤膜过滤于离心管中。吸取滤液 50μL 于另一支离心管并加入 950μL 超纯水，得到 50μg/mL 的苯甲酸标准品，做好标记。

（2）同理得到 50μg/mL 的山梨酸标准品，做好标记。

（3）分别吸取 500μL 过滤后的苯甲酸和山梨酸储备液于离心管中混合均匀，得到 500μg/mL 的混合标准品。吸取 50μL 混合标准品（500μg/mL）于离心管中并加入 950μL 超纯水，得到 25μg/mL 的混合样，标记为混合标准品。

3. 色谱条件

色谱柱：C_{18} 柱，柱长 250mm，内径 4.6mm，粒径 5μm，或等效色谱柱。

流动相：甲醇-0.02mol/L 醋酸铵溶液（5：95）。

流速：1mL/min。

检测波长：230nm。

进样量：50μL。

4. 标准品和样品测定

（1）分别进样苯甲酸（50μg/mL）、山梨酸（50μg/mL）标准品和样品溶液，确定保留时间。

（2）记录混合标准品（25μg/mL）的峰面积。

【数据处理】

苯甲酸、山梨酸标准品的保留时间记录于表 7-6 中。

表 7-6　苯甲酸、山梨酸标准品的保留时间

物质	苯甲酸	山梨酸
保留时间/min		

混合标准品及样品的峰面积记录于表 7-7 中。

表 7-7　混合标准品及样品的峰面积

物质	混合标准品		样品	
	苯甲酸	山梨酸	苯甲酸	山梨酸
峰面积/(mAU·min)				

按下式计算样品中苯甲酸和山梨酸含量：

$$c_x = F \times c_s \times A_x \div A_s$$

式中，c_x 为样品中被测物的含量，μg/mL；c_s 为苯甲酸或山梨酸标准品的含量，μg/mL；F 为稀释倍数；A_x 为样品的峰面积；A_s 为标准品的峰面积。

【注意事项】

1. 如果被测溶液含有气泡，对测定和仪器的使用均有影响，因此需要将被测溶液超声和加热以除去二氧化碳。

2. 苯甲酸的灵敏响应波长为 230nm，山梨酸的灵敏响应波长为 254nm，在 254nm 处测定时苯甲酸的灵敏度较低。因此波长选择 230nm。

3. 平衡前用甲醇-水（5：95）冲洗柱子 15min，再用甲醇-0.02mol/L 醋酸铵溶液（5：95）进行平衡。

4. 开机顺序为高压输液系统→进样系统→柱温箱→检测器→电脑软件。

5. 使用盐作流动相的时候：水-甲醇（95：5）溶液冲洗柱子 20min 以上；然后用甲醇冲洗色谱柱 20min 以上，保存色谱柱。

6. 清洗结束后，点击并将泵流量输入为 0，等压力降为 0 时，关掉泵电源，退出工作站，再关闭仪器各部分电源及计算机。

7. 注意在移液枪加完一种试剂之后，一定要记得换枪头。

第8章
离子色谱法

8.1 离子色谱法概述

8.1.1 离子色谱的发展历程

离子色谱法（ion chromatography，IC）是色谱法的一个分支，是分析离子的一种液相色谱方法。

色谱这一概念是由俄国植物学家茨维特（M. S. Tswett）在 1903 年提出的。他在研究植物色素的过程中，将植物叶子的萃取物倒入填有碳酸钙的直立玻璃管内，然后加入石油醚使其自由流下，结果色素中各组分互相分离并形成各种不同颜色的谱带，这些谱带被称为色谱。以后此法被逐渐应用于无色物质的分离，"色谱"二字虽已失去原来的含义，但仍被人们沿用至今。

Tswett 的研究奠定了色谱法的基础，从此之后，化学家、生物化学家和生理学家们在制备高纯化合物、分离和鉴定复杂混合物时便有了一条崭新的有效途径。自从有了这种手段，许多过去被认为是单一的物质，被判明是多种化合物的混合物；许多化学反应的过程依靠这种方法而得以探讨；最终使许多复杂混合物，例如维生素、药物、色素、氨基酸等得到离析；这种方法甚至帮助科学家们了解了一些长期模糊不清的自然现象，诸如植物与动物的营养、激素对人和动物的生理特性、维生素在动植物体中的分布等问题。Tswett 的实验意义很大，尽管他于 1907 年德国柏林植物学会议上反复强调色谱技术，但并没有受到当时科学界的重视。经过 25 年后，德籍奥地利化学家库恩（R. Kuhn）等利用他的方法在纤维状氧化铝和碳酸钙的吸附柱上将过去一个世纪以来被公认为单一的结晶状胡萝卜素分离成 a 和 b 两个同分异构体，并由所取得的纯胡萝卜素确定出了其分子式。另外他还发现了八种新的类胡萝卜素，并把它们制成纯品，进行了结构分析。同年，他又把注意力集中在维生素的研究上。在确定了维生素 A 的结构以后，他又于 1933 年从 35000L 脱脂牛奶中分离出 1g 核黄素（维生素 B_2），制得结晶，并测定了它的结构。此外，他还用色谱法从蛋黄中分离出了叶黄素；还曾把腌鱼腐败细菌中所含的红色类胡萝卜素确定离析出来并制成结晶。正是由于在维生素和胡萝卜素的离析与结构分析中取得了重大研究成果，Kuhn 获得了 1938 年诺贝尔化学奖，也正因为他的出色工作，色谱法名声大振，迅速为各国科学家们所注目，广泛被采用起来。

现代离子色谱开始于 H.Small 及其合作者的工作，Small 等利用低交换容量的阴离子或阳离子交换柱为分离柱，串联一根称为抑制柱的与分离柱填料相反的离子交换树脂柱，以强电解质作为流动相分离无机离子，成功地解决了用电导检测器连续检测柱流出物的难题，1975 年在《美国分析化学》上发表了第一篇关于离子色谱方面的论文，同年相应商品仪器问世。1979 年，Fritz 等以弱电解质作为流动相，提出了非抑制型的电导检测离子色谱技术。从此，有了真正意义上的离子色谱法（IC），其也因此作为一门重要的色谱分离技术从液相色谱法中独立出来。

IC 最初主要应用于环境监测中痕量阴、阳离子的分析，随着离子色谱分离技术和检测水平的提高，目前 IC 也已广泛地应用于电力和能源行业、电子行业、食品及饮料行业、化学工业、制药行业和生命科学领域，成为色谱分析的重要分支。

8.1.2　离子色谱的应用

8.1.2.1　无机阴离子的检测

无机阴离子检测方法是发展最早，也是目前最成熟的离子色谱检测方法。无机阴离子包括水相样品中的氟、氯、溴等卤素阴离子，硫酸根、硫代硫酸根、氰根等阴离子，无机阴离子检测可广泛应用于饮用水水质检测，啤酒、饮料等食品的安全检测，废水排放达标检测，冶金工艺水样、石油工业样品等工业制品的质量控制。特别由于卤素离子在电子工业中的残留受到越来越严格的限制，因此离子色谱被广泛地应用到无卤素分析等重要工艺控制部门。

无机阴离子交换柱通常采用带有季铵官能团的交联树脂或其他具有类似性质的物质，常见的阴离子交换柱如 Metrosep A supp 4-150、A supp 5-250 等。常用的淋洗液为 Na_2CO_3 和 $NaHCO_3$ 按一定比例配制成的稀溶液，改变淋洗液的组成比例和浓度，可控制不同阴离子的保留时间和出峰顺序。

8.1.2.2　无机阳离子的检测

无机阳离子的检测原理和无机阴离子的检测原理类似，所不同的是其采用了磺酸基阳离子交换柱，如 Metrosep C1、C2-150 等，常用的淋洗液系统为酒石酸-二甲基吡啶酸系统，可有效分析水相样品中的 Li^+、Na^+、NH_4^+、K^+、Ca^{2+}、Mg^{2+} 等。

8.1.2.3　有机阴离子和阳离子的检测分析

随着离子色谱技术的发展，新的分析设备和分离手段不断出现，逐渐发展到可分析生物样品中的某些复杂离子，目前较成熟的应用如下所述。

（1）生物胺的检测

Metrosep C1 分离柱；2.5mmol/L 硝酸-10％丙酮淋洗液；3μL 进样，可有效分析腐胺、组胺、尸胺等成分，已经成为刑事侦查系统和法医学的重要检测手段。

（2）有机酸的检测

Metrosep 有机酸分离柱，MSM 抑制器；0.5mmol/L H_2SO_4 作为淋洗液，可有效分析乳酸、甲酸、乙酸、丙酸、丁酸、异丁酸、戊酸、异戊酸、苹果酸、柠檬酸等各种有机酸成分，已经成为微生物发酵工业、食品工业中简便有效的分离方法。

（3）糖类分析

目前人们已经开发出各种糖类（包括葡萄糖、乳糖、木糖、阿拉伯糖、蔗糖等）的分析方法。它们在食品工业中的应用尤其广泛。

8.2 离子色谱法的基本原理

离子色谱法的分离机理主要是离子交换，有三种分离方式，它们分别是离子交换色谱法（IEC）、离子排斥色谱法（ICE）和离子对色谱法（IPC）。这三种分离方式所用的柱填料的树脂骨架基本上都是苯乙烯-二乙烯苯的共聚物，但是树脂的离子交换基团和容量各不相同。IEC 利用低容量的离子交换树脂，ICE 利用高容量的树脂，IPC 利用不含离子交换基团的多孔树脂。三种分离方式各基于不同分离机理。IEC 的分离机理主要是离子交换，ICE 的分离机理主要为离子排斥，而 IPC 则主要基于吸附和离子对的形成。接下来就主要介绍离子交换色谱的分离机理。

在离子色谱中应用最广的柱填料是由苯乙烯-二乙烯苯共聚物制得的离子交换树脂。这类树脂的基球是一定比例的苯乙烯和二乙烯苯在过氧化苯酰等引发剂存在下，通过悬浮物聚合制成的共聚物小珠粒。其中二乙烯苯是交联剂，使共聚物成为体型高分子。

典型的离子交换剂由三个重要部分组成：不溶性的基质，它可以是有机的，也可以是无机的；固定的离子部位，它或者附着在基质上，或者就是基质的整体部分；与这些固定部位相结合的等量的带相反电荷离子。附着上去的基团常被称作官能团，结合上去的离子被称作对离子，当对离子与溶液中含有相同电荷的离子接触时，能够发生交换。正是由于这一性质，才给这些材料起了"离子交换剂"这个名字。

离子交换色谱法的分离机理是离子交换，用于亲水性阴、阳离子的分离。阳离子分离柱使用薄壳型树脂，树脂基核为苯乙烯-二乙烯苯的共聚物，核的表面是磺化层，磺酸基以共价键与树脂基核共聚物相连。阴离子分离柱使用的填料也是苯乙烯-二乙烯苯的共聚物，核外是磺化层，它提供了一个与外界阴离子交换层以离子键结合的表面，磺化层外是流动均匀的单层季铵化阳离子胶乳微粒，这些胶乳微粒提供了树脂分离阴离子的能力，其分离基于流动相和固定相（树脂）阳离子位置之间的离子交换。

淋洗液中阴离子和样品中的阴离子争夺树脂上的交换位置，淋洗液中含有一定量与树脂离子电荷相反的平衡离子。在标准的阴离子分离色谱中，这种平衡离子是 CO_3^{2-} 和 HCO_3^-；在标准的阳离子分离色谱中，这种平衡离子是 H^+。在离子交换进行的过程中，由于流动相可以连续地提供与固定相表面电荷相反的平衡离子，这种平衡离子与树脂以离子对的形式处于平衡状态，保持体系的离子电荷平衡。随着样品离子与连续离子（淋洗离子）的交换，当样品离子与树脂上的离子成对时，样品离子由于库仑力的作用会有一个短暂的停留。不同的样品离子与树脂固定相电荷之间的库仑力（亲和力）不同，因此，样品离子在分离柱中从上向下移动的速度也不同。样品阴离子 A^- 与树脂的离子交换平衡可以用下式表示：

阴离子交换：$A^- + （淋洗离子）^- {}^+NR_4—R \Longrightarrow A^- {}^+NR_4—R + （淋洗离子）^-$

对于样品中的阳离子，树脂交换平衡如下（H^+ 为淋洗离子）：

阳离子交换：$C^+ + H^+ {}^-O_3S—R \Longrightarrow C^+ {}^-O_3S—R + H^+$

在阴离子交换平衡中，如果淋洗离子是 HCO_3^-，可以用下式表示阴离子交换平衡：

$$K = \frac{[A^- {}^+NR_4][HCO_3^-]}{[A^-][HCO_3^- {}^+NH_4]}$$

式中，K 是选择性系数。K 值越大，样品离子的保留时间越长。选择性系数是电荷、离子半径、系统淋洗液种类和树脂种类的函数。

样品离子的价态越高，其对离子交换树脂的亲和力越大。因此，在一般的情况下，保留时间随离子电荷数的增加而增加。也就是说，淋洗三价离子需要采用高离子浓度的淋洗液，二价离子可以用较低浓度的淋洗液，而低于一价离子，所需淋洗液浓度更低。

电荷数相同的离子，离子半径越大，对离子交换树脂的亲和力越大，即随着离子半径的增加，保留时间延长。例如：卤素离子的洗脱顺序是 F^-、Cl^-、Br^-、I^-；碱金属离子的洗脱顺序是 Li^+、Na^+、K^+、Rb^+、Cs^+。

淋洗液的 pH 影响多价离子的分配平衡。例如，随着淋洗液 pH 的增加，PO_4^{3-} 从一价变为二价或三价。因此，pH 较低时，它在 NO_3^- 之后，SO_4^{2-} 之前洗脱；pH>11 时，其在 SO_4^{2-} 之后洗脱。

离子交换树脂的粒度、交联度、官能团性质及亲水性等因素对分离的选择性也有很大影响。

8.3　离子色谱仪

8.3.1　离子色谱仪基本组成部件

离子色谱仪一般由流动相输送系统、分离系统、检测系统、数据处理系统等部分构成（图 8-1）。

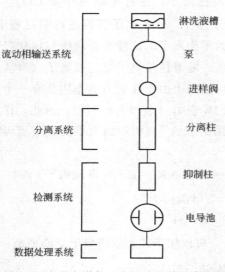

图 8-1 离子色谱仪基本组成部件示意图

（1）流动相输送系统

离子色谱的流动相系统主要包括流动相容器、脱气装置、高压输液泵、进样阀和梯度洗脱装置等。离子色谱流动相要求耐酸耐碱系统，这与高效液相色谱不同。IC 对流动相系统的一般要求是：流量稳定，耐高压性能好，耐腐蚀性强，脱气方便等。凡是流动相通过的管道、阀门、泵、柱子及接头等部件，不仅要求耐压，而且要求耐酸碱腐蚀。国际上生产离子色谱仪的著名公司均用全塑 IC 系统。

（2）分离柱

离子色谱仪的最重要部件是分离柱，高效柱和特殊性能分离柱的研制成功是离子色谱迅速发展的关键。分离柱由分析柱和保护柱组成。常用分析柱内径为 3.0mm、4.0mm、4.6mm、8.0mm，长度为 50mm、100mm、150mm、250mm。柱管材料是惰性的，一般均在室温下使用。

固定相是分离柱（离子色谱）的核心。固定相种类包括离子交换剂、两性离子交换剂、螯合树脂、氧化还原树脂。最常用的固定相是离子交换剂。离子交换剂是一类带有离子交换官能团的固体微粒。其结构为在交联的高分子骨架上结合可解离的无机基团。在离子交换反应中，离子交换剂的本体结构不发生明显的变化，仅由其带有的离子与外界同电性离子发生等量的离子交换。

离子交换剂种类一般有：无机离子交换剂（如水合磷酸锆、钨酸锆、钼酸锆等），离子交换树脂（包括强酸型阳离子交换树脂、强碱型离子交换树脂、弱酸型离子交换树脂、弱碱型离子交换树脂、螯合型离子交换树脂等）。

离子交换色谱的固定相具有固定电荷的官能团，阴离子交换色谱固定相的官能团一般是季铵基，阳离子交换色谱的固定相一般为磺酸基。

（3）检测器

离子色谱仪的检测器分为两大类，即电化学检测器和光学检测器。电化学检测器包括电导检测器、直流安培检测器、脉冲安培检测器和积分安培检测器；光学检测器包括紫外-可见检测器和荧光检测器。常用检测器是电导检测器，它分为抑制电导检测器（双柱法）和非抑制电导检测器（单柱法）。非抑制电导检测器的结构比较简单，但灵敏度较低，对流动相的要求比较苛刻。抑制电导检测器在灵敏度和线性范围方面都优于非抑制电导检测器，甚至优于配有较好色谱柱和恒温装置的单柱离子色谱系统。

离子交换色谱仪常用抑制电导检测器。抑制器是电导检测器的关键部件。其主要作用是：降低背景电导，增大溶质电导；在线产生再生剂；显著提高电导检测器的灵敏度和选择性。其发展经历了四个阶段：树脂填充抑制器、纤维膜抑制器、平板微膜抑制器、高抑制容量的电解和微膜结合的自动连续工作的抑制器。

电导检测器作用原理是：用两个相对电极测量溶液中离子型溶质的电导，由电导的变化测定淋洗液中溶质的浓度。影响电导测定的因素有以下两种：a. 浓度。溶液的电导与溶液中溶质的浓度呈线性关系。同时这种线性关系也受溶液中离子的解离度、离子的迁移率和溶液中离子对的形成等因素的影响。b. 温度。离子的流动性和电导受温度的影响很大。温度每升高 1℃时，水溶液的电导将增加 2%。因此，流动相的温度应该尽可能地保持稳定。另外，可以将所测量的电导值修正至 25℃时的测量值。

（4）数据处理系统

数据处理系统的核心是色谱工作站，功能是控制仪器的操作、收集数据和处理数据等。

8.3.2　离子色谱仪的优点

离子色谱对阴离子的分析是分析化学中的一项新的突破。其主要优点体现在：

① 快速、方便。对 7 种常见阴离子（F^-、Cl^-、Br^-、NO_2^-、NO_3^-、SO_4^{2-}、PO_4^{3-}）和 6 种常见阳离子（Li^+、Na^+、NH_4^+、K^+、Mg^{2+}、Ca^{2+}）的平均分析时间已分别小于 10min。而用高效快速分离柱对上述 7 种最重要的常见阴离子的分离只需 3min。

② 检测灵敏度高。离子色谱分析的浓度范围为微克每升（1～10μg/L）至数百毫克每升。直接进样（25μL），电导检测，对常见阴离子的检出限小于 10μg/L。

③ 选择性好。IC 分析无机和有机阴、阳离子的选择性可通过选择恰当的分离方式达到。与 HPLC 相比，IC 中固定相对选择性的影响较大。

④ 可同时分析多种离子化合物。与光度法、原子吸收法相比，IC 的主要优点是可同时检测样品中的多种成分。只需很短的时间就可得到阴、阳离子以及样品组成的全部信息。

⑤ 分离柱的稳定性好、容量高。与 HPLC 中所用的硅胶填料不同，IC 柱填料的高 pH 稳定性允许用强酸或强碱作淋洗液，有利于扩大应用范围。

8.4　离子色谱仪的操作

8.4.1　样品预处理

在分析实际样品时，常会出现令人不满意的结果，其主要由于样品的基体。有的组分不可逆地保留在柱上，使柱效降低或完全失效。样品预处理的目的主要是将样品转变成水溶液或水与极性有机溶剂（甲醇、乙腈等）的混合溶液；减少和除去干扰物；减少基体浓度；浓缩和富集待测成分，使之符合 IC 进样的要求，得到准确结果。

IC 灵敏度较高，一般用于较稀的样品溶液。对未知液体样品，最好先稀释 100 倍后进样，再根据所得结果选择适当稀释倍数，可减少超柱容量和强保留组分对柱子的污染。

进样时须过滤除去颗粒物，过滤器必须事先洗净，待得到满意的空白对照后再用。

若样品中含有有机污染物，最方便而有效的方法是将样品通过预处理柱。对有机物含量较高的工业污水，应先用有机溶剂萃取除去大量有机物，再通过预处理柱。

对固体样品，常用的方法是用水或淋洗液提取，若溶解不完全或溶解速度很慢，可在超声波或微波处理下用水或淋洗液提取。

8.4.2 进样

IC对进样器的基本要求是：耐高压、耐腐蚀、重复性好、操作方便。进样器主要有六通进样阀、气动进样阀和自动进样器。其中六通进样阀是目前最常用的。它的特点是进样量的重复性非常好。此外，普通六通进样阀在装样（load）和进样（inject）两个位置之间流路被截断时，会在扳阀过程中产生一个瞬间的高压，非常容易引起流路的泄漏。而六通进样阀由于采用了断前接通技术，基本上消除了这种瞬间高压，同时也大大减少了误操作的可能。考虑到流动相的腐蚀，由聚醚醚酮（PEEK）和陶瓷材料制成的六通进样阀最适合离子色谱仪使用。

8.4.3 淋洗液

抑制电导检测阴离子交换色谱的常用流动相见表8-1。淋洗液和保留时间之间呈反比关系。增加淋洗液的流速，可缩短保留时间，提高分析速度；降低淋洗液的流速，可使保留时间延长，改善分离效果。

表 8-1　抑制电导检测阴离子交换色谱的常用流动相

淋洗液	抑制产物	淋洗强度
$Na_2B_4O_7$	H_3BO_3	很弱
$NaOH$	H_2O	弱
$NaHCO_3$	CO_2+H_2O	弱
$NaHCO_3+Na_2CO_3$	CO_2+H_2O	中等强度
$H_2NCH(R)COOH+NaOH$	$H_3N+CH(R)COO-$	中等强度
$RNHCH(R')SO_3H+NaOH$	$RNH_2+CH(R')SO_3-$	中等强度
Na_2CO_3	CO_2+H_2O	强

在阴离子交换色谱中，淋洗液类型和浓度主要由是否用抑制器来决定，而在阳离子交换色谱中，此先决条件不是必需的。对碱金属、铵、小分子脂肪族胺的分离，一般选用盐酸或硝酸，常用浓度 $2\sim40mmol/L$。若淋洗液浓度太大，会导致高的背景电导，从而降低用电导检测碱土金属离子的灵敏度。

8.4.4　定性与定量分析方法

8.4.4.1　定性分析

离子色谱的定性是将检测器输出的信号，经过放大，用记录仪或积分仪以峰的形式记录出来。确定色谱峰所代表的离子对组分时，要根据其保留时间进行判断。这种定性方法必须依靠与已知成分和浓度的标准物对照，如果标准物与样品显示出相同的保留行为，则说明样品组分与标准物相同。

8.4.4.2　定量分析

在一定条件下，色谱峰高或峰面积与离子浓度成正比，这是离子色谱分析的定量依据。

测量从峰的顶点到基线之间的垂直距离就是峰高法。其理想条件是：洗脱条件一致，色谱峰峰形尖锐呈正态分布，重现性好，基线稳定，线性范围宽，样品数不宜过多等。峰高法的测量精密度通常为 $1\% \sim 2\%$。

同 HPLC 一样，离子色谱定量时首先用标准溶液制成高于仪器检测限的标准系列溶液。在给定的色谱条件下，依次做出标准系列溶液的响应值，并以浓度为横坐标、响应值为纵坐标在坐标纸上做出标准曲线。正常情况下，在标准曲线的线性范围内，可找出对应的含量。在大量的例行分析中，可用单点标准法求得未知溶液的含量：

$$未知样品浓度 = \frac{未知样品响应值}{标准物响应值} \times 标准物浓度$$

8.5　实验部分

实验 8-1　离子色谱法测定水中常规阴离子

国家饮用水标准对菌落总数要求非常严格，采用紫外线杀菌最大的弊端就是对大肠杆菌、落菌等效果不好，容易出现菌落超标。因此我国饮用水行业大量采用臭氧和氯化进行消毒。臭氧常用作矿泉水生产过程中的消毒剂，因为用它处理后的水没有余味和异味，颜色也更清澈；而氯化作为消毒处理的主要方法，被广泛应用于一般的市政供水系统。饮用水行业厂家使用臭氧进行杀菌时，会不可避免地产生一种毒副产物——溴酸盐，它在国际上被定为 2B 级潜在致癌物，长期饮用溴酸盐超标的饮用水，将增加癌症的患病率。在国际上，世界卫生组织和美国环保局规定饮用水中溴酸盐最高允许浓度在 0.01mg/L。此外，水中还可能含有亚氯酸盐。亚氯酸盐可导致高铁血红蛋白和溶血性贫血，并具有较强的致突变性；较低浓度的高氯酸盐就可以干扰人体甲状腺的正常功能，最终影响人体发育，国际癌症研究中心已将亚氯酸盐列为致癌物，氯酸盐为中等毒性化合物。

离子色谱法是分析无机阴离子的有效方法，简单、快速、灵敏度高，在阴离子的分析检测方面具有很大的优势。本实验首先分析自来水样中的 F^-、Cl^-、SO_4^{2-} 和 PO_4^{3-} 等常规无机阴离子。

【实验目的】

1. 掌握离子色谱法的基本原理和仪器的基本构成；
2. 会简单操作离子色谱仪；
3. 能够根据样品的色谱图，准确进行谱图分析。

【实验原理】

离子色谱法中使用的固定相是离子交换树脂。离子交换树脂上分布有固定的带电荷的基团和能解离的离子。当样品加入离子交换树脂后，用适当的溶液洗脱，样品离子即与树脂上能解离的离子进行交换，并且连续进行可逆交换分配，最后达到平衡。不同阴离子与阴离子树脂之间亲和力不同，其在交换柱上的保留时间不同，从而达到分离的目的。根据离子色谱峰的峰高或峰面积可对样品中的阴离子进行定性和定量分析。

【仪器与试剂】

1. 仪器

ICS 1100 离子色谱仪（美国 Thermo Fisher 公司），电导检测器，ASRS 4mm 抑制器，阴离子分离柱，保护柱，变色龙色谱工作软件；超纯水机；超声波发生器；真空过滤装置；1mL、10mL 注射器各一支；0.45μm 水相微孔滤膜。

2. 试剂

氟化钾、氯化钾、磷酸钾、硫酸钾均为优级纯，皆于 105℃下干燥 2h；实验用水为超纯水（电阻率为 18.25MΩ·cm）。

3. 色谱条件

柱温 30℃；淋洗液 30mmol/L NaOH 溶液；泵流速 1.0mL/min；抑制器电流 45mA；定量进样环 25μL。

【实验步骤】

1. ICS 1100 离子色谱仪操作步骤

（1）开机

① 打开氮气总阀，将分压调至 0.2MPa，再调节离子色谱仪上的减压表指针为 5psi 左右。

② 打开 ICS 1100 离子色谱仪电源。

③ 开启电脑，点击桌面上的变色龙图标进入软件。

④ 启动仪器控制器（图 8-2）。

⑤ 确认仪器联机状态是否正常。仪器联机正常状态如图 8-3 所示。

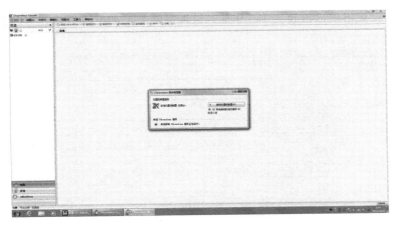

图 8-2　启动仪器控制器

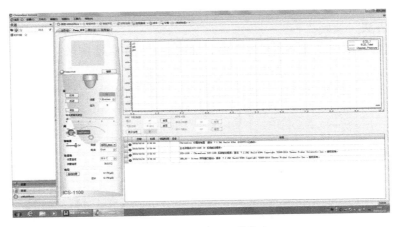

图 8-3　仪器联机正常状态

⑥ 点"冲洗",打开左边泵,点"确定"。冲洗 3～5min,排除泵内气泡(图 8-4)。

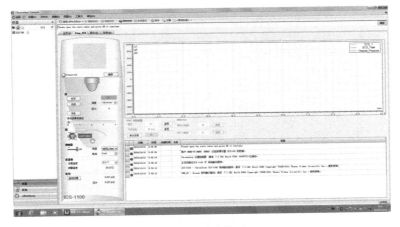

图 8-4　冲洗管路

⑦ 关泵，设置淋洗液流速为 1，开泵；设抑制器类型和电流值，开抑制器（图 8-5）。

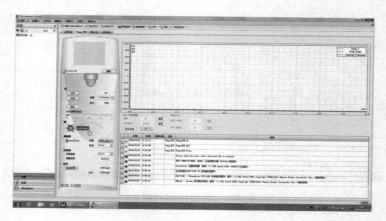

图 8-5　设置仪器参数

（2）创建方法

① 在创建菜单中按步骤创建仪器方法，如图 8-6～图 8-12 所示。

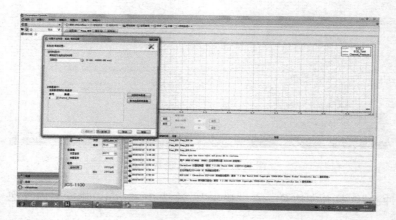

图 8-6　设置运行时间

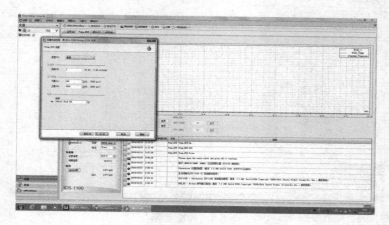

图 8-7　设置压力限值及命名淋洗液

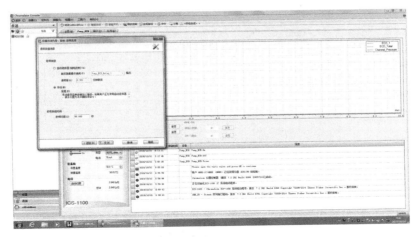

图 8-8　设置进样持续时间

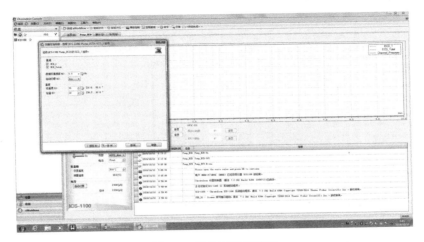

图 8-9　确认通道和柱温

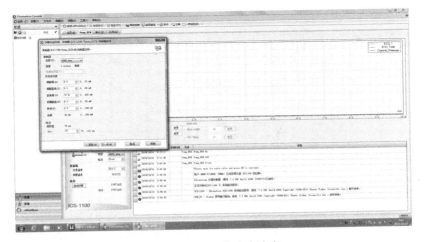

图 8-10　设置淋洗液浓度

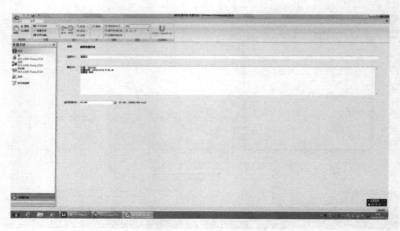

图 8-11　设置仪器方法

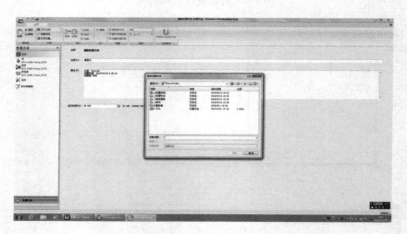

图 8-12　保存仪器方法

② 在创建菜单中按步骤创建处理方法（图 8-13 和图 8~14）。

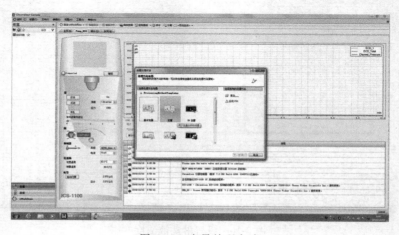

图 8-13　定量处理方法

图 8-14　保存处理方法

③ 在创建菜单中按步骤创建报告模板，如图 8-15 和图 8-16 所示。

图 8-15　创建阴离子报告模板

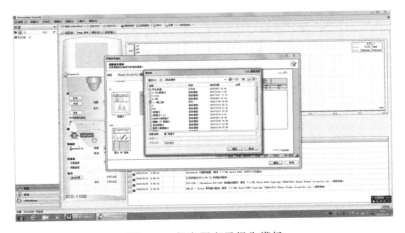

图 8-16　保存阴离子报告模板

④ 在创建菜单中按步骤创建序列（图 8-17～图 8-19）。

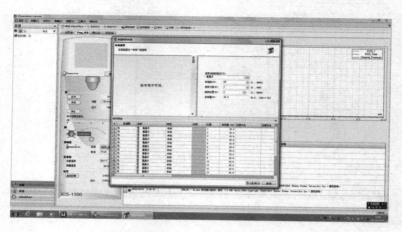

图 8-17　命名新序列

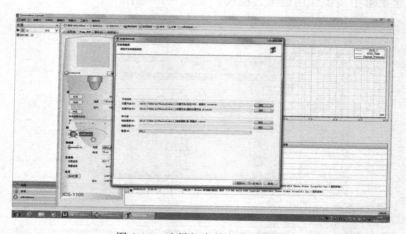

图 8-18　选择相应的方法和模板

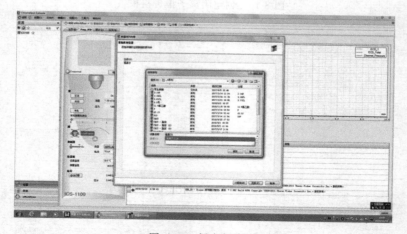

图 8-19　保存新序列

（3）进样

① 在数据菜单中打开所用的序列，改好"名称"，选择相应的"类型"和"级别"，如图 8-20～图 8-22 所示。

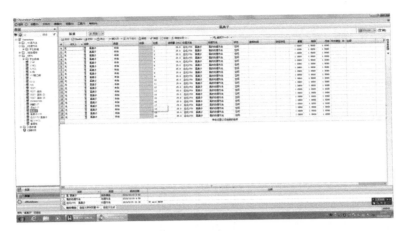

图 8-20　标准物质命名

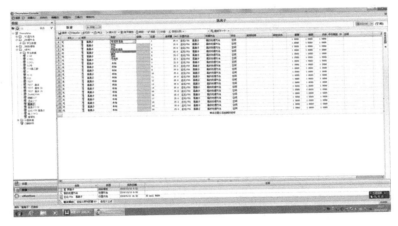

图 8-21　选择类型

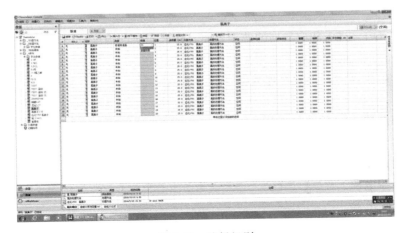

图 8-22　选择级别

② 点击"开始",手动进样（图 8-23）。

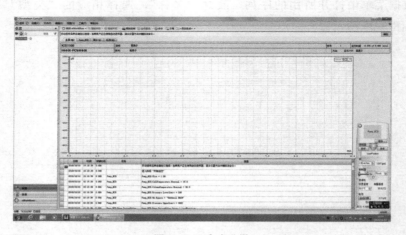

图 8-23　手动进样

③ 标准品和未知样品全部进完，进样就可以结束，如图 8-24 所示。

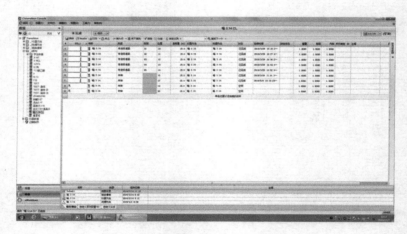

图 8-24　进样结束

（4）数据处理

① 点击 ECD-1，进入相应数据的处理界面，输入相应的浓度梯度，对单个峰（图 8-25）和多个峰（图 8-26）进行处理。

② 在设计报告器中，得到处理数据（图 8-27）。

（5）关机

① 关闭抑制器。

② 关泵。

③ 退出变色龙软件。

④ 关闭仪器电源。

⑤ 关闭电脑电源。

⑥ 关闭氮气总阀。

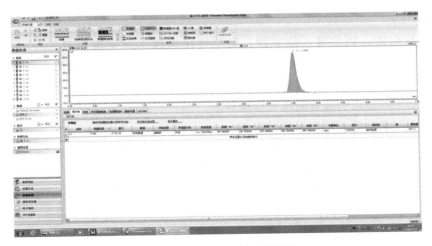

图 8-25　单个样品谱图及峰值

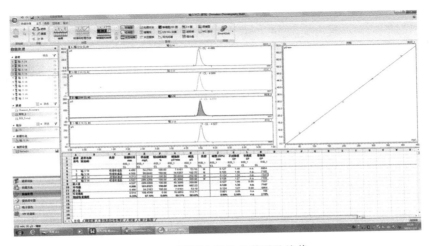

图 8-26　不同浓度样品谱图及峰值

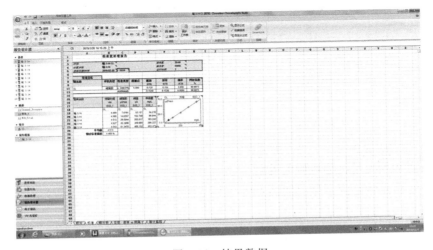

图 8-27　结果数据

2. 样品测定

（1）将氟化钾、氯化钾、磷酸钾、硫酸钾用超纯水分别配制成 1000mg/L 的 F^-、Cl^-、PO_4^{3-} 和 SO_4^{2-} 的标准储备液，于 4℃ 条件下保存，使用时用超纯水逐级稀释至所需浓度，配制成单个阴离子标准溶液。

（2）配制不同浓度的混合阴离子标准溶液。

（3）设置仪器参数，数据采集时间为 10min。

（4）分别取单个阴离子标准溶液，经微孔滤膜过滤后进样分析，由各阴离子的保留时间，确定混合阴离子谱图中各阴离子的位置并命名。

（5）打开自来水管放流约 1min，用干净的试剂瓶取自来水约 100mL，经 0.45μm 水相微孔滤膜过滤后进样分析，平行测定 3 次。自来水中阴离子浓度较高时，需用超纯水稀释 2~3 倍后进样。必要时可做空白试验。

（6）实验结束后，计算机自动给出各阴离子的分析结果。打印标准曲线方程及分析结果。

【数据处理】

1. 根据标准试样和样品色谱图中色谱峰的保留时间，确定被分析离子在色谱图中的位置。

2. 绘制标准曲线，拟合线性回归方程。

3. 计算水样中被测阴离子的含量。

		标准曲线方程				相关系数 r
标准溶液	F^-					
	Cl^-					
	SO_4^{2-}					
	PO_4^{3-}					

		峰面积			峰面积平均值	浓度/(mg/L)	RSD/%
水样	F^-						
	Cl^-						
	SO_4^{2-}						
	PO_4^{3-}						

【注意事项】

1. 淋洗液必须先进行超声脱气处理。

2. 所有进样液体必须经微孔滤膜过滤。

【思考题】

1. 比较离子色谱法和高效液相色谱法的异同点。

2. 流动相、标准溶液和样品溶液未经微孔滤膜过滤等处理即进入色谱柱分析，会产生什么后果？

附：　　　　　　　　　　仪器维护与保养

1. 分析泵的常见故障与排除

离子色谱仪用分析泵要求：①输出压力高，压力通常在 7～21MPa 之间，考虑到与液相色谱的兼容，泵的输出压力应不低于 35MPa；②耐腐蚀；③流量稳定；④密封性良好等。

（1）淋洗液脱气与泵内气泡排除

仪器初次使用或更换淋洗液时，管路中的气泡易进入泵内，造成系统压力和流量不稳定，同时分析泵马达为维持系统压力平衡而加快运转产生噪声。已经进入泵内的气泡，可通过启动阀排除。具体做法是：先停泵，用一个 10mL 注射器在启动阀处向泵内注射去离子水或淋洗液，可反复几次直到气泡排除为止，然后再将泵启动。

（2）漏液

泵漏液时，仪器无法工作。泵密封圈属易耗品，正常使用的情况下每 6～12 个月更换一次。为延长密封圈寿命，在使用了浓度较高的碱以后，要用去离子水清洗泵头部分，以防产生沉淀物。

（3）系统压力升高

在系统压力超过正常压力 30% 以上时，可认为该系统压力不正常。保护柱的滤片因有物质沉积而使压力升高时，更换滤片；某段管子堵塞造成系统压力突然升高时，逐段检查，更换；室温较低，系统压力升高时，设法使室温保持在 15℃ 以上；流量过高，压力升高时，应按要求设定流量。

2. 检测器的常见故障及排除

性能良好的检测器其基线噪声在较高灵敏度时仍能保持很小。

电导池内产生气泡会使基线噪声增大，可通过增加出口反压和向池内注射乙醇或异丙醇得到解决。电导池被沾污也会造成噪声增大，此时可用酸清洗电导池。

3. 色谱柱的常见故障与排除

（1）柱压升高

色谱柱过滤网板被沾污时，需更换，更换时注意不可损失柱填料。柱接头不能拧得过紧，不漏液即可，拧得过紧会使输液管断口变形。

（2）分离度降低

改善分离度，要综合考虑组分对交换树脂的亲和力、离子半径、离子价态等因素。

（3）死体积增大

注意色谱柱的 pH 应用范围；若分离柱入口处出现空隙，可填充一些惰性树脂球以减小死体积的影响。

（4）保留时间缩短或延长

仪器某部分可能漏液，拧紧接头；系统内有气泡使得泵不能按设定的流速传送淋洗液，排除气泡；使用 NaOH 淋洗时空气中 CO_2 的影响，可采用 50% NaOH 储备液，使用预先经过脱气的水配制，配好的淋洗液用氦气或高纯氮气保护。

4. 抑制器的常见故障与排除

抑制器的常见故障是峰面积减小、背景电导升高和漏液。

（1）峰面积减小

应使微膜充分水化。具体做法是：用注射器向阴离子抑制器内以与淋洗液流路相反的方向注射 0.2mol/L 硫酸（阳离子抑制器用 0.2mol/L NaOH 溶液），同时向再生液进口注入少许去离子水，恢复离子交换功能。微膜充分水化之前，应避免用高压泵直接泵溶液进入抑制器。抑制器内沾污的金属离子用草酸清洗。

（2）背景电导升高

背景电导高，说明抑制器部分存在一定问题，绝大多数是操作不当造成的，如流路堵塞或无溶液流动等。膜被污染，需更换新的抑制器。

（3）漏液

微膜须充分水化，以保证再生液出口顺畅。

5. 色谱柱的保存

大多数阴离子分离柱在碱性条件下保存，阳离子分离柱在酸性条件下保存。

长时间保存时，先按要求向柱内泵入保存液，然后将柱子从仪器上取下，用无孔接头将柱子两端堵住后放在通风干燥处保存。

短时间不使用，每周至少开机一次，让仪器运行 1～2h。

6. 抑制器的保存

应使微膜抑制器内部保持潮湿。使用前应充分水化。从仪器上取下的抑制器必须用无孔接头将所有接口堵住，以防内部干燥。

7. 色谱柱与抑制器的清洗

色谱柱清洗前，应将系统中的保护柱取下，并连接到分离柱之后，但色谱柱流动方向不变。这样做的目的是防止保护柱内的污染物冲至相对清洁的分离柱内。将分离柱与系统分离，让废液直接排出。每次清洗后用去离子水冲洗 10min 以上，再用淋洗液平衡系统。清洗时的流速不宜过快，最好在 1mL/min 以下。清洗亲水性离子和铝可使用 1～3mol/L 盐酸；清洗阴离子分离柱上的金属（如铁），使用 0.1mol/L 草酸；清洗色谱柱内的有机污染物常用甲醇或乙腈，但带有羧基的阳离子分离柱要避免使用甲醇。

抑制器的清洗：化学抑制型离子色谱抑制器长时间使用后性能会有所下降。清洗时使溶液由分析泵直接进入抑制器，然后从抑制器排至废液收集器。液体流动的方向是：分析泵──→抑制器淋洗液进口──→淋洗液出口──→再生液进口──→再生液出口废液。对于酸可溶的沉淀物和金属离子，阴离子抑制器使用配制于 1mol/L 盐酸中的 0.1mol/L KCl 清洗；阳离子抑制器用 1mol/L 甲烷磺酸清洗。对于有机物，阴离子抑制器使用 10% 的 1mol/L 盐酸和 90% 乙腈溶液清洗；阳离子抑制器使用 10% 的 1mol/L 甲烷磺酸和 90% 乙腈溶液清洗。

实验 8-2　离子色谱法在食品添加剂检测中的应用

　　亚硝酸盐是致癌物质亚硝胺前体，亚硝胺可由亚硝酸盐与仲胺在人的胃内合成，而人的口腔和肠道细菌具有将硝酸盐转化为亚硝酸盐的能力，因此，硝酸盐往往表现为亚硝酸盐毒性。大量摄入硝酸盐和亚硝酸盐可诱导高铁血红蛋白血症。孕妇摄入大量硝酸盐后会引起婴儿先天畸形。持续摄入少量硝酸盐会引起消化不良、精神抑郁和头痛。在一些食品（如腊肉、香肠等）加工过程中，常加入少量亚硝酸盐作为防腐剂和增色剂，不但能防腐，还能使肉的色泽鲜艳，因此在腌肉制品中经常使用。硝酸盐和亚硝酸盐作为食品添加剂，目前还无可替代，因此需要检测它们在食品中的残留量，为发色剂添加提供可靠参考。

【实验目的】

　　1. 能描述离子色谱法定性和定量分析的基本原理；
　　2. 能对测试样品进行正确的预处理及正确配制溶液；
　　3. 能正确操作离子色谱系统的变色龙软件并进行数据处理。

【实验原理】

　　火腿中主要是固态蛋白质，因此配制样品溶液时常用 $ZnSO_4$ 作沉淀剂，加入饱和硼砂溶液，一方面沉淀蛋白质，另一方面提取亚硝酸盐。

【仪器与试剂】

　　1. 仪器

　　ICS 1100 离子色谱仪，电导检测器，ASRS 4mm 抑制器，阴离子分离柱，保护柱，变色龙色谱工作软件；超纯水机；超声波发生器；真空过滤装置；1mL、10mL 注射器各一支；$0.45\mu m$ 水相微孔过滤膜；离心机。

　　2. 试剂

　　$ZnSO_4 \cdot 7H_2O$、$Na_2B_4O_7 \cdot 10H_2O$、KNO_2 均为优级纯；实验用水为超纯水（电阻率为 $18.25M\Omega \cdot cm$）。

　　3. 色谱条件

　　柱温 30℃；淋洗液 30mmol/L NaOH 溶液；泵流速 1.0mL/min；抑制器电流 45mA；定量进样环 $25\mu L$。

【实验步骤】

　　（1）样品前处理：市售火腿搅碎，称取 10.00g 于 100mL 烧杯中，加入饱和硼砂溶液 15mL，以玻璃棒搅拌，继续将 70℃ 左右的超纯水（每次约 20mL）倒入烧杯中搅拌，重复数次（总体积不宜超过 100mL），置于沸水浴中 15min 取出，然后滴加 $ZnSO_4$ 溶液（0.42mol/L）至蛋白质完全沉淀，冷却至室温。除去上层脂肪，溶液用快速定性滤纸过滤，定容到 100mL 容量瓶中，待测。

（2）配制 NO_2^- 浓度为 0.5mg/L、1mg/L、2mg/L、4mg/L、6mg/L、9mg/L 的标准溶液，在上述色谱条件下进行检测。

（3）进待测样品。

（4）打印标准曲线方程及分析结果。

【数据处理】

1. 根据 NO_2^- 标准试样和样品试样色谱图中色谱峰的保留时间，确定 NO_2^- 在色谱图中的位置。

2. 绘制标准曲线，拟合线性回归方程。

3. 计算待测样品中 NO_2^- 的含量。

【思考题】

1. 为什么会出现水负峰？

2. 影响离子交换色谱法保留值的因素有哪些？如何选择色谱条件？

实验 8-3 离子色谱法在水质分析中的应用

【实验目的】

1. 了解离子色谱法分析的基本原理及其操作技术；

2. 掌握离子色谱法的定性和定量分析方法。

【实验原理】

生活饮用水和饮用矿泉水标准中将溴酸盐、亚氯酸盐、氯酸盐列为常规检测项目，且规定限值分别为 0.01mg/L、0.7mg/L、0.7mg/L，这不仅要求所有企业加强生产工艺的控制，而且对痕量溴酸盐、亚氯酸盐、氯酸盐的检测技术也提出了更高要求。本实验用离子色谱法测定生活饮用水中的溴酸盐、亚氯酸盐、氯酸盐等无机阴离子。

【仪器与试剂】

1. 仪器

ICS 1100 离子色谱仪，电导检测器，ASRS 4mm 抑制器，阴离子分离柱，保护柱，变色龙色谱工作软件；超纯水机；超声波发生器；真空过滤装置；1mL、10mL 注射器各一支；0.45μm 水相微孔过滤膜；离心机。

2. 试剂

亚氯酸钾、氯酸钾、溴酸钠均为优级纯；实验用水为超纯水（电阻率为 18.25MΩ·cm）。

3. 色谱条件

柱温 30℃；淋洗液 30mmol/L NaOH 溶液；泵流速 1.0mL/min；抑制器电流 45mA；定量进样环 25μL。

【实验步骤】

（1）用超纯水分别将亚氯酸钾、氯酸钾、溴酸钠配制成 1000mg/L 的标准储备液，于 4℃下保存，使用时用超纯水逐级稀释至所需浓度，配制成单个阴离子标准溶液；再配制成不同浓度的混合标准溶液。

（2）分别取单个阴离子标准溶液经微孔滤膜过滤后进样分析，由各阴离子的保留时间，确定混合阴离子谱图中各阴离子的位置并命名。

（3）打开自来水管放流约 1min，用干净的试剂瓶取自来水约 100mL，经 0.45μm 水相微孔过滤膜过滤后进样分析，平行测定三次。必要时可做空白试验。

（4）打印标准曲线方程及分析结果。

【数据处理】

1. 根据标准试样和样品试样色谱图中色谱峰的保留时间，确定被分析离子在色谱图中的位置。

2. 绘制标准曲线，拟合线性回归方程。

3. 计算水样中被测阴离子的含量。

【思考题】

1. 测定阴离子的方法有哪些？试比较它们各自的特点。

2. 简述抑制器的作用。

模块四

热分析法

第 9 章
热重分析法

9.1　热重分析法的原理

　　热重分析法（ther mogravimetric analysis，TG 或 TGA）是在程序控制温度下，测量物质的质量与温度或时间关系的方法。进行热重分析的仪器，称为热重仪，它主要由三部分组成，即温度控制系统、检测系统和记录系统。通过分析热重曲线，我们可以知道样品及其可能产生的中间产物的组成、热稳定性、热分解情况及生成产物等与质量相联系的信息。

　　从热重分析法可以派生出微商热重法，也称导数热重法，它是记录热重曲线（TG 曲线）对温度或时间一阶导数的一种技术。实验得到的是微商热重曲线，即 DTG 曲线，其以质量变化率为纵坐标，自上而下依次减少；以温度或时间为横坐标，从左往右依次增加。DTG 曲线的特点是：它能精确反映出每个失重阶段的起始反应温度、最大反应速率温度和反应终止温度；DTG 曲线上各峰的面积与 TG 曲线上对应的样品失重量成正比；在 TG 曲线上，对某些受热过程出现的台阶不明显时，利用 DTG 曲线能明显地区分开来。

　　热重分析法的主要特点是定量性强，能准确地测量物质的质量变化及变化的速率。根据这一特点，可以说，只要物质受热时质量发生变化，就可以用热重分析法来研究。表 9-1 中给出可用热重分析法来检测样品的物理变化和化学变化过程。由此可以看出，这些物理变化和化学变化都是存在着质量变化的，如升华、气化、吸附、解吸、吸收和气固反应等。但像熔融、结晶和玻璃化转变之类的热行为，样品质量没有变化，就无法应用热重分析方法了。

表 9-1　热重分析法检测样品的物理变化和化学变化过程及 TG 曲线

样品形态	变化情况	TG 曲线
固体	熔融	——————
结晶	再结晶	——————

续表

样品形态	变化情况	TG 曲线
半结晶	升华	
	固固转变	
无定形	玻璃化转变	
半结晶	不发生玻璃化转变的软化	
	交联	
常规	分解	
	键合脱除	
液态	蒸发	
反应性样品	化学反应	
	反应度%	

9.2　热重分析法的影响因素

　　热重分析法测定的结果与实验条件有关，为了得到准确性和重复性好的热重曲线，我们有必要对各种影响因素进行仔细分析。影响热重测定结果的因素，基本上可以分为三类：仪器因素、实验条件因素和样品因素。

9.2.1　仪器因素

　　仪器因素包括气体浮力、对流、坩埚、挥发物冷凝、天平灵敏度、样品支架和热电偶等。对于给定的热重仪，天平灵敏度、样品支架和热电偶的影响是固定不变的，我们可以通过质量校正和温度校正来减少或消除这些系统误差。

　　（1）气体浮力的影响

　　气体的密度与温度有关，随温度升高，样品周围的气体密度发生变化，从而使气体的浮力也发生变化。所以，尽管样品本身质量没有变化，但由于温度的改变造成气体浮力的变化，样品呈现随温度升高而质量增加的现象，这种现象称为表观增重。表观增重量可用公式 $W=V\rho(1-273/T)$ 进行计算。式中，ρ 为气体在 273K 时的密度，V 为样品坩埚和支架的体积。

（2）对流的影响

对流是常温下，试样周围的气体受热变轻形成向上的热气流，其作用在热天平上，引起试样表观质量的损失。

为了减少气体浮力和对流的影响，可以选择在真空条件下进行试样测定，或选用卧式结构的热重仪进行测定。

（3）坩埚的影响

坩埚的大小与试样量有关，直接影响试样的热传导和热扩散；坩埚的形状则影响试样的挥发速率。因此，通常选用轻巧、浅底的坩埚，这样可使试样在埚底摊成均匀的薄层，有利于热传导、热扩散和挥发。

坩埚的材质通常应该选择对试样、中间产物、最终产物和气氛没有反应活性和催化活性的惰性材料，如 Pt、Al_2O_3 等。

（4）挥发物冷凝的影响

样品受热分解、升华、逸出的挥发性物质，往往会在仪器的低温部分冷凝，这样不仅污染仪器，而且使测定结果出现偏差。若挥发物冷凝在样品支架上，则影响更严重，随温度升高，冷凝物可能再次挥发产生假失重，使 TG 曲线变形。

为减少挥发物冷凝的影响，可在坩埚周围安装耐热屏蔽套管；采用水平结构的天平；在天平灵敏度范围内，尽量减少样品用量；选择合适的净化气体流量。实验前，对样品的分解情况有初步估计，防止对仪器的污染。

9.2.2 实验条件因素

（1）升温速率的影响

升温速率对热重曲线影响较大，升温速率越高，产生的影响就越大。因为样品受热升温是通过介质——坩埚——样品进行热传递的，在炉子和样品坩埚之间可形成温差。升温速率不同，炉子和样品坩埚间的温差就不同，导致测量误差。一般在升温速率为 5℃/min 和 10℃/min 时产生的影响较小。

升温速率对样品的分解温度有影响。升温速率快，造成热滞后大，分解起始温度和终止温度都相应升高。

采用不同升温速率测得的热重曲线，取失重 20% 时的温度作比较，慢速升温时，试样的分解温度低，而快速升温时，试样的分解温度高。在 1℃/min 和 20℃/min 下测得的分解温度相差达 70℃。实验中，我们一般选择 5℃/min 和 10℃/min 的升温速率。

升温速率不同，也可导致热重曲线的形状改变。升温速率快，往往不利于中间产物的检出，使热重曲线的拐点不明显。升温速率慢，可以显示热重曲线的全过程。一般来说，升温速率为 5℃/min 和 10℃/min 时，对热重曲线的影响不太明显。

升温速率虽然可影响热重曲线的形状和试样的分解温度，但不影响失重量。慢速升温可以研究样品的分解过程，但不能武断地认为快速升温总是有害的，要看具体的实验条件和目的。当样品量很小时，快速升温能检查出分解过程中形成的中间产物，而慢速升温则不能达到此目的。

（2）气氛

气氛对热重实验结果也有影响，它可以影响反应性质、方向、速率和反应温度，也能影响热重称量的结果。气体流速越大，表观增重越大。所以送样品做热重分析时，需注明气氛条件。热重实验可在动态或静态气氛条件下进行。静态是指气体稳定不流动，动态就是气体以稳定流速流动。在静态气氛中，产物的分压对 TG 曲线有明显的影响，使反应向高温移动；而在动态气氛中，产物的分压影响较小。因此，测试中都使用动态气氛，气体流量为 20mL/min。气氛有如下几类：惰性气氛、氧化性气氛、还原性气氛，其他如 CO_2、Cl_2、F_2 等。

9.2.3　样品因素

（1）样品量的影响

样品量多少对热传导、热扩散、挥发物逸出都有影响。样品量用多时，热效应和温度梯度都大，对热传导和气体逸出不利，导致温度偏差。样品量越大，这种偏差越大。所以，样品用量应在热天平灵敏度允许的范围内，尽量减少，以得到良好的检测效果。而在实际热重分析中，样品量只需要约 5mg。

（2）样品粒度、形状的影响

样品粒度及形状同样对热传导和气体的扩散有影响。粒度不同，会引起气体产物扩散的变化，导致反应速度和热重曲线形状的改变。粒度越小，反应速度越快，热重曲线上的起始分解温度和终止分解温度降低，反应区间变窄，而且分解反应进行得完全。所以，粒度在热重法中是个不可忽略的因素。

9.3　热重分析法的分析方法

热重分析法是在程序控制温度下，测量物质的质量随温度变化的一种实验技术。热重分析法通常有静态法和动态法两种类型。

9.3.1　静态法

静态法又称等温热重法，是在恒温下测定物质质量变化与温度关系的方法，通常把试样在各给定温度下加热至恒重。该法比较准确，常用来研究固相物质热分解的反应速度和测定反应速度常数。

9.3.2 动态法

动态法又称非等温热重法,其在程序升温下测定物质质量变化与温度的关系,采用连续升温连续称重的方式。该法简便,易于与其他热分析法组合在一起,实际中采用较多。

> **9.4** **热重分析法的仪器构造与原理**

热重仪由精密天平、加热炉及温控单元组成。如图9-1所示,加热炉由温控加热单元按给定速度升温,并由温度读数表记录温度,炉中试样质量变化可由天平记录。

由热重分析记录的质量变化对温度的关系曲线称热重曲线(TG曲线)。曲线的纵坐标为质量,横坐标为温度。例如固体热分解反应A(固)——→B(固)+C(气)的典型热重曲线如图9-2所示。

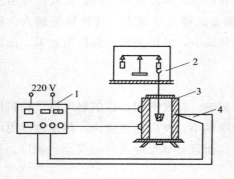

图 9-1 热重仪原理

1—温度读数系统; 2—吊挂系统;
3—加热丝; 4—加热控制单元

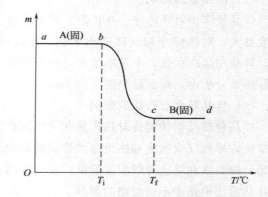

图 9-2 固体热分解反应的热重曲线

图9-2中T_i为起始温度,即累计质量变化达到热天平可以检测时的温度;T_f为终止温度,即累计质量变化达到最大值时的温度。

热重曲线上质量基本不变的部分称为基线或平台,如图9-2中ab、cd部分。

若试样初始质量为W_0,失重后试样质量为W_1,则失重百分数为$(W_0-W_1)/W_0×100\%$。

许多物质在加热过程中会在某温度下发生分解、脱水、氧化、还原和升华等物理化学变化而出现质量变化,发生质量变化的温度及质量变化百分数因物质的结构及组成不同而异,因而可以利用物质的热重曲线来研究物质的热变化过程,如试样的组成、热稳定性、热分解温度、热分解产物和热分解动力学等。例如,含有一个结晶水的草酸钙($CaC_2O_4 \cdot H_2O$)的热重曲线见图9-3,$CaC_2O_4 \cdot H_2O$在100℃以前没有失重现象,其热重曲线呈水平状,为 TG 曲线的第一个平台。在 100℃ 和 200℃ 之间失重并开始出现第二个平台。这一步的失重量占试样总质量的 12.3%，正好相当于 1mol $CaC_2O_4 \cdot H_2O$ 失掉 1mol H_2O，因此这一步的热分解应按下式进行：

$$CaC_2O_4 \cdot H_2O \xrightarrow{100\sim200℃} CaC_2O_4 + H_2O$$

在 400℃ 和 500℃ 之间失重并开始呈现第三个平台，其失重量占试样总质量的 18.5%，相当于 1mol CaC_2O_4 分解出 1mol CO，因此这一步的热分解应按下式进行：

$$CaC_2O_4 \xrightarrow{400\sim500℃} CaCO_3 + CO$$

在 600℃ 和 800℃ 之间失重并出现第四个平台，其失重量占试样总质量的 30%，正好相当于 1mol CaC_2O_4 分解出 1mol CO_2，因此这一步的热分解应按下式进行：

$$CaCO_3 \xrightarrow{600\sim800℃} CaO + CO_2$$

由此可见，借助热重曲线可推断反应机理及产物。

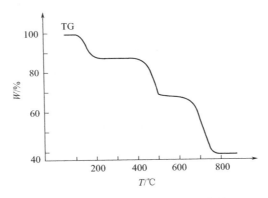

图 9-3　$CaC_2O_4 \cdot H_2O$ 的热重曲线

9.5　热重分析法的应用

热重分析法主要应用在金属合金、地质、高分子材料研究、药物研究等方面。

9.5.1　金属与气体反应的测定

金属和气体的反应是气相-固相反应，可用热重分析法测定反应过程质量变化与温度的关系，并可作反应量的动力学分析。这类实验甚至可在 SO_2、NH_3 之类的腐蚀性气氛中进行。

图 9-4 中所示是氧化铁在氢气中的还原反应。实验条件为：氢气流速 30mL/min，升温速率 10℃/min，样品量 23.6mg。还原反应按下式进行：

$$Fe_2O_3 + 3H_2 = 2Fe + 3H_2O$$

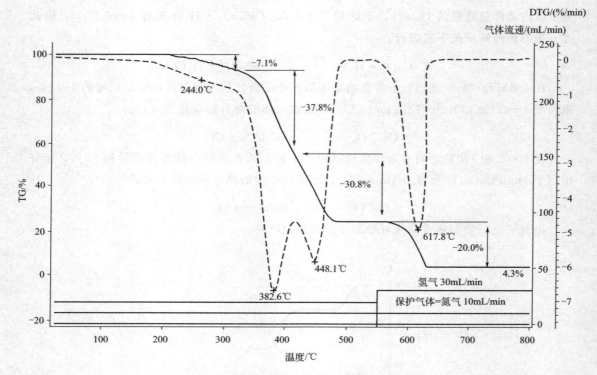

图 9-4 氧化铁在氢气中的还原反应的 DTG 曲线

在 500℃左右时，失重量为 30.1％，表明氧化铁几乎全部被还原。

类似地，也可测出铁在空气中的氧化增重。

9.5.2 金属磁性材料的研究

金属磁性材料有确定的磁性转化温度（居里点）。在外加磁场的作用下，磁性物质受到磁力作用，在热天平上显示一个表观质量值，当温度升到该磁性物质的磁性转变温度时，该物质的磁性立即消失，此时热天平的表观质量变为零。利用这个特性，可以对热重仪器进行温度校正。

9.5.3 在地质方面的应用

（1）矿物鉴定

矿物的热重曲线会因其组成、结构不同而表现出不同的特征。通过与已知矿物特征曲线进行起始温度、峰温及峰面积等的比较，便可鉴定矿物。由于热分析的数据具有程序性特点，因而要注意实验条件引起实验结果的差异。

（2）矿物定量

矿物因受热而脱水、分解、氧化、升华等，进而引起质量变化。利用这一现象可以对矿物中的组分进行定量分析，这就是热重定量分析法。与一般化学分析方法和其他方法相比，热重分析法对试样进行定量分析有其独特优点，就是样品不需要预处理，分析不用试剂，操作和数据处理简单方便等。唯一要求就是热重曲线相邻的两个质量损失过程必须形成一个明显的平台，并且该平台越明显，计算误差越小。

热重定量分析法有热重计算法和热重图算法两种。

① 热重计算法　根据热重曲线上的失重量，由产物（逸出物质）的量计算反应物（试样组成）的量。

下面以求解白云石和方解石混合试样中各组分含量为例，说明热重计算法。

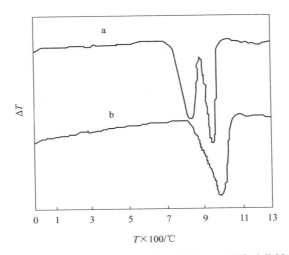

图 9-5　白云石和方解石混合试样的差热分析（a）和热重分析曲线（b）

样品的差热分析和热重分析结果如图 9-5 所示。从差热曲线可见，815℃有一小的吸热效应，相应失重量为 5.75%；955℃有一大的吸热效应，相应失重量为 39.25%。由差热分析结果也可以确定该混合试样由方解石和白云石组成。

两种矿物的分解温度是不同的。先是白云石在 750℃时分解，生成 $MgCO_3$ 和 $CaCO_3$，同时 $MgCO_3$ 分解，在 815℃形成第一个吸热峰，放出 CO_2，气体量为 5.75%；然后 860℃时，白云石和方解石中的 $CaCO_3$ 开始分解，在 955℃形成第二个吸热峰，放出 CO_2，气体量为 39.25%。根据热重曲线上的失重量数据以及反应方程式，可以计算出样品中白云石和方解石的含量分别为 24% 和 76%。

② 热重图算法　在实际工作中，为了计算方便，当碳酸盐矿物试样质量一定时，将 CO_2 含量与试样中矿物含量之间关系绘制成计算图，根据热重法测得的每种矿物放出的 CO_2 量，通过查图得出矿物在试样中的含量及在矿石中的含量。这种方法称为热重图算法。

图 9-6 中以 CO_2 的含量为横坐标，以矿物量为纵坐标，根据每种碳酸盐矿物量与其中 CO_2 含量的关系，可以得到一系列通过原点的直线（检量线）。白云石的检量线是用白云石中 $MgCO_3$ 分解出来的 CO_2 量与白云石质量之间关系画出来的。图 9-6 中，右纵坐标有两行，分别为试样质量 200mg 及 100mg 时，其中矿物的百分含量。这里值得一提的是，

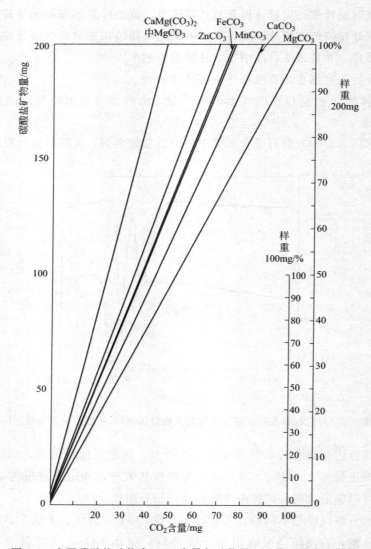

图 9-6　主要碳酸盐矿物中 CO_2 含量与矿物量、矿物百分含量计算

在进行热重测定时，称量要准确到 200.0mg 或 100.0mg，以便直接利用算图计算出组分的含量。

矿物类质同象是指在矿物晶体结构中部分质点被它种质点取代，晶体结构保持不变，而只引起晶格常数变化不大的现象。

矿物由于其类质同象的成分发生改变，其中各组分的含量亦随之发生变化，可根据矿物脱水、CO_2 的放出等含量来判断类质同象的成分。

例如碳酸盐矿物由于类质同象成分的变化，CO_2 的含量亦随之改变。因此，可根据 CO_2 的含量来确定有无类质同象成分和各类质同象成分的含量。由差热曲线的特征确定碳酸盐矿物类别后，可根据热重曲线测定的 CO_2 含量来判断矿物中是否有类质同象成分存在。例如：差热曲线的特征显示为方解石，热重曲线中 CO_2 含量 $>43.97\%$，则为镁方解石；差热曲线的特征显示为菱铁矿，热重曲线中 CO_2 含量 $>37.99\%$，则为镁菱铁矿。碳酸盐矿物是否有类质同象存在，只要看 CO_2 的含量是否介于类质同象两端元矿物 CO_2 含量之间。

热重图算法还可用于确定矿物中水的存在形式。矿物脱水在热重曲线上显示失重。矿物中水存在形式不同，结合能力不同，脱除温度也不同。吸附水和层间水的脱除温度较低，一般在 200℃ 以下；结晶水脱除一般在 300℃ 以下；结构水的脱除温度较高，一般为 500～800℃。少数矿物还有结合水，其脱除温度较层间水高，但又比结构水低。同一种存在形式的水，由于与之结合的离子不同（如蒙脱石）或是结合部位不同（如绿泥石），或是脱水过程形成新的含水矿物（如硼砂），而可分阶段脱除。因而在利用热分析的结果确定水的存在形式时要进行具体的分析，同时结合其他分析方法。

9.5.4　在高分子材料中的应用

（1）评价材料的热稳定性

热重分析法可以评价聚烯烃类、聚卤代烯类、含氧类、芳杂环类聚合物的单体、多聚体和聚合物以及弹性体高分子材料的热稳定性。

高温下，聚合物内部可能发生各种反应，如开始分解时可能是侧链的分解，而主链无变化，达到一定的温度时，主链可能断裂，引起材料性能的急剧变化。有的材料可一步完全降解，而有些材料可能在很高的温度下仍有残留物。

如图 9-7 所示，在同一台热天平上，以同样的条件进行热重分析，比较五种聚合物的热稳定性。每种聚合物在特定温度区域有不同的 TG 曲线，这为进一步研究反应机制提供了有启发性的资料。由图 9-6 中 TG 曲线的信息可以知道，这五种聚合物的相对热稳定性顺序是：PVC＜PMMA＜HPPE＜PTFE＜PI。

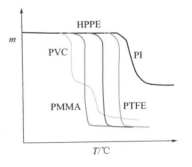

图 9-7　五种聚合物的热稳定性分析

（2）研究材料的热特性

每种高分子材料都有自己特有的热重曲线。通过研究材料的热重曲线，可以了解材料在温度作用下的变化过程，从而研究材料的热特性。

（3）研究材料中添加剂的作用

添加剂是高分子材料制成成品的重要组成部分。通常用纯高分子制成成品的情况很少，一般在高分子中都要配以各种各样的具有各种功能作用的添加剂（如增塑剂、发泡剂、阻燃剂、补强剂等），才能制成具有各种性能的成品，从而使其具有使用价值。添加剂的性能、添加剂与高分子的匹配相容性、各种添加剂之间的匹配相容性，都是影响制品性能的重要因素。

热重分析法可以研究高分子材料中添加剂的作用，也可直接测定添加剂的含量，以及添加剂的热稳定性。

阻燃剂作为一种添加剂，在高分子材料中有特殊效果。阻燃剂的种类和用量选择适

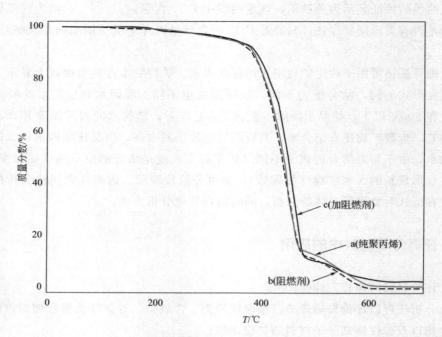

图 9-8　阻燃剂阻燃效果的 TG 曲线对比

　　当，可以大大改善和提供高分子材料的阻燃性能；否则，则达不到阻燃效果。图 9-8 为阻燃剂阻燃效果对比的 TG 曲线。可以看出，加阻燃剂的聚丙烯尽管开始失重时的温度略低于纯聚丙烯，但从整个材料分解破坏的热稳定性来看，加阻燃剂的聚丙烯的热稳定性是大大提高了，阻燃剂阻燃效果显著，阻燃剂用量却只有 0.5%。

　　（4）研究高分子材料的组成

　　每种高分子材料都有自己的优点和缺点，在使用时，为了利用优点，克服缺点，往往采用高分子材料共聚或共混的方法以得到使用性能更好的高分子材料。热重分析法可用于研究高分子材料的共聚和共混，测定高分子材料共聚物和共混物的组成。

　　（5）研究热固性树脂的固化

　　对固化过程中失去低分子物的缩聚反应，可用热重分析法进行研究。酚醛树脂在固化过程生成水，利用 TG 测定脱水失重过程，即可研究酚醛树脂的固化。

9.5.5　在药物研究中的应用

　　热重分析法可用于考察药物和辅料的脱出过程。药物或辅料所含的水分，一般为吸附水和结晶水，用 TG 曲线可分别测定其含量，用 DTG 曲线可分别测出其脱除速度。吸附水在 100℃附近或稍高温度处即可脱除。至于结晶水，其脱除温度不一，有的数十摄氏度时可脱出，有的要高达数百摄氏度才能脱出，还有些结晶水的脱除是分阶段的。

9.6　实验部分

实验 9-1　硫酸铜（$CuSO_4 \cdot xH_2O$）结晶水含量的测定

【实验目的】

1. 了解热重分析实验原理、仪器结构及基本特点；
2. 了解同步热分析仪的应用；
3. 运用同步热分析仪对硫酸铜进行热重和差热分析；
4. 学习测定硫酸铜晶体结晶水含量的方法。

【实验原理】

1. 热重分析法（TG）的基本原理

热重分析法（TG 或 TGA）是使样品处于一定的温度程序（升/降/恒温）控制下，进而观察样品的质量随温度或时间的变化过程。其广泛应用于塑料、橡胶、涂料、药品、催化剂、无机材料、金属材料与复合材料等各领域的研究开发、工艺优化与质量监控。

利用热重分析法，可以测定材料在不同气氛下的热稳定性与氧化稳定性，可对分解、吸附、解吸附、氧化、还原等物化过程进行分析（包括利用 TG 测试结果进一步作表观反应动力学研究），可对物质进行成分的定量计算，测定水分、挥发成分及各种添加剂与填充剂的含量。热重分析仪的基本原理如图 9-9 所示。

炉体（furnace）为加热体，在由微机控制的一定温度程序下运作，炉内可通以不同的动态气氛（如 N_2、Ar、He 等保护性气氛，O_2、空气等氧化性气氛及其他特殊气氛等），或在真空或静态气氛下进行测试。在测试进程中，样品支架下部连接的高精度天平随时感知到样品当前的质量，并将数据传送到计算机，由计算机画出样品质量对温度/时间的曲线（TG 曲线）。当样品发生质量变化（其原因包括分解、氧化、还原、吸附与解吸附等）时，会在 TG 曲线上体现为失重或增重台阶，由此可以得知该失/增重过程所发生的温度区域，并定量计算失/增重比例。若对 TG 曲线进行一次微分计算，则得到热重微分曲线（DTG 曲线），可以进一步得到质量变化速率等更多信息。

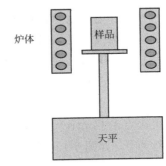

图 9-9　热重分析仪的
基本原理示意图

2. 热流型差示扫描量热法（DSC）的基本原理

热流型差示扫描量热法（DSC）是使样品处于一定的温度程序（升/降/恒温）控制下，进而观察样品和参比物之间的热流差随温度或时间的变化过程。其广泛应用于

塑料、橡胶、纤维、涂料、黏合剂、医药、食品、生物有机体、无机材料、金属材料
与复合材料等领域。

利用差示扫描量热仪可以研究材料的熔融与结晶过程、结晶度、玻璃化转变、相转
变、液晶转变、氧化稳定性（氧化诱导期）、反应温度与反应热焓，测定物质的比热、纯
度，研究高分子共混物的相容性、热固性树脂的固化过程，以及进行反应动力学研究等。

热流型差示扫描量热仪的基本原理如图 9-10 所示。

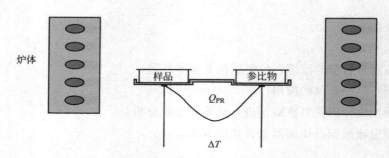

图 9-10　热流型差示扫描量热仪的基本原理示意图

在程序温度（线性升温、降温、恒温及其组合等）过程中，当样品发生热效应时，在
样品端与参比端之间产生了与温差成正比的热流差，通过热电偶连续测定温差并经灵敏度
校正转换为热流差，即可获得相应谱图。

3. 同步热分析法（STA）的基本原理

同步热分析法（STA）将热重分析法（TG）与差热分析法（DTA）或差示扫描量热
法（DSC）结合为一体，在同一次测量中利用同一样品可同步得到热重与差热信息。

【实验步骤】

（1）打开电脑电源，打开 SDT 热分析仪电源（无先后顺序）。

（2）开高纯氮气，出口压力显示约 0.14MPa。

（3）当 SDT 热分析仪开启成功后，运行桌面 TA Instrument Explorer，然后双击 Explorer 里面的 SDT Q600-1720 图标，进入控制软件界面（图 9-11）。

（4）依次点击控制软件界面 Control、Furnace、Open，当炉子打开后，放入两个空坩埚，再次点击 Control、Furnace、Close，当炉子关闭后，点击去皮（Tare），直到系统质量差约为 0，如图 9-12～图 9-15 所示。

（5）点击 Control、Furnace、Open（图 9-16），小心取出外侧氧化铝坩埚，放入 5～10mg 硫酸铜样品，然后轻轻放回，关闭炉子。

（6）点击软件界面 Summary（图 9-17），设置样品名（Sample Name）与数据文件名（Data File Name）。

（7）点击软件界面 Procedure 里的 Editor（图 9-18），设置升温方式（图 9-19），注意升温速率一般设置为 10～20℃/min。

（8）点击软件界面 Notes（图 9-20），设置气体流速，一般为 100mL/min，与红外连用时，设置为 200mL/min。

图 9-11 控制软件界面

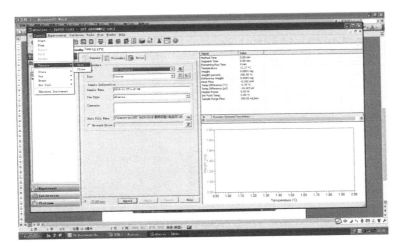

图 9-12 控制软件界面 Furnace

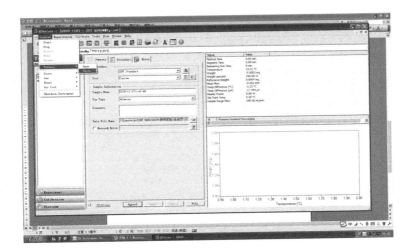

图 9-13 控制软件界面 Close

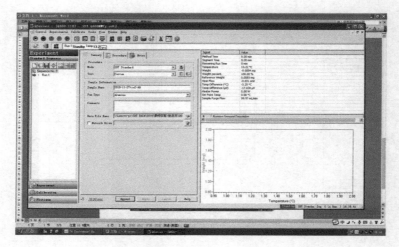

图 9-14　根据标准方法测定（和图 9-11、图 9-12 为同一系列操作）

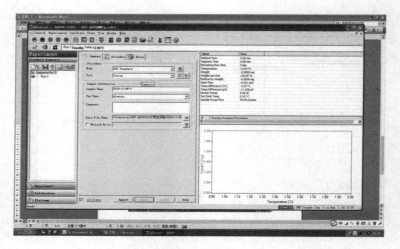

图 9-15　控制软件界面 Tare

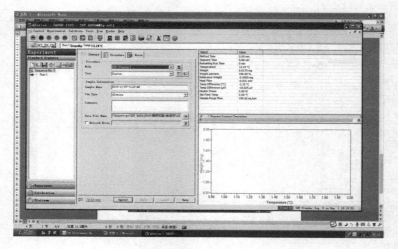

图 9-16　样品界面

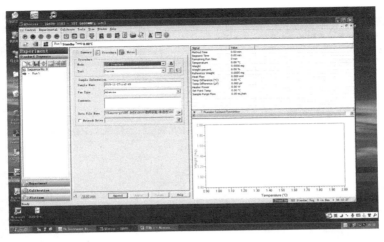

图 9-17　软件界面 Summary

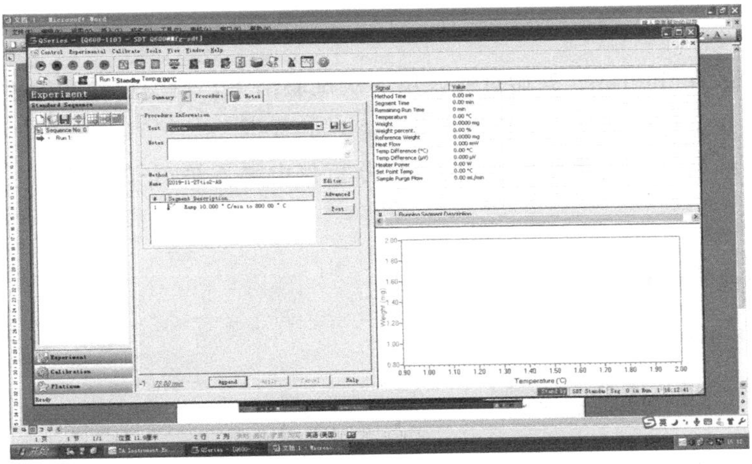

图 9-18　软件界面 Editor

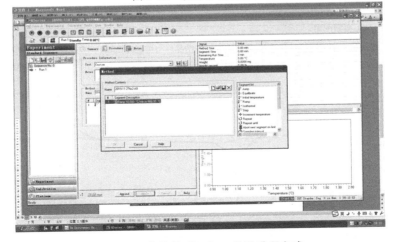

图 9-19　软件界面 Editor 设置升温方式

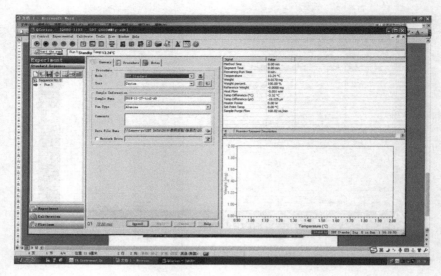

图 9-20　软件界面 Notes

（9）点击 Start the run，开始试验，第一次试验结束，待温度冷却至室温后，重复步骤（4）～（9），注意每次试验结束后导出并保存试验数据。

（10）试验结束，关闭程序以及 SDT 热分析仪电源，最后关闭氮气，注意保持桌面清洁。

【典型实验图谱与分析】

1. 典型的热差图谱

典型的热差图谱见图 9-21。

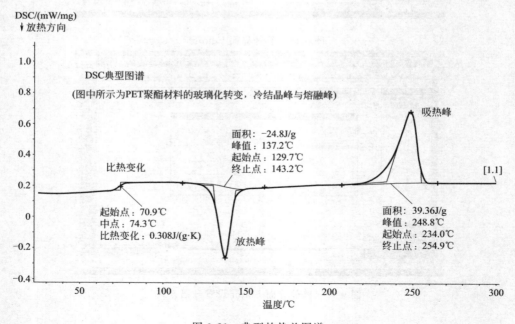

图 9-21　典型的热差图谱

按照 DIN 标准，图 9-21 中所示向上的为样品的吸热峰（较为典型的吸热效应有熔融、解吸等），向下的为放热峰（较为典型的放热效应有结晶、氧化、固化等），比热变化则体现为基线高度的变化，即曲线上的台阶状拐折（较为典型的比热变化效应为二级相变，包括玻璃化转变、铁磁性转变等）。

2. 典型的热重曲线

典型的热重曲线见图 9-22。

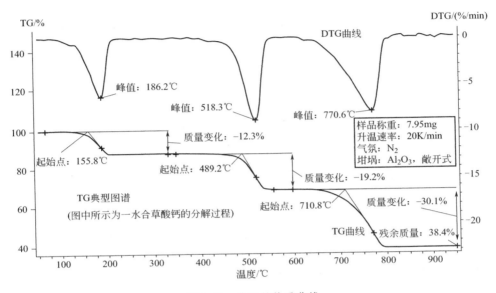

图 9-22 典型的热重曲线

图谱可在温度与时间两种坐标下进行转换。

图 9-22 中下面的曲线为热重（TG）曲线，表征了样品在程序温度过程中质量随温度/时间变化的情况，其纵坐标为质量百分比，表示样品在当前温度/时间下的质量与初始质量的比值。

图 9-22 中上面的曲线为热重微分（DTG）曲线（即 dm/dt 曲线，TG 曲线上各点对时间坐标取一次微分作出的曲线），表征质量变化的速率随温度/时间的变化，其峰值点表征了各失/增重台阶的质量变化速率最快的温度/时间点。

3. 典型的同步热分析图谱

典型的同步热分析图谱见图 9-23。

图 9-23 中，在 DSC 曲线上共有三个吸热峰。其中温度较低的两个相邻的大吸热峰与 DTG 曲线上的两个峰（或 TG 曲线上的两个失重台阶）有很好的对应关系，这是由样品的两步分解所引起的。温度较高的小吸热峰则在 TG 与 DTG 曲线上找不到任何对应关系，应由样品的相变所引起。

【注意事项】

1. 样品质量一般为 5～25mg，常规选 10mg 左右。热效应大、分解产生大量气体（膨

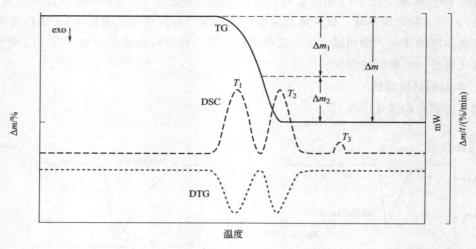

图 9-23　典型的同步热分析图谱

胀）的样品需要减少用量，一般为 1～3mg。一般测试需加坩埚盖。

2. 保持样品坩埚的清洁，应使用镊子夹取，避免用手触摸。

3. 支架杆为氧化铝材料，易碎！拿放时一定小心，防止跌落损坏。

4. 每次降下炉体时要注意支架位置是否位于炉腔口中央，防止炉子下降时压到支架盘而毁坏支架。

5. 防止样品的分解产物污染或损坏传感器。同时注意根据产生气体选择合适的温度范围，以防毁坏传感器。

6. 高温操作有特殊要求，请咨询仪器管理人员。

7. 测试完成后，必须等炉温降到 150℃ 以下后才能开启炉体。

8. 仪器内置百万分之一精密天平，请勿移动仪器，防止震动。

9. 经常清理炉腔出气口，用无水酒精清洗以去除垢物，防止堵塞。

10. 实验结束后需要登记使用情况，并确保仪器和室内清洁。

实验 9-2　差热扫描量热法测定高聚物的玻璃化转变温度（T_g）

【实验目的】

1. 了解热分析的概念；

2. 了解 DSC 的基本原理；

3. 掌握 DSC 测试聚合物 T_g 的方法。

【实验原理】

差示扫描量热法（differential scanning calorimetry，DSC）是在程序温度控制下，测

量试样与参比物之间单位时间内能量差或功率差随温度变化的一种技术。它是在差热分析法（differential thermal analysis，DTA）的基础上发展而来的一种热分析技术，DSC在定量分析方面比 DTA 要好，能直接从 DSC 曲线峰形面积得到试样的放热量和吸热量。

差示扫描量热仪可分为功率补偿型和热流型两种，两者的最大差别在于结构设计原理上的不同。一般试验条件下，选用的都是功率补偿型差示扫描量热仪。仪器有两只相对独立的测量池，其加热炉中分别装有测量试样和参比物，这两个加热炉具有相同的热容及导热参数，并按相同的温度程序扫描。参比物在所选定的扫描温度范围内不具有任何热效应。因此在测试过程中记录下的热效应就是由样品的变化引起的。当样品发生放热或吸热变化时，系统将自动调整两个加热炉的加热功率，以补偿样品所发生的热量改变，使样品和参比物的温度始终保持相同，使系统始终处于"热零位"状态，这就是功率补偿 DSC 仪的工作原理，即"热零位平衡"原理。图 9-24 为功率补偿型 DSC 示意图。

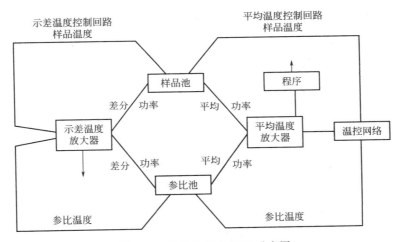

图 9-24　功率补偿式 DSC 示意图

【仪器与试剂】

1. 仪器

耐驰公司 400PC DSC 仪；铝坩埚；电子天平；镊子；高纯氮气。

2. 试剂

PVC 粉末；PMMA；PP。

【实验条件】

PVC 粉末：室温～150℃。

PMMA：室温～150℃。

PP：室温～150℃。

【实验步骤】

　　(1) 打开气源；

　　(2) 开启仪器主机电源；

　　(3) 开启电脑主机；

　　(4) 找到 DSC 测试软件并打开；

　　(5) 在窗体选项栏点击诊断，在出现的菜单中选择气体与开关选项；

　　(6) 在出现的气体与开关小窗体中勾选保护气 2 与吹扫气 2 选项，然后点击确定；

　　(7) 称量 5～10mg 样品，用铝坩埚装好，盖上盖子压好；

　　(8) 在窗体选项栏点击"文件—新建"，在出现的 DSC200PC 测试参数中点击"样品"选项，填好名称与样品质量，点击"继续"；

　　(9) 在出现的温度校正窗口点击选取"温度校正文件"打开；再在出现的灵敏度校正窗口点击选取"灵敏度校正文件"打开；

　　(10) 进入 DSC 温度设定程序窗口，按照样品测试条件设定温度，点击"继续"；

　　(11) 在设定测量文件名窗口为将要测试样品的数据结果命名，点击"保存"；

　　(12) 点击"开始"，开始测量样品；

　　(13) 测试结束后，使用 Proteus Analysis 软件对数据进行分析。

实验 9-3　热分析法测定硅酸盐的相变温度

【实验目的】

　　1. 学习综合热分析的仪器装置及实验技术；

　　2. 掌握综合热分析的特点及分析方法；

　　3. 运用热分析的方法测定硅酸盐的相变温度。

【实验原理】

　　综合热分析是指几种单一的热分析法相互结合成多元的热分析法，也就是将各种单功能的热分析仪相互组合在一起变成多功能的综合热分析仪，如差热(DTA)-热重(TG)、差示扫描(DSC)-热重(TG)、差热(DTA)-热重(TG)-微商热重(DTG)、差热(DTA)-热机械分析(TMA) 等。这种多功能综合热分析的特点是在完全相同的实验条件下，也就是在一次实验中可同时获得样品的各种热变化信息。

　　因此，综合热分析具有极大的优越性而被广泛采用。在无机非金属材料中，综合热分析技术使用得最多的是 DTA-TG。

　　由综合热分析的基本原理可知，综合热分析曲线就是各单功能热分析曲线测绘在同一张记录纸上。因此，综合热分析曲线上的每一条单一曲线的分析与解释与单功能仪器所作曲线完全一样，各种单功能标准曲线都可作为综合热分析曲线的标准，分析解释时可作参考。

【实验用品】

硅酸盐；万分之一电子分析天平；镊子；氧化铝坩埚。

【实验步骤】

（1）打开气源；

（2）开启仪器主机电源，开启电脑主机；

（3）打开分析测试软件；

（4）在窗体选项栏点击"诊断"，在出现的菜单中选择"气体与开关"选项；

（5）在出现的气体与开关小窗体中勾选"保护气 2"与"吹扫气 2"选项，然后点击"确定"；

（6）称取硅酸盐 5～10mg，用铝坩埚装好，盖上盖子压好；

（7）在窗体选项栏点击"文件—新建"，在出现的 DSC200PC 测试参数中点击"样品"选项，填好名称与样品质量，点击"继续"；

（8）在出现的温度校正窗口点击选取"温度校正文件"打开；再在出现的灵敏度校正窗口点击选取"灵敏度校正文件"打开；

（9）进入温度设定程序窗口，按照样品测试条件设定温度，点击"继续"；

（10）在设定测量文件名窗口为将要测试样品的数据结果命名，点击"保存"；

（11）点击"开始"，开始测量样品；

（12）测试结束后，使用 Proteus Analysis 软件对数据进行分析。

模块五

电分析法

第 10 章

电化学分析法

10.1 电化学分析概述

电化学是化学变化与电的现象紧密联系起来的学科。化学反应和电的相互作用则是通过电池来完成的，因而，应用电化学的基本原理和实验技术，依据物质的电化学性质来测定物质组成及含量的分析方法，可称为电化学分析或电分析化学，它是仪器分析的一个重要组成部分。早在 19 世纪，德国化学家温克勒尔（C. Winkler）首先将电化学引入分析领域，而电化学分析法正式成为一种分析方法则始于 1922 年由捷克化学家海洛夫斯基（J. Heyrovsky）建立极谱法。电化学分析法具有操作方便、灵敏度和准确度很高、分析范围宽、选择性好等特点。许多电化学分析法既可定性，又可定量；既能分析有机物，又能分析无机物；并且许多方法便于自动化，在化工生产中的自动控制和在线分析、科学研究等各个领域有着广泛的应用。

10.1.1 电化学分析法的定义

电化学分析法的基础是在电化学池中所发生的电化学反应。具体来说，电化学分析法是使待测对象组成一个化学电池，通过测量电池的电位、电流、电导等物理量，实现对待测物质的分析。

10.1.2 电化学分析法的分类

（1）根据国际纯粹化学与应用化学联合会（IUPAC）倡议
① 不涉及双电层，也不涉及电极反应。例如：电导分析法和高频滴定法。
② 涉及双电层，但不涉及电极反应。例如：电位分析法和非法拉第阻抗法。
③ 涉及电极反应。例如：电解、库仑、极谱、伏安分析等。
（2）按测量的电化学参数分类（习惯分类方法）
① 电导分析法　根据测量分析溶液的电导以确定待测物含量的分析方法，即用电导

仪直接测量电解质溶液的电导率的方法。

② 电位分析法　通过测量电极电动势以求得待测物质含量的分析方法。

③ 电解（电重量）分析法　根据通电时，待测物在电池电极上发生定量沉积的性质来确定待测物含量的分析方法。

④ 库仑分析法　根据电解过程中消耗的电量，由法拉第定律来确定被测物质含量的方法。

⑤ 伏安分析法　根据电解过程中的电流-电压曲线（伏安曲线）来进行分析的方法。将一支固体电极插入待测溶液中，利用电解时得到的电流-电压曲线为基础而演变出来的各种分析方法的总称。

⑥ 极谱分析法　用液态电极（如滴汞电极）作为工作电极，且电极表面做周期性的连续更新。

无论是哪一种类型的电化学分析法，都必须在一个化学电池中进行，因此化学电池的基本原理是各种电化学分析方法的基础。

10.1.3　电化学分析法的特点

① 使用的仪器较简单、小型、价格较便宜，测定快速、简便；

② 因测量的参数为电信号，传递方便，易实现自动化和连续化；

③ 某些新方法的灵敏度高，可做痕量或超痕量分析，选择性也较好；

④ 既可做组分含量分析，也可进行价态、形态分析，同时，还可以作为其他领域科学研究的工具。

10.1.4　化学电池和电池电动势

化学能与电能互相转变的装置称为电池，它是任何一类电化学分析法中必不可少的装置。简单的化学电池由两支电极和电解质溶液组成。电极与它接触的溶液组成半电池，两个半电池通过导线与外电路联结，半电池的溶液部分必须相互沟通，以组成一个回路。如果两支电极浸入同一个电解质溶液，构成的电池称为无液体接界电极，如图 10-1 所示。

如果两金属分别浸入不同电解质，而两溶液用半透膜或烧结玻璃隔开，或用盐桥连接，构成的电池称为液体接界电池，如图 10-2 所示。

当电池工作时，电流通过电池的内外部构成回路。外部电路是金属导体，移动的是荷负电的电子。电池内部是电解质溶液，移动的分别是荷

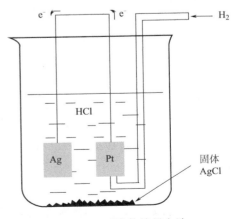

图 10-1　无液体接界电池

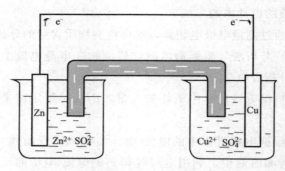

图 10-2 液体接界电池

正、负电的离子。电流要通过整个回路，必须在两电极的金属/溶液界面上发生电子跃迁的氧化-还原电极反应，即离子从电极上取得电子或将电子交与电极。

电池还可以用一定的图示式表达。如图 10-2 的丹聂尔电池（Daniell cell）可表示为：$Zn(s) \mid ZnSO_4(aq) \parallel CuSO_4(aq) \mid Cu(s)$。

电池反应为：$Cu^{2+}(aq) + Zn(s) \Longrightarrow Cu(s) + Zn^{2+}(aq)$

电池的图示式有以下规定：

① 左边电极，称为阳极（anode），是发生氧化反应的电极；右边电极，称为阴极（cathode），是发生还原反应的电极（注：原电池的阳极为负极，阴极为正极；电解池的阳极为正极，阴极为负极）。

② 两相界面或两互不相溶溶液之间用"$\mid$"表示，两电极之间的盐桥用"$\parallel$"或"$\vdots$"表示。

③ 组成电极的电解质溶液必须标明名称、活度（或浓度）；若电极反应有气体参与，须标明逸度（压力）、温度（没标者视为 $p^{\ominus}$，25℃）。

④ 气体要注明压力和依附的惰性金属。最常用的 Pt 电极，如标准氢电极（SHE）为：$Pt \mid H_2(p^{\ominus}) \mid H^+(a_{H^+}=1)$。

电池的电动势（用 E_{cell} 表示，通常简写为 E）表明电池两电极之间的电势差。它包含阴极及阳极的电极电位（分别用 φ_c 及 φ_a 表示）及两个半电池电解质溶液的接触电位（称液接界电位，用 φ_j 表示），即：$E = \varphi_a - \varphi_c + \varphi_j$。

如电池图示式中左边表示阳极，右边表示阴极，那么，电池电动势 $E = \varphi_a - \varphi_c$。

电池反应吉布斯自由能变化 ΔG 与电池电动势 E 的关系表示为：

$$\Delta G = -nEF$$

式中，n 为反应的电子转移数，F 为法拉第常数。

在恒温、恒压下，如果 $\Delta G < 0$，对应的 $E > 0$，则反应能自发进行，此时电池为原电池；如果 $\Delta G > 0$，对应的 $E < 0$，则反应不能自发进行，欲使反应进行，需给予能量，此电池为电解池。

10.1.5 电极的类型和电极电位的表示

电极通常可分为两大类型：基于电子交换反应的电极和基于离子交换或扩散的电极。

如按照其组成体系和作用机理的不同，则电极可以分为以下五种。

（1）第一类电极

金属与其离子溶液组成体系的电极（活性金属电极），图示式：$M(s)|M^{z+}(a)$，如银、汞、铜、铅、锌、镉等电极，电极反应为：$M^{z+}(a)+ze^- \longrightarrow M(s)$。

该类电极电位为：$\varphi_{M^{z+}/M} = \varphi^{\ominus}_{M^{z+}/M} - \dfrac{RT}{zF}\ln\dfrac{1}{a_{M^{z+}}}$，可见 φ 仅与 M^{z+} 的活度 $a_{M^{z+}}$ 有关。

（2）第二类电极

金属与其难溶盐（或络离子）及难溶盐的阴离子（或配位离子）组成体系的电极，如银-氯化银电极（$Ag/AgCl$，Cl^-），图示式：$Cl^-(a)|AgCl(s)|Ag(s)$。

电极反应：$AgCl(s)+e^- \longrightarrow Ag(s)+Cl^-(a)$

电极电位（25℃）：$\varphi_{AgCl/Ag} = \varphi^{\ominus}_{AgCl/Ag} + \dfrac{RT}{F}\ln a$

类似且常用的电极还有甘汞电极（Hg/Hg_2Cl_2，Cl^-）；金属与其络离子组成的电极，如银-银氰络离子电极 $[Ag/Ag(CN)_2^-，CN^-]$。

第二类电极的电极电位取决于阴离子的活度，所以可以作为测定阴离子的指示电极；银-氯化银电极及甘汞电极（尤其是饱和甘汞电极）又常作为电化学中的二级标准电极。

（3）第三类电极

金属与两种具有相同阴离子难溶盐（或难离解络合物）以及第二种难溶盐（或络合物）的阳离子所组成体系的电极。这两种难溶盐（或络合物）中，阴离子相同，而阳离子一种是组成电极的金属的离子，另一种是待测离子。例如：

$Ag | Ag_2C_2O_4，CaC_2O_4，Ca^{2+}(a_{Ca^{2+}})$，$Pb | PbC_2O_4，CaC_2O_4，Ca^{2+}(a_{Ca^{2+}})$，$Hg | HgY，CdY，Cd^{2+}(a_{Cd^{2+}})$ 等。

对于前者电极反应：$Ag_2C_2O_4+2e^-+Ca^{2+} \rule[0.5ex]{1.5em}{0.4pt} 2Ag+CaC_2O_4$

$$\varphi_{Ag_2C_2O_4/Ag} = \varphi^{\ominus}_{Ag_2C_2O_4/Ag} + \dfrac{RT}{F}\ln a_{Ca^{2+}}$$

因为：$a_{Ca^{2+}} = \dfrac{K_{sp}(CaC_2O_4)}{a_{C_2O_4^{2-}}}$，$a_{C_2O_4^{2-}} = \dfrac{K_{sp}(Ag_2C_2O_4)}{a^2_{Ag^+}}$

所以：$\varphi^{\ominus}_{Ag_2C_2O_4/Ag} = \varphi^{\ominus}_{Ag^+/Ag} + \dfrac{RT}{2F}\ln\dfrac{K_{sp}(Ag_2C_2O_4)}{K_{sp}(CaC_2O_4)}$

对于后者，电极反应：$HgY+2e^-+Cd^{2+} \rule[0.5ex]{1.5em}{0.4pt} Hg+CdY$

$$\varphi = \varphi^{\ominus}_{HgY/Hg} + \dfrac{RT}{2F}\ln\dfrac{a_{HgY}a_{Cd^{2+}}}{a_{CdY}}$$

可以得到：$\varphi^{\ominus}_{HgY/Hg} = \varphi^{\ominus}_{Hg^{2+}/Hg} + \dfrac{RT}{2F}\ln\dfrac{K_{CdY}}{K_{HgY}}$

这种电极可以用于电位滴定中 pM 的指示电极，在滴定临近终点时，可视 $[HgY]/[CdY]$ 基本不变，所以：

$$\varphi = \varphi^{\ominus} + \dfrac{RT}{zF}\ln a_{Cd^{2+}}$$

$$E = \varphi_{参比} - \varphi_{指示} = \varphi_{参比} - \varphi_{M^{z+}/M} = \varphi_{参比} - \varphi^{\ominus}_{M^{z+}/M} - \frac{RT}{ZF}\ln a_{M^{z+}}$$

（4）氧化还原类电极

惰性金属与可溶性氧化态和还原态溶液（或与气体）组成体系的电极。惰性电极本身不发生电极反应，只起电子转移的介质作用，最常用的是 Pt 电极。如 Pt｜Fe^{3+} (a_1)，Fe^{2+} (a_2)，Pt｜Ce^{4+} (a_1)，Ce^{3+} (a_2)，氢电极等。

两电极的电极反应分别为：

$$Fe^{3+} (a_1) + e^- \rightleftharpoons Fe^{2+} (a_2)$$

$$Ce^{4+} (a_1) + e^- \rightleftharpoons Ce^{3+} (a_2)$$

以前，氧化还原电极一般多以贵金属作为电极材料，如铂和金等，但现在有许多材料可作为惰性电极，如玻璃碳、碳纤维、石墨、炭黑及半导体氧化物等，只要电极材料既可传输电子，又在所应用的电势范围内不发生反应就可以。

（5）离子选择电极（膜电极）

离子选择电极（膜电极）是指具有敏感膜并能产生膜电位的电极（基于离子交换或扩散的电极）。敏感膜指的是对某一种离子具有敏感响应的膜，其产生的膜电位与响应离子活度之间的关系服从能斯特方程式，整个膜电极的电极电位也服从能斯特方程式。

（6）化学修饰电极

化学修饰电极（chemically modified electrodes，CMEs）是由导体或半导体制作的电极，在电极的表面涂敷了单分子的、多分子的、离子的或聚合物的化学物薄膜，借法拉第（电荷消耗）反应而呈现出此薄膜的化学的、电化学的以及光学的性质。对任何电极反应来说，如果在裸电极上能够合理地、有选择性地、容易地进行，那么修饰是毫无意义和没有必要的。电极表面的修饰必须改变电极/溶液界面的双电层结构，使电极的性能（灵敏度、选择性等）有所改善。目前，化学修饰电极的分类如下：

$$
\text{CMEs}\begin{cases}
\text{单分子层型 CMEs}\begin{cases}\text{共价键合型}\\\text{吸附型}\\\text{欠电位沉积型}\\\text{LB（Langmuir-Blodgete）膜型}\\\text{自组装单分子膜（Self-Assembled monolayer，SAMs）}\end{cases}\\
\text{多分子层型 CMEs}\begin{cases}\text{聚合物薄膜型修饰电极}\\\text{无机物薄膜型修饰电极}\\\text{涂层型化学修饰电极}\\\text{碳材料化学修饰电极}\\\text{其他}\end{cases}\\
\text{组合型 CMEs}\begin{cases}\text{化学修饰碳糊电极}\\\text{粉末微电极}\end{cases}
\end{cases}
$$

（7）超微电极

常见的超微电极是用 Pt 丝或玻碳纤维做成的电极，其有很多优良的特性，用于某些特殊的微体系，如生命科学的研究等。

10.1.6　电池中的电极系统

10.1.6.1　参比电极、指示电极、工作电极、辅助电极

（1）指示电极

指示电极是用来指示电极表面待测离子的活度，在测量过程中溶液本体浓度不发生变化的体系的电极。如电位测量的电极，测量回路中电流几乎为零，电极反应基本上不进行，本体浓度几乎不变。

（2）工作电极

工作电极是用来发生所需要的电化学反应或响应激发信号，在测量过程中溶液本体浓度发生变化的体系的电极。如电解分析中的阴极等。

（3）参比电极

参比电极是用来提供标准电位，电位不随测量体系的组分及浓度变化而变化的电极。这种电极必须有较好的可逆性、重现性和稳定性。常用的参比电极有 SHE、Ag/AgCl、Hg/Hg_2Cl_2 电极，尤以饱和甘汞电极（saturated calomel electrode，SCE）使用得最多。如 25℃ Hg/Hg_2Cl_2 电极的 φ 随 a_{Cl^-} 变化（表 10-1）。

表 10-1　25℃ Hg/Hg_2Cl_2 电极的 φ 随 a_{Cl^-} 变化

$a_{KCl}/(mol/L)$	0.1	1.0	饱和
φ/V	+0.3365	+0.2828	+0.2438

（4）辅助电极

在电化学分析或研究工作中，常常使用三电极系统，除了工作电极、参比电极外，还需第三支电极，此电极所发生的电化学反应并非测试或研究所需要的，电极仅作为电子传递的场所，以便和工作电极组成电流回路，这种电极称为辅助电极或对电极。

10.1.6.2　去极化与极化电极

（1）去极化电极

在电化学测量中，电极电位不随外加电压的变化而变化，或当电极电位改变很小时所产生的电流改变很大的电极称为去极化电极。如饱和甘汞电极、电位分析法中的离子选择电极均为去极化电极。

（2）极化电极

在电化学测量中，电极电位随外加电压的变化而变化，或当电极电位改变很大时所产生的电流改变很小的电极称为极化电极。极化电极被极化时，电极电位将偏离平衡体系的电位，偏离值称为过电位。如电解、库仑分析中的工作电极及极谱分析法中的指示电极都是极化电极。产生极化的原因，主要有以下两种。

①浓差极化　可逆且快速的电极反应使电极表面液层内反应离子的浓度迅速降低

（或升高）——→电极表面与溶液本体之间的反应离子浓度不一样，形成一定的浓度梯度——→产生浓差极化——→电极表面液层的离子浓度决定了电极的电位，此电位偏离了电极的平衡电位，偏离值称为浓差过电位。

② 电化学极化　电极的反应速度较慢——→当电流密度较大时，引起电极上电荷的累积——→产生电化学极化——→电极的电位取决于电极上所累积的电荷，此电位偏离了电极的平衡电位，偏离值称为活化过电位。

不管是哪种极化，都使阴极的电位较平衡电位为负，阳极的电位较平衡电位为正。

阴极过电位：$\eta_c = \varphi_c - \varphi_{r,c}$

阳极过电位：$\eta_a = \varphi_a - \varphi_{r,a}$

电池总过电位：$\eta = \varphi_a - \varphi_c$

式中，φ 为实际电位，φ_r 为平衡电位。

10.2　电位分析法

10.2.1　电位分析法定义及原理

电位分析法是利用电极电位与溶液中待测物质离子的活度（或浓度）的关系进行分析的一种电化学分析法，其实质是通过在零电流条件下测定两电极间的电位差（即所构成原电池的电动势）进行分析测定。电位法测定的是一个原电池的平衡电动势值，而电池的电动势与组成电池的两个电极的电极电位密切相关，所以一般将电极电位与被测离子活度变化相关的电极称为指示电极或工作电极，而将在测定过程中其电极电位保持恒定不变的另一支电极叫作参比电极。

若参比电极的电极电位能保持不变，则测得电池的电动势就仅与指示电极有关，进而也就与被测离子活度有关。

表示电极电位与离子活度（或浓度）的关系式称为能斯特方程式，因此能斯特方程式也就是电位分析法的理论基础。

电极电位的大小通常表示为：

$$\varphi_{M^{z+}/M} = \varphi_{M^{z+}/M}^{\ominus} + \frac{RT}{zF}\ln a_{M^{z+}} \tag{10-1}$$

在溶液平衡体系不发生变化及电池回路零电流条件下，测得电池的电动势（或指示电极的电位）：

$$E = \varphi_{参比} - \varphi_{指示} = \varphi_{参比} - \varphi_{M^{z+}/M} = \varphi_{参比} - \varphi_{M^{z+}/M}^{\ominus} - \frac{RT}{zF}\ln a_{M^{z+}} \tag{10-2}$$

由于 $\varphi_{参比}$ 不变，$\varphi_{指示}$ 符合能斯特方程式，所以 E 的大小取决于待测物质离子的活度（或浓度），从而达到分析的目的。

10.2.2　电位分析法的分类

根据分析应用的方式，电位分析法可分为直接电位法和电位滴定法。

（1）直接电位法

直接电位法是指将电极插入被测液中构成原电池，根据原电池的电动势与被测离子活度间的函数关系直接测定离子活度的方法。其可用于测定溶液的 pH、活度（浓度）。溶液 pH 的测定内容详见 10.2.4 节。

（2）电位滴定法

电位滴定法是指借助测量滴定过程中电池电动势的突变来确定滴定终点，再根据反应计量关系进行定量的方法。其可用于酸碱、沉淀、配位、氧化还原等各类滴定法。

10.2.3　离子选择电极

离子选择电极（ion selective electrode，ISE）是具有敏感膜并能产生膜电位的电极，是一种电化学传感器。它由敏感膜、电极帽、内参比电极和内参比溶液等部分组成。敏感膜是一个能分开两种电解质溶液并能对某类物质有选择性响应的连续层，通常由单晶、混晶、液膜、高分子功能膜及生物膜等构成，它是离子选择电极性能好坏的关键。内参比电极常用银丝或银-氯化银电极（Ag/AgCl，Cl⁻），内参比溶液通常依据离子选择电极的种类来定。例如：氟离子选择电极的构成如图 10-3 所示。

离子选择性电极中的隔膜具有选择性，一般只允许一种离子通过。当电极与含该离子的待测溶液接触时，在它的敏感膜和溶液的相界面上将产生于该离子活度直接相关的膜电势。因为隔膜只允许一种离子通过，所以这种离子的迁移数为 1，其他离子的为 0，则膜电势 E_m 为：

$$E_m = \frac{RT}{zF} \ln \frac{a_{B,1}}{a_{B,2}} \tag{10-3}$$

式中，$a_{B,1}$、$a_{B,2}$ 分别为待测离子在膜两边的活度；z 为该离子所带的电荷数。由于该离子在膜内的活度恒定，所以膜电势实际只与膜外溶液中待测离子的活度有关。

离子选择性电极不能单独使用，通常和适当的外参比电极组成完整的电化学电池，通过测量其电动势，可得到相关离子的活度信息。将膜电极和参比电极一起插到被测溶液中，组成电池。则电池结构为：

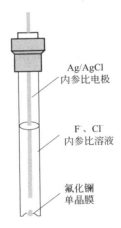

图 10-3　氟离子选择电极的示意图

Ag/AgCl 内参比电极

F、Cl⁻ 内参比溶液

氟化镧单晶膜

外参比电极 ‖ 被测溶液（a_i 未知）│ 内充溶液（a_i 一定）│ 内参比电极（敏感膜）

在不考虑其他各液体接界电势的情况下，整个电池的电动势可简单写为：

$$E = E_内 + E_m - E_外 \tag{10-4}$$

式中，$E_内$ 为内参比电极的电极电势；$E_外$ 为外参比电极的电极电势。在一般测量中，

$E_内$ 和 $E_外$ 均保持不变，因此电动势 E 与膜电势 E_m 之间只差一个常数项，E 的变化取决于 E_m 的变化，实际上只取决于待测离子的活度。

离子选择性电极与金属基电极的区别在于电极的薄膜并不给出或得到电子，而是选择性地让一些离子渗透，同时也包含着离子交换过程。

（1）离子选择性电极特点

① 无电子转移，靠离子扩散和离子交换产生膜电位。

② 仅对溶液中特定离子有选择性响应，选择性好。

（2）离子选择性电极的分类

例如：玻璃电极的构造由 pH 敏感膜、内参比电极（AgCl/Ag）、内参比溶液、带屏蔽的导线组成，玻璃电极的核心部分是玻璃敏感膜。

晶体膜电极由内参比电极、内参比溶液、LaF_3 单晶膜、电极杆屏蔽导线组成，氟电极的核心部分是 LaF_3 单晶膜。

气敏电极是一种气体传感器，常用于分析溶解水溶液中的气体。它的作用原理是利用待测气体与电解质溶液发生反应生成一种离子选择性电极响应的离子。这种离子的活度（浓度）与溶解的气体量成正比，因此，电极响应直接与试样中气体的活度（浓度）有关，如 CO_2：

$$CO_2(g) + H_2O(aq) \rightleftharpoons HCO_3^-(aq) + H^+(aq)$$

生成的 H^+ 可用 pH 玻璃电极检测。

酶电极是将生物酶涂布在离子选择性电极的敏感膜上，试液中待测物质受酶的催化发生化学反应，产生能为离子选择性电极敏感膜所响应的离子，由此可间接测定试液中物质的含量。

10.2.4 pH 的定义及其测量

pH 是氢离子活度的负对数，即 $pH = -\lg a_{H^+}$。测定溶液的 pH 通常用到玻璃电极（指示电极）、饱和甘汞电极（参比电极），将二者插入到试液溶液中组成工作电池，见图 10-4，该电池可以表示为：

Ag，AgCl | HCl | 玻璃膜 | 试液溶液 ‖ KCl（饱和溶液）| $Hg_2Cl_2(s)$，Hg

pH 玻璃电极的主要部分为特殊组成的玻璃膜，敏感膜厚度约为 0.05mm。电极管内装有 0.10mol/L HCl 溶液（内参比溶液），其中插入一支 Ag-AgCl 电极作为内参比电极。pH 敏感玻璃膜组成（摩尔百分数）：Na_2O（21.4%）；CaO（6.4%）；SiO_2（72.2%）。具体结构见图 10-5。

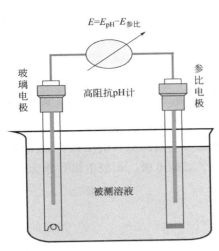

图 10-4　pH 电极测试溶液 pH 值示意图

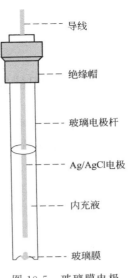

图 10-5　玻璃膜电极

25℃时，该工作电池的电动势为：

$$E = \varphi_{甘汞} - \varphi_{玻璃} + \varphi_{液接}$$
$$= \varphi_{Hg_2Cl_2/Hg} - [\varphi_{AgCl/Ag} + \varphi_{膜}] + \varphi_{液接} \qquad (10\text{-}5)$$
$$= \varphi_{Hg_2Cl_2/Hg} - \varphi_{AgCl/Ag} - K - \frac{2.303RT}{F}\lg a_{H^+} + \varphi_{液接}$$

在测定条件下，参比电极（饱和甘汞电极）、内参比电极（Ag-AgCl 电极）、不对称电位及液接电位都是常数，故合并在一起用新常数 K' 表示。

则：

$$E = K' - \frac{2.303RT}{F}pH$$

25℃时：

$$E = K' + 0.059 pH \qquad (10\text{-}6)$$

由上式可见，电池电动势与试液的 pH 呈线性关系。由于上式中包含了难以确定的不对称电位和液接电位，因此不能由上式直接计算试液的 pH。在实际工作中，需要将已知 pH 的标准缓冲溶液作为基准，采用比较法来确定待测溶液的 pH。

设有两种溶液，分别为已知 pH 的标准缓冲溶液 s 和待测 pH 的试液 x。则各自的电动势为：$E_s = K_s + \dfrac{2.303RT}{F}pH_s$，$E_x = K_x + \dfrac{2.303RT}{F}pH_x$

若测定条件完全一致，则 $K_s = K_x$，两式相减得：

$$pH_x = pH_s + \frac{(E_x - E_s)F}{2.303RT} \qquad (10\text{-}7)$$

式中，pH_s 已知，通过实验测量出 E_s 和 E_x 后，即可以由式（10-7）计算出试液的 pH_x。式（10-7）通过以标准缓冲溶液的 pH 为基准，进行实际测定得出待测溶液 pH。IUPAC 推荐式（10-7）作为 pH 的实用定义（也有称为 pH 标度的）。

得出式（10-7）的前提条件是两次测定过程中的 $K_s = K_x$，但实际测定中，K 值受多种因素影响而发生变化，给测定带来误差，故测量时应尽量保持温度恒定并选用与待测溶液 pH 接近的标准缓冲溶液。

10.3 极谱法和伏安法

极谱法和伏安法是以小面积工作电极与参比电极组成电解池，电解被分析物质的稀溶液，由所测得的电流-电压特性曲线来进行定性和定量分析的方法，它们的区别在于工作电极的不同。极谱法使用滴汞电极或其他表面能够周期性更新的电极作为工作电极；伏安法使用固体电极或表面静止的电极（如铂电极、玻碳电极、汞膜电极）作为工作电极。

10.3.1 极谱法

10.3.1.1 概述

（1）极谱法定义

以滴汞电极作为工作电极，以大面积、不易极化的电极为参比电极组成电解池，电解被分析物质的稀溶液，由所测得的电流-电压特性曲线来进行定性和定量分析的方法，称为极谱法。

（2）极谱法的发展

1922 年，捷克斯洛伐克科学家海洛夫斯基（J. Heyrovsky）以滴汞电极为工作电极首先发现极谱现象，并因此获得 1959 年诺贝尔化学奖。1924 年，他与志方益三合作，制造了第一台极谱仪。

1934 年，尤考维奇（D. Ilkovic）提出扩散电流理论，奠定了经典极谱分析的理论基础。1941 年，海洛夫斯基将极谱仪与示波器联用，提出示波极谱法。20 世纪 50 年代，极谱法处于大发展时期，出现各种极谱法和伏安法。

（3）极谱分析基本装置

极谱分析基本装置见图 10-6。电解池由滴汞电极（工作电极，负极）和饱和甘汞电极 SCE（参比电极，正极）组成。外电路包含直流电源、滑动电阻、伏特计（V）和检流计（A）。

① 参比电极 大面积的 SCE 电极，该电极不随外加电压变化，其电位为：

$$E_{Hg_2Cl_2/Hg} = E^{\ominus}_{Hg_2Cl_2/Hg} - 0.059 lg c_{Cl^-} \quad (10-8)$$

只要 c_{Cl^-} 保持不变，电位便可恒定（严格讲，电解过程中 c_{Cl^-} 是有微小变化的，因为只要有电流通过，必会发生电极反应。但如果电极表面的电流密度很小，单位面积上 c_{Cl^-} 的变化很小，就可认为其电位是恒定的，因此使用大面积、去极化的 SCE 电极是必要的）。

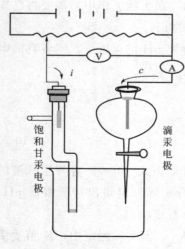

图 10-6 极谱分析基本装置图

② 工作电极　汞在毛细管中周期性长大（3～5s）——→汞滴——→工作电极，小面积的极化工作电极电位完全随外加电压变化而变化，即：$U_{外} = \varphi_{SCE} - \varphi_{de} + iR$ 。

由于极谱分析的电流很小（几微安），故 iR 项可忽略，即：

$$U_{外} = \varphi_{SCE} - \varphi_{de} \tag{10-9}$$

又由于参比电极电位（φ_{SCE}）恒定，故滴汞电极电位（φ_{de}）完全随外加电压（$U_{外}$）变化而变化，故上式可表示为：$U_{外} = -\varphi_{de}$（对 SCE）。

除滴汞电极外，还有悬汞电极和汞膜电极等。

（4）极谱曲线——极谱图（polarogram）

通过连续改变施加在工作电极和参比电极上的电压，记录电流的变化并绘制 i-U 曲线，即得极谱曲线。例如：当以 100～200mV/min 的速度对盛有 0.5mmol/L $CdCl_2$ 溶液施加电压时，记录电流 i 对电压 U 的变化曲线，如图 10-7 所示。

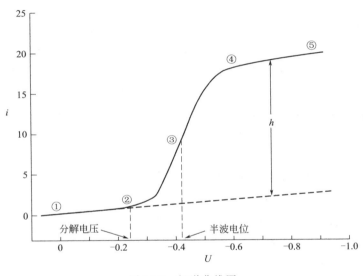

图 10-7　极谱曲线图

① ②段：未达 Cd^{2+} 分解电压 $U_分$，随外加电压 $U_{外}$ 的增加，只有一微小电流（残余电流）通过电解池。

② 点：$U_{外}$ 继续增加，达到 Cd^{2+} 的分解电压，电流略有上升。

滴汞阴极：$Cd^{2+} + 2e^- + Hg \Longleftrightarrow Cd(Hg)$

甘汞阳极：$2Hg + 2Cl^- \Longleftrightarrow Hg_2Cl_2 + 2e^-$

电极电位：$E_{de} = E_{析(Cd)} = E^{\ominus} + \dfrac{0.059}{2} \lg \dfrac{c_{Cd^{2+}}^s}{c_{Cd(Hg)}}$

式中，$c_{Cd^{2+}}^s$ 为 Cd^{2+} 在滴汞表面的浓度；$c_{Cd(Hg)}$ 为 Cd^{2+} 在滴汞表面（汞齐）中的浓度。

② ④段：继续增加电压，E_{de} 更负。从上式可知，c^s 将减小，即滴汞电极表面的 Cd^{2+} 迅速获得电子而还原，电解电流急剧增加。由于此时溶液本体的 Cd^{2+} 来不及到达滴

汞表面，因此，滴汞表面 Cd^{2+} 浓度低于溶液本体浓度 c，即 $c^s < c$，产生所谓的"浓差极化"。电解电流 i 与离子扩散速度成正比，而扩散速度又与浓度差（$c - c^s$）成正比，与扩散层厚度 δ 成反比，即：

$$i \propto \frac{c - c^s}{\delta} \text{ 或 } i = K(c - c^s) \tag{10-10}$$

④⑤段：外加电压继续增加，c^s 趋近于 0，（$c - c^s$）趋近于 c，这时电流的大小完全受溶液浓度 c 的控制——极限电流 i_d，即：$i_d = Kc$。

这就是极谱分析定量的基础。在排除了其他电流的影响以后，极限电流减去残余电流后的值，称为极限扩散电流，简称扩散电流（用 i_d 表示）。i_d 与被测物（Cd^{2+}）的浓度成正比，它是极谱定量分析的基础。当电流等于极限电流的一半时（③点），相应的滴汞电极电位，称为半波电位，用 $E_{1/2}$ 表示。不同的物质具有不同的半波电位，这是极谱定性分析的依据。

（5）极谱过程的特殊性

① 电极的特殊性　表现在采用了一大一小的电极。其中大面积的饱和甘汞电极（而一般电解分析使用两个面积大的电极）是去极化电极，作为参比电极；另一个通常是面积很小的滴汞电极，作为极化电极。

采用滴汞电极作为极化电极有如下优点：a. 汞滴不断下滴，电极表面吸附杂质少，表面经常保持新鲜，测定的数据重现性好；b. 氢在汞上的超电位比较大，因此可在酸性介质中进行分析（对 SCE，其电位可至 -1.2V）；c. 许多金属可以和汞形成汞齐；d. 汞易提纯。

缺点是：a. 汞易挥发且有毒；b. 汞能被氧化；c. 汞滴电极上残余电流大，限制了测定的灵敏度。

② 电解条件的特殊性　极谱分析时溶液保持静止并且使用大量的电解质。若溶液保持静止，则对流切向运动可忽略不计；加入大量电解质，则可消除离子的电迁移运动。

（6）极谱法的特点

① 普通极谱法的测量浓度范围为 $10^{-5} \sim 10^{-2} mol/L$，即灵敏度一般，采用其他新技术，可以获得较高的灵敏度，脉冲极谱法检测限可达 $10^{-9} mol/L$；

② 准确度高，重现性好，相对误差一般在 2% 以内；

③ 选择合适的极谱底液时，可不经分离而同时测定几种物质，具有一定的选择性；

④ 由于极谱电解电流很小，分析结束后浓度几乎不变，试液可以连续反复使用；

⑤ 应用比较广，仪器较为简单、便宜，凡能在电极上起氧化还原反应的有机物或无机物均可采用，有的物质虽不能在电极上反应，但也可以间接测定。

10.3.1.2　极谱定量分析

（1）定量公式

1934 年，尤考维奇提出了受扩散控制的电流方程式——尤考维奇方程，奠定了经典极谱法的定量分析基础。

$$(i_d)_\tau = 706 n D^{\frac{1}{2}} m^{\frac{2}{3}} \tau^{\frac{1}{6}} c \tag{10-11}$$

此式为瞬时电流扩散公式。表示滴汞电极的扩散电流 $(i_d)_\tau$ 随时间而变化，也就是随着汞滴表面积的增长而作周期性变化。当汞滴开始生长即 $t=0$ 时，$(i_d)_\tau=0$；当 $t=\tau$（即汞滴从开始生长到滴下所需的时间）时，$(i_d)_\tau$ 为最大，用 $(i_d)_t$ 表示：

$$(i_d)_t = 706nD^{\frac{1}{2}}m^{\frac{2}{3}}t^{\frac{1}{6}}c \tag{10-12}$$

扩散电流随时间而变化，但由于汞滴周期性地下落，扩散电流周期性地重复变化。通常在极谱分析中使用长周期的检流计，它记录的是平均电流，因此可以用每一滴汞滴在整个成长过程中所流过电量的库仑数除以滴汞周期来表示：

$$(i_d)_{\text{平均}} = 605nD^{\frac{1}{2}}m^{\frac{2}{3}}\tau^{\frac{1}{6}}c \tag{10-13}$$

式中，$(i_d)_{\text{平均}}$ 为平均极限扩散电流，μA；n 为电极反应中的电子转移数；D 为电极上起反应物质在溶液中的扩散系数，cm^2/s；m 为汞滴流度，mg/s；τ 为滴汞周期，s；c 为被测物质的浓度，$mmol/L$。

式（10-11）或式（10-13）被称为尤考维奇方程式，该式定量地阐明了极限扩散电流与浓度的关系。各项因素不变时，可合并为一个常数 K（$K=605nD^{\frac{1}{2}}m^{\frac{2}{3}}\tau^{\frac{1}{6}}$，称为尤考维奇常数），则在一定浓度范围内，扩散电流与被测物质浓度成正比：

$$i_d = Kc \tag{10-14}$$

（2）影响扩散电流的因素

从尤考维奇方程式知，影响扩散电流的因素如下。

① 溶液组分 组分不同，溶液黏度不同，因而扩散系数 D 不同。分析时应使标准液与待测液组分基本一致。

② 毛细管特性 汞滴流速 m、滴汞周期 τ 是毛细管的特性指标，将影响平均扩散电流的大小。通常将 $m^{\frac{2}{3}}\tau^{\frac{1}{6}}$ 称为毛细管特性常数。设汞柱高度为 h，因 $m=k'h$，$t=k''/h$，则毛细管特性常数 $m^{\frac{2}{3}}t^{\frac{1}{6}}=kh^{\frac{1}{2}}$，即与 $h^{\frac{1}{2}}$ 成正比。因此，实验中汞柱高度必须一致。该条件常用于验证极谱波是否为扩散波。

③ 温度 除 n 外，温度影响公式中的各项，尤其是扩散系数 D。室温下，温度每增加 1℃，扩散电流增加约 1.3%，故控温精度须在 ±0.5℃。

（3）定量分析方法

已知 $i_d=Kc$ 为极谱定量分析依据，实际工作中是用作图法测量极谱波的相对波高或峰高，通过标准曲线法或标准加入法进行定量分析。

① 波高测量 波高测量采用三切线法，即分别通过残余电流、极限电流和扩散电流作三条切线，然后测量所形成的两个交点间的垂直距离，如图 10-8 所示。在极谱图上通过残余电流、极限电流和扩散电流分别作 AB、CD 及 EF 三条切线，相交于 O 点和 P 点，通过 O 与 P 作平行于横轴的平行线，此两平行线间的垂直距离 h 即为波高。

② 标准曲线法 分析大量同一类的试样时，可分别测出不同浓度的标准溶液在同一条件下的扩散电流（或波高），以所得扩散电流（或波高）及浓度绘制标准曲线，此曲线通常为一条直线。测定未知液时，可在同样条件下测定其扩散电流（或波高），再在标准曲线上找出其浓度。

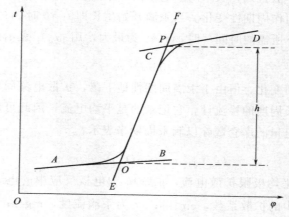

图 10-8 作图法测量波高

③ 标准加入法 首先测量浓度为 c_x、体积为 V_x 的待测液的波高 h_x；然后在同一条件下，测量加入标准液（浓度为 c_s，体积为 V_s）后的波高。由极谱电流公式得：

$$h_x = K c_x$$

$$H = K \left(\frac{V_x c_x + V_s c_s}{V_x + V_s} \right) \tag{11-15}$$

由以上两式，可知未知溶液的浓度为：

$$c_x = \frac{V_s c_s h_x}{(V_s + V_x) H - V_x h_x} \tag{11-16}$$

一般当试液的体积为 10mL 时，加入标准溶液的量以 0.5～1.0mL 为宜，并使加入后的波高增加 0.5～1 倍。由于加入标准溶液前后试液的组成基本保持一致，基本上消除了由底液不同所引起的误差，所以方法的准确度较高。但应注意，采用标准加入法时有一个前提，即波高与浓度应成正比关系，也就是校准曲线通过原点时，才能使用。

10.3.1.3 干扰电流及其消除方法

除用于测定的扩散电流外，极谱电流还包括残余电流、迁移电流、极谱极大、氧波。这些电流通常干扰测定，应设法扣除。

（1）残余电流

在极谱分析中，当外加电压未达分解电压时所观察到的微小电流，称为残余电流（i_r），包括电解电流和电容电流（或充电电流）。它们直接影响测定的灵敏度和检出限。

电解电流是由存在于滴汞上的易还原的微量杂质（如水中微量铜、溶液中未除尽的氧等）引起。

电容电流，又称充电电流，是残余电流的主要部分，是由于滴汞的不断生长和落下引起的。其产生过程为：滴汞面积变化──→双电层变化──→电容变化──→充电电流。充电电流为 10^{-7}A，相当于 10^{-5}mol/L 物质所产生的电位，影响测定的灵敏度和检测限。

残余电流的扣除：一般采用作图的方法。

（2）迁移电流

电极对待测离子的静电引力导致更多离子移向电极表面，并在电极上还原而产生电流，这种电流称为迁移电流。它不是由浓度梯度引起的扩散，与待测物浓度无定量关系，故应设法消除。

迁移电流的消除：通常是加入支持电解质（或称惰性电解质），类似于缓冲液。支持电解质在溶液中电离为阳离子和阴离子，负极对所有的阳离子有静电引力，正极对所有的阴离子有静电引力，因此作用于被分析离子的静电引力大大减弱至为零。

常见的支持电解质有 HCl、H_2SO_4、NaAc-HAc、NH_3-NH_4Cl、NaOH、KCl。

（3）极谱极大

当外加电压达到待测物分解电压后，在极谱曲线上出现的比极限扩散电流大得多的不正常的电流峰，称为极谱极大。其与待测物浓度没有直接关系，主要影响扩散电流和半波电位的准确测定。其产生过程为：毛细管末端汞滴被屏蔽──→表面电流密度不均──→表面张力不均──→切向调整张力──→搅拌溶液──→离子快速扩散──→极谱极大。

极谱极大的消除：加入可使表面张力均匀化的极大抑制剂，通常是一些表面活性物质，如明胶、聚乙烯醇（PVA）、羧甲基纤维素（CMC）、聚乙二醇辛基苯基醚（Triton X-100）等。

（4）氧波（oxygen waves）

在室温下，溶解在溶液中的氧，能在滴汞电极上发生电极而产生两个极谱波，称为氧波，两个氧极谱波如下。

第一个波：　　　　$O_2+2H^++2e^-\longrightarrow H_2O_2$（酸性溶液）

　　　　　$O_2+2H_2O+2e^-\longrightarrow H_2O_2+2OH^-$（中性或碱性溶液）

第二个波：　　　　$H_2O_2+2H^++2e^-\longrightarrow 2H_2O$（酸性溶液）

　　　　　$H_2O_2+2e^-\longrightarrow 2OH^-$（中性或碱性溶液）

其半波电位正好位于极谱分析中最有用的电位区间（$-1.2\sim0V$）。因而重叠在被测物的极谱波上，故应加以消除。

氧波的消除：a. 通入惰性气体，如 H_2、N_2、CO_2（CO_2 仅适于酸性溶液）；b. 在中性或碱性条件下加入 Na_2SO_3 还原 O_2；c. 在强酸性溶液中加入 Na_2CO_3，放出大量 CO_2 以除去 O_2；或加入还原剂（如铁粉），使与酸作用生成 H_2，而除去 O_2；d. 在弱酸性或碱性溶液中加入抗坏血酸。

（5）底液及其选择

底液的组成：支持电解质（以消除迁移电流）；极大抑制剂（以消除极大）；除氧剂（以消除氧波）；其他有关试剂，如用以控制溶液酸度，改善波形的缓冲剂，络合剂等。

底液选择的原则：a. 使极谱波的波形较好，也就是使极谱波的波形较陡，波的上下都有良好的平台，最好是可逆的极谱波；b. 干扰少；c. 成本低，操作简便；d. 最好能同时测定几种元素。

10.3.1.4 经典极谱分析法的应用及局限性

（1）经典极谱分析法的应用

极谱分析是一种快速的微量分析方法。它的应用范围很广，既可用于无机物质的分析也可用于有机物质的分析，只要被测物质可以在滴汞电极上发生氧化还原反应，就能用极谱分析法进行直接或间接测定。

最常使用极谱分析测定的金属元素有：Cu、Pb、Cd、Cr、Mn、Fe、Co、In、Sn、Sb、Bi 等。非金属元素有卤素（Cl^-、Br^-、I^-）以及 O、Se、Te、S（S^{2-}、SO_3^{2-}、$S_2O_3^{2-}$）等。

纯金属矿石以及合金材料中杂质元素的测定用极谱法也很方便。许多有机化合物，包括醛类、酮类、醌类、不饱和酸类、硝基和亚硝基化合物、偶氮与重氮化合物、卤化物及维生素等，均可用该法测定。

此外，极谱法测定许多络合物的组成和稳定常数，而且是研究化学反应机理及动力学的一个很有用的方法。

（2）经典极谱分析法的局限性

1922 年以来，经典极谱基础理论和实际应用的研究积累了丰富的文献资料，为现代极谱的发展奠定了基础，然而它也有某些固有的不足：

a. 用汞量及时间：经典极谱获得一个极谱图需汞数百滴，而且施加的电压速度缓慢，约 $200mV/min$。在一滴汞的寿命期间，滴汞电极电位可视为不变，因此经典极谱也称恒电位极谱法。可见，经典极谱法既费汞又费时间。

b. 分辨率：经典直流极谱波呈台阶形，当两物质电位差小于 $200mV$ 时，两峰重叠，使峰高或半峰宽无法测量，因此分辨率差。

c. 灵敏度：经典极谱的充电电流大小与由浓度为 $10^{-5}mol/L$ 的物质（亦可称去极剂）产生的电解电流相当，因此灵敏度低。设法减小充电电流，增加信噪比是提高灵敏度的重要途径。

d. iR 降：在经典极谱法中，常使用两支电极，当溶液 iR 降增加时，会造成半波电位位移以及波形变差。

为了解决经典极谱分析中存在的问题，人们在经典极谱分析的基础上发展了一些新的极谱技术，如单扫描极谱法、循环伏安法、脉冲极谱法以及溶出伏安法等。

10.3.2 伏安法

10.3.2.1 线性扫描伏安法

（1）线性扫描伏安法的定义

线性扫描伏安法是在电极上施加一个线性变化的电压（即电极电位是随外加电压线性变化的），记录工作电极上的电解电流的方法。记录的电流随电极电位变化的曲线称为线性扫描伏安曲线，见图 10-9。这种方法的主要特点是施加电压的速度很快，可用 $E = E_i - vt$

表示。式中，E_i 为起始电位；v 为电压扫描速度；t 为时间；E 为扫描开始后任一时间的电位。

由于施加电压（扫描）的速度很快，记录的 i-E 曲线如图 10-10 所示，呈峰形。欲记录这种快速扫描的 i-E 曲线，需响应快速的示波器或数字显示仪等。如以滴汞电极作为极化电极，示波器记录电流-电压曲线的线性扫描伏安法，称为线性扫描示波极谱法或单扫示波极谱法。

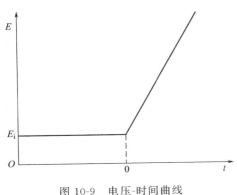

图 10-9　电压-时间曲线

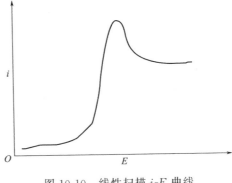

图 10-10　线性扫描 i-E 曲线

（2）线性扫描示波极谱法与经典极谱法的比较

线性扫描示波极谱法的基本原理与经典极谱法相似，其主要区别在于经典极谱法施加电压的速度很慢，一般为 0.2V/min（约 3mV/s），记录的电流-电压曲线呈 S 形，是许多滴汞上的平均结果；而线性扫描示波极谱法的扫描速度很快，一般为 250mV/s，其电流-电压曲线呈峰形，是在一滴汞上得到的（表 10-2）。

表 10-2　线性扫描示波极谱法与经典极谱法的比较

比较项目	经典极谱法	线性扫描示波极谱法
扫描速度	很慢，0.2V/min	很快，0.25V/s
记录装置	检流计或记录器	示波器
i-E 曲线形状	S 形	峰形
记录图形的汞滴数	许多滴（40～80 滴）	1 滴

（3）线性扫描示波极谱法的分类

① 单扫描（single-sweep）　在同一汞滴上只加一次扫描电压，记录 i-E 曲线一次，待汞滴落下后，再在第二滴汞滴上同样加一次电压。

② 多扫描（multi-sweep）　在同一汞滴上连续多次地施加扫描电压。

（4）线性扫描示波极谱法的特点

① 灵敏度较高，可达 $10^{-7}\sim10^{-6}\text{mol/L}$。这主要与扫描速度快有关。等浓度的去极化剂的线性扫描示波极谱法峰电流 i_p 比经典极谱法极限扩散电流 i_d 要大得多。其次，由于线性扫描示波极谱法记录 i-E 曲线时汞滴电极面积基本固定，残余电流较小，因而信噪比较高。

② 分辨率较高。在经典极谱法中，相邻的两个极谱波的半波电位如小于 200mV，则发生干扰。对于线性扫描示波极谱法，由于极谱波呈峰形，两波相差 50mV 也可分开。

③ 抗先还原的能力强。可利用电极反应可逆性的差异将两波分开；或利用峰电流比相应的扩散电流大得多，消除前波对后波的影响。

10.3.2.2 循环伏安法

（1）循环伏安法的发展

循环伏安法（cyclic voltammetry，CV）是由极谱法发展而来的，它是用于研究电极过程的一种主要技术手段。在 1938 年 Matheson 和 Nichols 首先采用循环伏安法，1958 年 Kemula 和 Kubli 发展了这种方法，并将其应用于有机化合物电极过程的研究。

（2）循环伏安法的基本原理

循环伏安法是指在电极上施加一个扫描速度恒定的线性扫描电压，当达到所设定的回扫电位时，再反向回扫至设定的终止电位。如将以图 10-11 所示的等腰三角形的脉冲电压（三角波）施加在工作电极上，得到的电流-电压曲线（图 10-12）称为循环伏安曲线（cyclic voltammogram）。

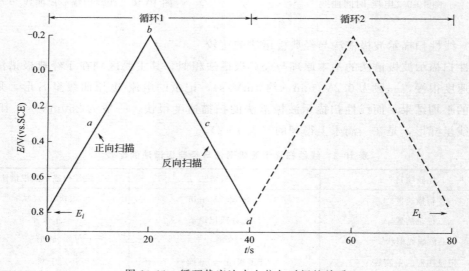

图 10-11　循环伏安法中电位与时间的关系

循环伏安曲线包括两个分支，如果前半部分电位向阴极方向扫描，电活性物种在电极上发生还原反应，产生还原波，那么后半部分电位反转向阳极方向扫描时，还原产物又会重新在电极上被氧化，产生氧化波。因此一次三角波扫描，完成一个还原和氧化过程的循环。当对工作电极施加扫描电压时，将产生响应电流，以电流对电位作图，得循环伏安图。

假设溶液中有电活性物质，则电极上发生如下电极反应：

正向扫描时，电极上将发生还原反应：$O + ne^- \Longrightarrow R$

反向回扫时，电极上生成的还原态 R 将发生氧化反应：$R \Longrightarrow O + ne^-$

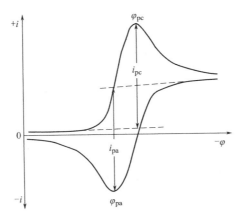

图 10-12　典型的循环伏安曲线

设电极反应为 $O+ne^- \rightleftharpoons R$，式中 O 表示氧化态物质，R 表示还原态物质，当扰动信号为一三角波电位［图 10-13（a）］时，所得的典型循环伏安图如图 10-13（b）所示。

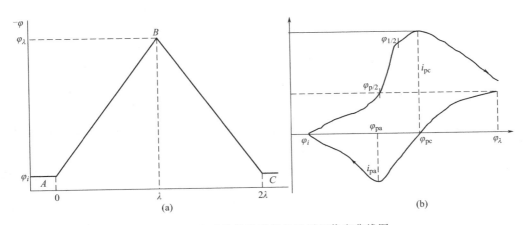

图 10-13　扰动信号及所得典型循环伏安曲线图

图 10-13（a）中 φ_i 为起扫电位，φ_λ 为反扫电位；图 10-13（b）中 i_{pa} 为阳极峰电流，i_{pc} 为阴极峰电流，φ_{pa} 为阳极峰电位，φ_{pc} 为阴极峰电位。

因此，从循环伏安曲线图中可得到阳极峰电流（i_{pa}）、阳极峰电位（φ_{pa}）、阴极峰电流（i_{pc}）、阴极峰电位（φ_{pc}）等重要的参数，从而获得电活性物质电极反应过程的可逆性、化学反应历程、电极表面吸附等许多信息。

可逆氧化还原电对的条件电位 $E^\ominus$ 与 φ_{pa} 和 φ_{pc} 的关系为：

$$E^\ominus = \frac{\varphi_{pa} + \varphi_{pc}}{2} \tag{10-17}$$

而两峰之间的电位差值为：

$$\Delta\varphi_p = \varphi_{pa} - \varphi_{pc} = 2.2 \times \frac{RT}{nF} = \frac{0.056}{n} \tag{10-18}$$

对可逆体系的正向峰电流，由 Randles-Savcik 方程可表示为：

$$i_p = 2.69 \times 10^5 n^{\frac{3}{2}} A D^{\frac{1}{2}} v^{\frac{1}{2}} c \tag{10-19}$$

式中，i_p 为峰电流，A；n 为电子转移数；A 为电极面积，cm^2；D 为扩散系数，cm^2/s；v 为扫描速度，V/s；c 为浓度，mol/L。

根据上式，i_p 与 $v^{1/2}$ 和 c 都是线性关系，对研究电极反应过程具有重要意义。在可逆电极反应过程中，

$$\frac{i_{pc}}{i_{pa}} \approx 1 \tag{10-20}$$

对一个简单的电极反应过程，式（10-18）和式（10-20）是判别电极反应是否可逆体系的重要依据。

（3）循环伏安法的应用

循环伏安法除了作为定量分析方法外，更主要的是作为电化学研究的方法，可用于研究电极反应的性质、机理及电极过程动力学参数等。

① 电极过程可逆性的判断　对于可逆电极过程来说，循环伏安法阴极支和阳极支的峰电位 φ_{pc}、φ_{pa} 有如下关系：

$$\Delta\varphi_p = \varphi_{pa} - \varphi_{pc} = 2.2 \times \frac{RT}{nF} = \frac{0.056}{n}(V)(T=298K) \tag{10-21}$$

$\Delta\varphi_p$ 与循环电压扫描换向时的电位有关，也与实验条件有一定的关系，其值会在一定范围内变化。一般认为当 $\Delta\varphi_p$ 为 $\frac{55}{n} \sim \frac{65}{n}$ mV 时，该电极反应是可逆过程。应该注意的是：可逆电流峰的 φ_p 与电压扫描速度 v 无关，且 $i_{pc} = i_{pa} \propto v^{\frac{1}{2}}$（$v$ 为扫描速度）。可逆电极过程的循环伏安曲线如图 10-14 中 A 所示。

对于部分可逆（也称准可逆）电极过程来说，极化曲线与可逆程度有关。一般来说，$\Delta\varphi_p > \frac{56}{n}$ mV，且随 v 的增大而变大，$\frac{i_{pc}}{i_{pa}}$ 可能 >1，也可能 <1 或 $=1$，i_{pc}、i_{pa} 仍正比于 $v^{\frac{1}{2}}$。准可逆电极过程的循环伏安曲线如图 10-14 中 B 所示。

对于不可逆电极电程来说，反向电压扫描时不出现阳极波，i_{pc} 仍正比于 $v^{\frac{1}{2}}$，v 变大时 φ_{pc} 明显变负。根据 φ_p 与 v 的关系，还可以计算准可逆和不可逆电极反应的速率常数。不可逆过程的循环伏安曲线如图 10-14 中 C 所示。

② 电极反应机理的研究　循环伏安法的最大作用之一是可用于定性判断和电极表面反应偶联的均相化学反应。电化学反应涉及电子转移步骤，由此产生能够通过偶联化学反应迅速与介质组分发生反应的物质。它能够在正向扫描中产生某种物质，在反向扫描以及随后的循环伏安扫描中检测其变化情况，这一切可在几秒或更短的时间之内完成。例如，研究对氨基苯酚的电极反应时，得到如图 10-15 的循环伏安曲线。

首先从图中起始点 S 进行阳极扫描。得到单峰 1 的阳极波，然后进行反向阴极扫描，得到双峰（2、3）的阴极波；再次进行阳极扫描时，得到有两个峰（4、5）的另一个阳极波（虚线），且峰 5 的 φ_{pa} 与峰 1 的相同。

分析此伏安曲线可以得到以下结论：

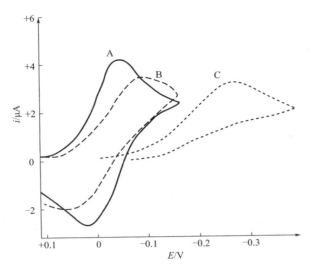

图 10-14　循环伏安曲线

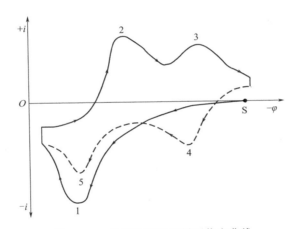

图 10-15　对氨基苯酚的循环伏安曲线

第一次阳极扫描，对氨基苯酚被氧化，产生了图 10-15 中的阳极波峰 1，氧化产物为对亚氨基苯醌。

$$\text{(对氨基苯酚)} \xrightarrow{-2e^-} \text{(对亚氨基苯醌)} + 2H^+$$

反向阴极扫描，得到图 10-15 中峰 2 和峰 3 的阴极波，其是由于前面阳极扫描的氧化产物对亚氨基苯醌在电极表面上发生化学反应，部分对亚氨基苯醌转化为苯醌。

$$\text{(对亚氨基苯醌)} + H_3O^+ \overset{K}{\rightleftharpoons} \text{(苯醌)} + NH_4^+$$

对亚氨基苯醌及苯醌均在电极上还原，分别产生对氨基苯酚和对苯二酚，形成峰 2 和峰 3。

$$O=\!\!\!\bigcirc\!\!\!=NH \ +2H^+ +2e^- \longrightarrow HO\!-\!\bigcirc\!-\!NH_2 \qquad O=\!\!\!\bigcirc\!\!\!=O \ +2H^+ +2e^- \longrightarrow HO\!-\!\bigcirc\!-\!OH$$

再次阳极扫描时，对苯二酚又被氧化为苯醌，形成图中的峰 4，而对氨基苯酚又被氧化为对亚氨基苯醌，形成与峰 1 氧化电位相同的峰 5。

③ 推测某些物质的界面行为　采用悬汞电极，可获得一系列循环伏安图。若阴、阳极峰电流随时间逐渐增加，则表明该物质在电极上吸附积累，阴、阳峰电位十分接近，表明它是一个表面过程，吸附物产生的电量（峰面积）可以用来计算表面覆盖度。

④ 估计各种反应速率　通过改变电位扫描速率，可以在几个数量级范围内调整实验时间量程，由此估计各种反应速率。

10.4　实验部分

实验 10-1　水中 pH 的测定

【实验目的】

1. 通过实验理解利用酸度计测定溶液 pH 的原理；
2. 掌握用酸度计测定溶液 pH 的方法。

【实验原理】

电位法测定溶液的 pH，是以玻璃电极为指示电极（－）、饱和甘汞电极为参比电极（＋）组成电池。25℃时，溶液的 pH 变化 1 个单位时，电池的电动势改变 59.0mV，据此在仪器上直接以 pH 的读数表示。实际测量中，选用 pH 值与水样 pH 值接近的标准缓冲溶液，校正 pH 计（又叫定位），并保持溶液温度恒定，以减少由于液接电位、不对称电位及温度等变化而引起的误差。

【仪器与试剂】

1. 仪器

（1）梅特勒-托利多 FE28-Standard pH 计，具体规格如下：

pH 测量范围：－2～16；pH 分辨率：0.01、0.1；pH 准确度（±）：0.01。

mV 测量范围：－2000.000～2000.00；mV 分辨率：1；mV 准确度（±）：1。

如有特殊需要，应使用精度更高的仪器。

（2）pH 复合电极 LE438，规格如下：

测量范围：pH＝0～14；温度范围：0～80℃；参比系统：Ag/AgCl；参比电解液：凝胶；玻璃膜类型：U；膜阻抗（25℃）：＜250MΩ。

本实验所用实验仪器如图 10-16 所示。

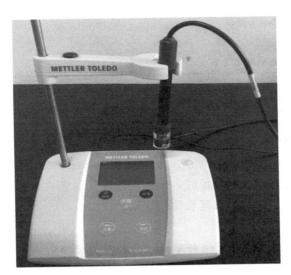

图 10-16　梅特勒-托利多 FE28-Standard 型 pH 计和 LE438 复合电极

2. 试剂

（1）测量 pH 时，按水样呈酸性、中性和碱性三种可能，常配制以下三种标准溶液：

pH 标准溶液甲（pH＝4.008，25℃）：称取先在 110～130℃下干燥 2～3h 的邻苯二甲酸氢钾（$KHC_8H_4O_4$）10.12g，溶于水并在容量瓶中稀释至 1L。

pH 标准溶液乙（pH＝6.865，25℃）：分别称取先在 110～130℃下干燥 2～3h 的磷酸二氢钾（KH_2PO_4）3.388g 和磷酸氢二钠（Na_2HPO_4）3.533g，溶于水并在容量瓶中稀释至 1L。

pH 标准溶液丙（pH＝9.180，25℃）：为了使晶体具有一定的组成，应称取与饱和溴化钠或氯化钠加蔗糖溶液（室温）共同放置在干燥器中平衡 48h 的硼砂（$Na_2B_4O_7 \cdot 10H_2O$）3.80g，溶于水并在容量瓶中稀释 1L。

（2）当被测样品 pH 过高或过低时，应参考表 10-3 配制与其 pH 相近似的标准溶液；使用经检定合格的袋装 pH 标准物质时，可参照说明书使用。

表 10-3　pH 标准缓冲溶液的配制

编号	标准溶液	pH（25℃）	每 1000mL 25℃水溶液中基准物质的质量/g
1	0.05mol/L 二草酸三氢钾	1.679	12.61
2	饱和酒石酸氢钾（25℃）	3.557	6.4[①]
3	0.05mol/L 柠檬酸二氢钾	3.776	11.41

编号	标准溶液	pH(25℃)	每1000mL 25℃水溶液中基准物质的质量/g
4	0.05mol/L 邻苯二甲酸氢钾	4.008	10.12
5	0.025mol/L 磷酸二氢钾＋0.025mol/L 磷酸氢二钠	6.865	3.388[2]＋3.533[2][3]
6	0.008695mol/L 磷酸二氢钾＋0.03043mol/L 磷酸氢二钠	7.413	1.179[2]＋4.302[2][3]
7	0.01mol/L 硼砂	9.180	3.80[3]
8	0.025mol/L 碳酸氢钠＋0.025mol/L 碳酸钠	10.012	2.092＋2.640
9	饱和氢氧化钙(25℃)	12.454	1.5[1]

①近似溶解度。

②110～130℃烘干2～3h。

③必须用新煮沸并冷却的蒸馏水（不含 CO_2）配制。

（3）标准溶浓的保存

标准溶液要在聚乙烯瓶中密闭保存。在室温条件下标准溶液一般以保存1～2个月为宜，当发现有浑浊、发霉或沉淀现象时，不能继续使用。若在4℃冰箱内存放，且用过的标准溶液不允许再倒回去，这样可延长使用期限。

（4）标准溶液的 pH

标准溶液的 pH 随温度变化而稍有差异，一些常用标准溶液在不同温度下的 pH 见表10-4。

表 10-4 五种标准溶液的 pH（m 表示溶质的质量摩尔浓度，溶剂是水）

$T/℃$	酒石酸氢钾 (25℃饱和)	邻苯二甲酸氢钾 $m=0.05$mol/kg	磷酸二氢钾,$m=0.025$mol/kg; 磷酸氢二钠,$m=0.025$mol/kg	磷酸二氢钾, $m=0.008695$mol/kg; 磷酸氢二钠, $m=0.03043$mol/kg	硼砂 $m=0.01$mol/kg
0		4.003	6.984	7.534	9.464
5		3.999	6.951	7.500	9.395
10		3.998	6.923	7.472	9.332
15		3.999	6.900	7.448	9.276
20	3.557	4.002	6.881	7.429	9.225
25	3.552	4.008	6.865	7.413	9.180
30	3.548	4.015	6.853	7.400	9.139
35	3.548	4.024	6.844	7.389	9.102
38	3.547	4.030	6.840	7.384	9.081
40	3.547	4.035	6.838	7.380	9.068
45	3.542	4.047	6.834	7.373	9.038
50	3.554	4.060	6.833	7.367	9.011
55	3.560	4.075	6.834		8.985
60	3.580	4.091	6.836		8.962

续表

$T/℃$	酒石酸氢钾 （25℃饱和）	邻苯二甲酸氢钾 $m=0.05\text{mol/kg}$	磷酸二氢钾,$m=0.025\text{mol/kg}$; 磷酸氢二钠,$m=0.025\text{mol/kg}$	磷酸二氢钾, $m=0.008695\text{mol/kg}$; 磷酸氢二钠, $m=0.03043\text{mol/kg}$	硼砂 $m=0.01\text{mol/kg}$
70	3.609	4.126	6.845		8.921
80	3.650	4.164	6.859		8.885
90	3.674	4.205	6.877		8.850
95		4.227	6.886		8.833

（5）样品保存

采集的样品最好现场测定，否则，应在采样后使样品保持在 0~4℃，并在采样后 6h 之内进行测定。

【实验步骤】

1. 仪器校准

按仪器使用说明书进行操作。先将水样与标准溶液调到同一温度，记录测定温度，并将仪器温度补偿旋钮调至该温度上。

用标准溶液校正仪器，该标准溶液与水样 pH 相差不超过 2 个 pH 单位。从标准溶液中取出电极，彻底冲洗并用滤纸吸干。再将电极浸入第二个标准溶液中，其 pH 大约与第一个标准溶液相差 3 个 pH 单位，如果仪器响应的示值与第二个标准溶液的 pH 之差大于 0.1 个 pH 单位，就要检查仪器、电极或标准溶液是否存在问题。当三者均正常时，方可用于测定样品。

2. 样品测定

测定样品时，先用蒸馏水认真冲洗电极，再用水样冲洗，然后将电极浸入样品中，小心摇动或进行搅拌使其均匀，静置，待读数稳定时记下 pH 值，填入表 10-5。

表 10-5 实验数据记录

编 号	1	2	3
被测溶液 pH			
平均值			

3. 精密度测定（表 10-6）

表 10-6 精密度

pH	允许差(pH 单位)	
	重复性[*]	再现性[**]
<6	±0.1	±0.3
6~9	±0.2	±0.5
>9	±0.2	±0.3

【注意事项】

1. 在分析中，除非另作说明，均要求使用分析纯或优级纯试剂。

2. 配制标准溶液所用的蒸馏水应符合下列要求：煮沸并冷却、电导率小于 2×10^{-6}S/cm 的蒸馏水，其 pH 以在 6.7～7.3 为宜。

3. 玻璃电极在使用前先放入蒸馏水中浸泡 24h 以上。

4. 测定 pH 时，为减少空气和水样中二氧化碳的溶入或挥发，在测水样之前，不应提前打开水样瓶。

5. 玻璃电极表面受到污染时，需进行处理。如果附着无机盐结垢，可用温稀盐酸溶解；对钙、镁等难溶性结垢，可用 EDTA 二钠溶液溶解；沾有油污时，可用丙酮清洗。电极按上述方法处理后，应在蒸馏水中浸泡一昼夜再使用。注意忌用无水乙醇、脱水性洗涤剂处理电极。

6. 水的颜色、浊度、胶体物质、氧化剂、还原剂及高含盐量均不干扰测定；但在 pH<1 的强酸性溶液中，会有所谓"酸误差"，可按酸度测定；在 pH>10 的碱性溶液中，因有大量钠离子存在，产生误差，使读数偏低，通常称为"钠差"。除了使用特制的"低钠差"电极消除"钠差"外，还可以选用与被测溶液的 pH 相近的标准缓冲溶液对仪器进行校正。

7. 温度影响电极的电位和水的电离平衡。须注意调节仪器的补偿装置与溶液的温度一致，并使被测样品与校正仪器用的标准缓冲溶液温度误差在 ±1℃ 之内。

【思考题】

1. 恒电位法测定溶液 pH 的原理是什么？

2. 一种缓冲溶液是一个共轭酸碱的混合物，那么为什么邻苯二甲酸氢钾、四硼酸钠、二草酸三氢钾等可作为缓冲溶液？

实验 10-2　线性扫描伏安法测定废水中的镉

【实验目的】

1. 学习电化学工作站的操作使用；

2. 熟悉汞膜电极的制备，掌握线性扫描伏安法的基本原理；

3. 掌握线性扫描伏安法测定废水中痕量镉的方法。

【实验原理】

重金属废水主要来自矿山、冶炼、电解、电镀、农药、医药、油漆、颜料等企业排出的废水。废水中重金属的种类、含量及存在形态随生产企业不同而异。目前国家对于镉离子分析的标准测定方法有 ICP-AES、无火焰原子吸收分光光度法、火焰原子吸收分光光度法、双硫腙分光光度法。

相比于其他测定痕量镉的方法，线性扫描伏安法具有仪器造价低廉、灵敏度高、测试速度快、维护成本较低、携带方便等优势。本实验将采用线性扫描伏安法对废水样品中镉离子浓度进行测量。

Cd^{2+} 在多种底液中都有良好的极谱波。本实验采用 1.0mol/L 盐酸溶液作为底液，在 $-0.8 \sim -0.3V$ 之间进行线性电势扫描，Cd^{2+} 在汞膜电极上发生如下电极反应：

$$Cd^{2+} + 2e^- + Hg =\!\!=\!\!= Cd(Hg) \qquad E_{1/2} = -0.67V$$

电流峰高与浓度成正比，据此进行定量分析。由于线性扫描伏安法的电位扫描速度较快，不可逆的氧波影响不大，当被测物质浓度较大时可不必除氧。

【仪器与试剂】

1. 仪器

Zennium 电化学工作站（德国 Zahner 电化学公司）；三电极系统；汞膜电极为工作电极，Ag/AgCl 电极为参比电极，Pt 丝为辅助电极，如图 10-17 所示。

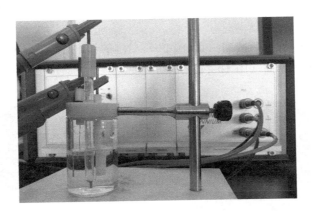

图 10-17　Zennium 电化学工作站和三电极系统

2. 试剂

汞（AR）；2mol/L 盐酸溶液；0.5mg/mL Cd^{2+} 标准溶液；样品溶液［含 Cd^{2+} 的废水样（已含 1.0mol/L HCl）］。

【实验步骤】

1. 汞膜电极的制备

（1）将金盘电极（直径 1mm）在金相砂纸上打磨、抛光，使露出金表面。

（2）抛光后的金盘电极在二次水中用超声波清洗 2~3min。

（3）将清洗干净的金盘电极端面浸入储汞瓶的汞中 30s 后，柔和搅动金盘电极后取出，即可见金盘电极的端面上蘸涂了一层汞膜。

（4）将该蘸汞电极置于空白底液中，在 $-0.80 \sim -0.30V$ 电位范围内循环扫描 5 周，浸泡在二次水中备用。

2. 准备

依次打开计算机、电化学工作站主机的电源。电化学工作站预热 10min 后将工作电极、参比电极和辅助电极连线与电化学检测池中对应电极正确连接。双击计算机桌面上的"■"图标。出现"电化学工作站"界面后，在上述界面点击"Start"按钮（图 10-18），进入测试方法选择界面（图 10-19）。

图 10-18　工作站起始界面

图 10-19　测试方法选择

把鼠标移至"I/E，CV"按钮（图 10-20），在随后出现的对话框中选择"POL"，进入线性扫描伏安法测试界面（图 10-21）。

图 10-20　线性扫描伏安法测试方法选择

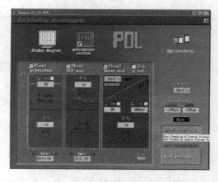

图 10-21　线性扫描伏安法测试界面

选中"线性扫描伏安法"实验技术。

进入实验参数选择表，参数选择如下：

$E_s(V)$ ——（-0.30）起始电位；

$E_e(V)$ ——（-0.80）终止电位；

Scanrate(mV/s) ——（50）扫描速度；

$\Delta t_3(s)$ ——（1）采样间隔；

Current range(μA) ——（-400~400）电流范围。

测量参数设置完成。相关设置及选择如图 10-22~图 10-26 所示。

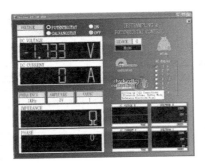
图 10-22　电解池连接设置

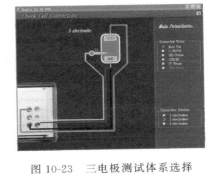
图 10-23　三电极测试体系选择

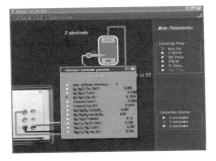
图 10-24　参比电极选择

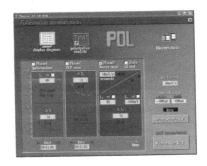
图 10-25　线性扫描伏安法测试参数设置

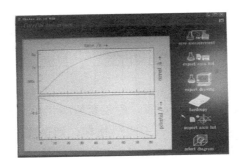
图 10-26　测试结果及保存

3. 测量

（1）取 6 个 50mL 容量瓶，用吸量管分别准确加入 0mL、2mL、4mL、6mL、8mL Cd^{2+} 标准溶液，再于各瓶中加入 25mL 2mol/L HCl 溶液，用水稀释至刻度，摇匀。

（2）溶液由稀至浓倒入电解池中进行测定。点击"电化学工作站"工具栏上的"Start recording"图标，电位扫描过程开始。每个样品溶液测三次，取其平均值作为峰电流数据。点击"Save measurement"图标将伏安图保存在指定的目录下。

（3）测定未知液（未知液已含 HCl 支持电解质，可直接移入电解池进行测定）。方法同（2）。

【数据处理】

1. 将实验数据记录在表 10-7 中。以电流峰高为纵坐标，Cd^{2+} 标准溶液的浓度为横坐标，绘制工作曲线。通过统计软件（Origin 或 Excel）求出线性回归方程和相关系数。

2. 计算待测废水中 Cd^{2+} 的浓度，列于表 10-7 中。

表 10-7 待测废水中 Cd^{2+} 的浓度的计算

Cd^{2+} 浓度/(mg/L)	峰电流值/A		
未知液			
测定结果/(mg/L)			

【注意事项】

1. 溶液要新鲜配制，贮汞瓶（称量瓶）中汞要纯净，并用超纯水水封。

2. 操作时要注意保护汞膜电极。若汞膜层损坏，则伏安波波形会变差（表现为半峰宽变宽或无峰），这时需重新处理和准备汞膜电极。

3. 为更好地消除汞膜电极的记忆效应，在测试废水样品前，先做空白试验。

4. 仪器使用完毕后，将参比电极和辅助电极用蒸馏水冲洗并用滤纸拭干，带好保护帽。将汞膜电极用蒸馏水冲洗后保存于一个盛少量蒸馏水的烧杯中（端面浸入水面下），留下次实验待用。如汞膜电极长期不用，则在细金相砂纸上（洒少量硫黄粉）打磨电极表面除去汞，清洗后保存。

【思考题】

1. 为什么线性扫描伏安法的 $i\text{-}E$ 曲线显得光滑无锯齿，而普通极谱波却呈锯齿状？

2. 极谱法和伏安法有何区别？

3. 本实验中设置的静止时间（quiet time）较长，为 30s，目的是什么？

4. 一般采用什么方法消除氧波和极谱极大的干扰？为什么本实验无须特别处理？

5. 与其他测定痕量镉的分析方法相比，本实验方法有何优缺点？

实验 10-3　循环伏安法测定铁氰化钾的电极反应过程

【实验目的】

1. 学习循环伏安法测定电极反应参数的基本原理；
2. 熟悉循环伏安法测定的实验技术；
3. 学习固体电极表面的处理方法。

【实验原理】

$[Fe(CN)_6]^{3-}/[Fe(CN)_6]^{4-}$ 是典型的可逆氧化还原体系，其氧化还原电对的标准电极电位为：$[Fe(CN)_6]^{3-} + e^- \rightleftharpoons [Fe(CN)_6]^{4-}$；$\varphi^\ominus = 0.36V$。

电极电位与电极表面活度的 Nernst 方程式为：$\varphi = \varphi^\ominus + RT/F \ln(c_{Ox}/c_{Red})$。

对照循环伏安法中电位与时间的关系图分析，在一定扫描速度下，从起始电位（$-0.2V$）负向扫描到转折电位（$+0.8V$）期间，溶液中 $[Fe(CN)_6]^{4-}$ 被氧化生成 $[Fe(CN)_6]^{3-}$，产生氧化电流；当正向扫描从转折电位（$+0.8V$）变到原起始电位（$-0.2V$）期间，在指示电极表面生成的 $[Fe(CN)_6]^{3-}$ 被还原生成 $[Fe(CN)_6]^{4-}$，产生还原电流。为了使液相传质过程只受扩散控制，应在加入电解质和溶液处于静止下进行电解。

正扫时（向左的扫描）为阴极扫描：$[Fe(CN)_6]^{3-} + e^- \rightleftharpoons [Fe(CN)_6]^{4-}$

负扫时（向右的扫描）为阳极扫描：$[Fe(CN)_6]^{4-} - e^- \rightleftharpoons [Fe(CN)_6]^{3-}$

【仪器与试剂】

1. 仪器

Zennium 电化学工作站（德国 Zahner 电化学公司）和三电极系统（工作电极、辅助电极、参比电极），如图 10-27 所示，其中，玻碳电极为工作电极，Ag/AgCl 电极（或饱

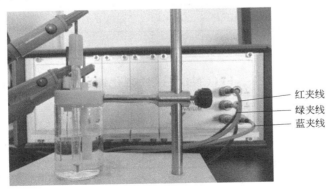

图 10-27　Zennium 电化学工作站和三电极系统

红夹线—接辅助电极；绿夹线—接参比电极；蓝夹线—接工作电极

和甘汞电极）为参比电极，铂电极为对极（铂丝、铂片、铂柱电极均可）。

2. 试剂

1.0×10^{-3} mol/L $K_3[Fe(CN)_6]$（铁氰化钾）溶液（含 0.2 mol/L KNO_3）。

【实验步骤】

1. 选择仪器实验方法

本实验方法为电位扫描技术-循环伏安法。

2. 参数设置

初始电位 0.80 V；开关电位 1 为 0.80 V；开关电位 2 为 -0.20 V；等待时间 $3 \sim 5$ s；扫描速度则根据实验需要设定；循环次数 $2 \sim 3$ 次；灵敏度选择为 $10 \mu A$；滤波参数 50 Hz；放大倍数为 1。

3. 操作步骤

（1）以 1.0×10^{-3} mol/L $K_3[Fe(CN)_6]$ 溶液为实验溶液。分别设扫描速度为 0.02 V/s、0.05 V/s、0.10 V/s、0.20 V/s、0.30 V/s、0.40 V/s、0.50 V/s、0.60 V/s，记录循环伏安图，并将实验结果填入表 10-8。

表 10-8 扫描伏安法实验结果

扫描速度/(V/s)		0.02	0.05	0.10	0.20	0.30	0.40	0.50	0.60
峰电流 i_p	i_{pa}								
	i_{pc}								
峰电位 E_p	E_{pa}								
	E_{pc}								

（2）配制 1.0×10^{-3} mol/L、2.0×10^{-3} mol/L、4.0×10^{-3} mol/L、6.0×10^{-3} mol/L、8.0×10^{-3} mol/L、1.0×10^{-2} mol/L 系列浓度的 $K_3[Fe(CN)_6]$（铁氰化钾）溶液（含 0.2 mol/L KNO_3）。固定扫描速度为 0.10 V/s，记录各个溶液的扫描伏安图。将实验结果填入表 10-9。

表 10-9 不同浓度溶液的峰电流

浓度/(mol/L)	1.0×10^{-3}	2.0×10^{-3}	4.0×10^{-3}	6.0×10^{-3}	8.0×10^{-3}	1.0×10^{-2}
峰电流 i_{pa} 或 i_{pc}						

（3）以 1.0×10^{-3} mol/L $K_3[Fe(CN)_6]$（铁氰化钾）溶液为实验溶液，改变扫描速度，将实验结果填入表 10-10。

表 10-10 不同扫速下的峰电流之比和峰电位之差

扫描速度/(V/s)	0.02	0.05	0.10	0.20	0.30	0.40	0.50	0.60
峰电流之比 $\lvert i_{Pc}/i_{Pa} \rvert$								
峰电位之差 ΔE_p								

【数据处理】

1. 将表 10-8 中的峰电流对扫描速度 v 的 1/2 次方作图（i_p-$v^{1/2}$）得到一条直线，这说明什么问题？

2. 将表 10-8 中的峰电位对扫描速度作图（E_p-v），并根据曲线解释电极过程。

3. 将表 10-9 中的峰电流对浓度作图（i_p-c），将得到一条直线。试解释之。

4. 表 10-10 中的峰电流之比几乎不随扫描速度的变化而变化，并且接近于 1，为什么？

5. 以表 10-10 中的峰电位之差值对扫描速度作图（ΔE_p-v），从图中能得到什么信息？

【思考题】

1. 解释溶液循环伏安图的形状。

2. 如何利用循环伏安法判断电极过程的可逆性？

附：
Zennium 电化学工作站的操作步骤

（1）打开计算机系统和电化学工作站开关。

（2）双击计算机桌面快捷方式图标，打开工作站控制界面，如图 10-28 所示。

图 10-28　工作站界面

（3）进入测量方法选择循环伏安法，见图 10-29。

（a）　　　　　　　　　　（b）

图 10-29　循环伏安法的选择界面

（4）进入循环伏安法参数设置界面，见图 10-30；选择三电极测试系统，如图 10-31 及图 10-32 所示。

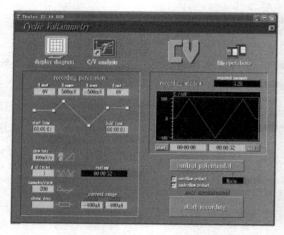

图 10-30　循环伏安法参数设置界面

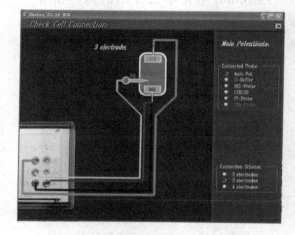

图 10-31　三电极测试系统选择

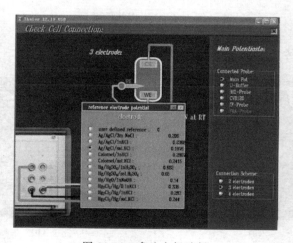

图 10-32　参比电极选择

（5）测试参数设置完毕，点击"Start recording"进行样品测试工作。

（6）测试结束后，点击"Save measurement"图标将伏安图保存在指定的目录下，见图 10-33。

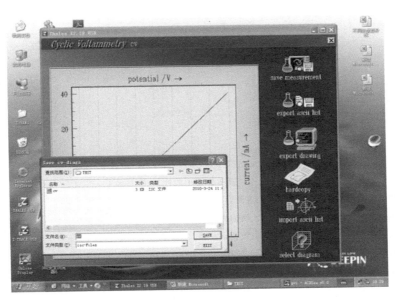

图 10-33　测试数据保存界面

参　考　文　献

[1] 武汉大学主编. 分析化学（下）. 5版. 北京：高等教育出版社，2007.

[2] 朱明华，胡坪. 仪器分析. 4版. 北京：高等教育出版社，2008.

[3] 石杰，叶英植，秦化敏. 仪器分析. 开封：河南大学出版社，2001.

[4] 张祥民. 现代色谱分析. 上海：复旦大学出版社，2004.

[5] 于晓萍. 仪器分析. 2版. 北京：化学工业出版社，2017.

[6] 许国旺. 现代实用气相色谱法. 北京：化学工业出版社，2004.

[7] 方惠群，于俊生，史坚. 仪器分析. 北京：科学出版社，2002.

[8] 徐秋心. 实用发射光谱分析. 成都：四川科学技术出版社，1992.

[9] 孙汉文. 原子光谱分析. 北京：高等教育出版社，2002.

[10] 邓勃. 原子吸收分光光度法. 北京：清华大学出版社，1981.

[11] 穆家鹏. 原子吸收分析方法手册. 北京：原子能出版社，1989.

[12] 赵文宽，张悟名，周性尧，等. 仪器分析实验. 北京：高等教育出版社，2001.

[13] 徐家宁，朱万春，张忆华，等. 基础化学实验. 北京：高等教育出版社，2006.

[14] 武汉大学等. 分析化学（上）. 6版. 北京：高等教育出版社，2018.

[15] 华中师范大学等. 分析化学（上）. 北京：高等教育出版社，2011.

[16] 干宁，等. 现代仪器分析实验. 北京：化学工业出版社，2019.

[17] 吕玉光. 现代仪器分析方法及应用研究. 北京：中国纺织出版社，2018.

[18] 李昌厚. 高效液相色谱仪器及其应用. 北京：科学出版社，2019.

[19] GB 5009.28—2016 食品中苯甲酸、山梨酸和糖精钠的测定.